电网工程安全管理
应知应会

国网北京市电力公司经济技术研究院　编

中国电力出版社
CHINA ELECTRIC POWER PRESS

内 容 提 要

　　全书以问答的形式，将有关电网基建工程应知应会的内容分成业主项目部应知应会、监理工作应知应会、施工管理工作应知应会、案例四个部分。全书结构清晰、内容丰富、通俗易懂，主要供电网工程建设的业主项目部人员、监理和施工单位以及各级安全检查人员学习使用。

图书在版编目（CIP）数据

电网工程安全管理应知应会 / 国网北京市电力公司经济技术研究院编 . —北京：中国电力出版社，2017.10

ISBN 978-7-5198-0702-3

Ⅰ．①电…　Ⅱ．①国…　Ⅲ．①电网－电力安全－工程管理　Ⅳ．① TM727

中国版本图书馆 CIP 数据核字（2017）第 091654 号

出版发行：中国电力出版社
地　　　址：北京市东城区北京站西街 19 号（邮政编码 100005）
网　　　址：http://www.cepp.sgcc.com.cn
责任编辑：王　南（010-63412876）
责任校对：常燕昆
装帧设计：张俊霞　左　铭
责任印制：邹树群

印　　刷：三河市百盛印装有限公司
版　　次：2017 年 10 月第一版
印　　次：2017 年 10 月北京第一次印刷
开　　本：787 毫米 ×1092 毫米　16 开本
印　　张：19.75
字　　数：422 千字
定　　价：86.00 元

编 委 会

电网工程安全管理
应知应会

前 言

抓基础从大处着眼，防隐患从小处着手。安全管理在电网工程建设中举足轻重。

为使电网员工领会和贯彻国家电网公司基建安全管理规定，扎实做好电网工程安全管理，规范安全作业环境，倡导绿色施工，保障施工人员的安全健康，特将有关电网基建工程安全管理工作应知应会的内容，以问答形式编辑成《电网工程安全管理应知应会》。书中对业主项目部、监理和施工管理工作应掌握内容加以区分，内容直白易懂，便于各类管理人员明确自身职责，有针对性地阅览，实用性高。本书可巩固电网员工安全管理意识，供电网工程建设的业主项目部人员、监理和施工单位以及各级安全检查人员学习使用。

编者

2017 年 9 月

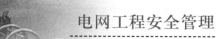

电网工程安全管理
应知应会

目 录

前言

第 1 部分 业主项目部应知应会

第2部分 监理工作应知应会

第 3 部分 施工管理工作应知应会

第 4 部分 案 例

业主项目部应知应会

1-1　我国对安全工作有哪些要求？

答：（1）造成重大人员和财产损失，必须引起我们高度重视。以人身安全为宗旨，发展决不能以牺牲人的生命为代价。这必须作为一条不可逾越的红线。安全生产责任重大，任务艰巨，使命神圣；

（2）实实在在做人做事，做到严以修身、严以用权、严以律己，谋事要实、创业要实、做人要实，堂堂正正、光明磊落，敢于担当责任，勇于直面矛盾，善于解决问题，不搞"假大空"。

1-2　我国的安全生产方针是什么？

答："安全第一、预防为主、综合治理"的方针，强化和落实生产经营单位的主体责任，建立生产经营单位负责、职工参与、政府监管、行业自律和社会监督的机制。

1-3　现场施工达到多少人需设置安全管理人员？

答：建筑施工单位、道路运输企业和危险物品的生产、经营、储存单位，应当设置安全生产管理机构或配备专职安全生产管理人员。其他生产经营单位，从业人员超过300人的，应当设置安全生产管理机构或者配备专职安全生产管理人员；从业人员在300人以下的，应当配备专职或兼职的安全生产管理人员。

1-4　国家电网公司的企业理念、精神、核心价值观是什么？

答：企业理念：以人为本，忠诚企业，奉献社会；

企业精神：努力超越、追求卓越；

核心价值观：诚信、责任、创新、奉献。

1-5　基建现场"安全十条禁令"是什么？

答：（1）严禁无票作业、跳步操作，不执行操作监护制度；

（2）严禁不经过批准退出运行中的防治误闭锁装置或解锁操作；

（3）严禁无工作票工作或超工作票范围工作；

（4）严禁无接地线保护工作或装接地线线不验电；

（5）严禁工作人员擅自改变工作现场装设的接地线、围栏、标示牌；

（6）严禁未履行工作许可手续、未进行工作交底、未签字确认即可开始工作；

（7）严禁近电、带电作业不设专责监护人或专责监护人兼做其他工作；

（8）严禁在平行、交叉邻近或同杆塔并架线路登塔作业未持登杆证、不核对路名和色标；

（9）严禁高处作业不使用安全带/绳；

（10）严禁未通风、未检测易燃易爆及有毒气体含量即进入电缆井和隧道有限空间内工作。

1-6 国家电网公司的安全目标是什么?

答:(1) 不发生重伤及以上人身事故;

(2) 不发生五级及以上电网、设备事件;

(3) 不发生一般及以上火灾事故;

(4) 不发生六级及以上信息系统事件;

(5) 不发生煤矿较大及以上非伤亡事故;

(6) 不发生本单位负同等及以上责任的重大交通事故;

(7) 不发生其他对公司和社会造成重大影响的事故/件。

1-7 国家电网建设管理单位基建安全管理目标是什么?

答:(1) 不发生五级(无人员亡故和重伤,造成 10 人以上轻伤者)及以上人身事件;

(2) 不发生基建原因引起的五级(电网减供负荷 100MW 以上,变电站内 220kV 以上电压等级母线非计划全停等)及以上电网及设备事件;

(3) 不发生有人员责任的一般火灾事故;

(4) 不发生一般环境污染事件;

(5) 不发生本企业有责任的重大交通事故;

(6) 不发生六级及以上基建信息安全事件;

(7) 不发生基建原因引起、对上级公司造成影响的安全稳定事件;

(8) 不发生大面积的停电事件,实现安全施工"零亡故"、政治供电"零闪动";

(9) 不发生损害上级公司形象和稳定的重大事件。

1-8 电网工程项目质量管理目标是什么?

答:(1) 输变电工程"标准工艺"应用率 100%;

(2) 工程"零缺陷"投运;

(3) 实现工程达标投产及优质工程目标;

(4) 工程使用寿命满足国家电网公司质量要求;

(5) 不发生因工程建设原因造成的六级及以上工程质量事件。

1-9 《电力建设安全工作规程》对业主项目部有哪些重点要求?

答:工程建设、施工、监理等承包商的各级管理人员及工程技术人员应熟知并严格遵守本规程;施工人员应熟知并严格遵守本规程,并经考试合格后上岗;工程设计人员应按本规程的有关规定,从设计上为安全施工创造条件。

1-10 工程建管人员为何要学习《电力建设安全工作规程》?

答:由于本规程中的字字句句都是无数前辈用生命、鲜血书写出的,本规程的制定就是让这些带有生命、鲜血的事件不在后辈身上重演,保障现场的电建工作者安然无恙。

为此本规程是我们现场的安全保护神，只有认真学习、领会、理解其含义，方可游刃有余监督现场"三违"现象。同时由于我们所从事的工程是从零开始，它与投入运行的电力设备在风险上、要求侧重方面都有着一定不同，因此我们的管理者、工程技术者都应熟知并严格遵守该规程，会管安全、能管安全。

1-11　在现场的建管人员需要学习哪些安全工程规范？

答：国家电网公司电力建设安全工作规程（变电站部分）、电力建设起重机械安全管理重点措施、电力建设工程施工技术导则、输变电工程安全施工标准化管理部分、基建安全管理规定，国家电力工程建设强制性条文实施管理规程。

1-12　业主团队应明确哪些安全管理目的？

答：工程安全管理的内容就是对施工作业中的人、物、环境因素状态的管理。有效地控制人的不安全行为和物的不安全状态，消除或避免事件，达到保护劳动者的人身安全目的。没有明确目的的安全管理是一种盲目行为，盲目的安全管理只能纵容威胁人的不安全与健康的状态，向更为严重的方向发展/转化。所以，安全管理目的是预防和消灭事件，防止或消除事故伤害，保护劳动者的人身安全健康。进行安全管理不是处理事故，而是针对变电站施工特点，对施工因素采取的有效果管理措施；预防控制不安全因素的发展、扩大，将可能发生的事故隐患消灭在萌芽状态，以保证变电站施工活动正常有序进行及其人员的安全、健康。

1-13　电网有哪些基建任务？

答：电网基建任务包括 6 大工程，即输变电工程、改扩建工程、迁改移工程多、充换电站工程、10kV 配迁工程、煤改电工程及遗留附属设施工程。

1-14　大中型城市电网工程有哪些特点？

答：人烟稠密、车辆多、地面建筑物多，城区配网工程多，地下工程多、地下盾构作业多、地面各类管线复杂，开挖深度超过 5m，地质条件、作业环境和地下管线多（即电力线、燃气管、通信管、城市用水管及排污管等），迁改移工程多，跨越铁路、运行电缆、高等级公路，基础施工地方队伍多，施工地方狭小，地方部门要求高，整体外界施工大环境不好。

1-15　大中型城市电网施工有哪些难点？

答：前期政策处理难度大、人为阻工现象多，地下变电站多（变电站半户型、全地下型）及隧道电缆工程开挖深度超过 5m；地质结构、周围环境和地下各类管线复杂，穿越地铁及各类管线，隧道电缆、地下盾构，覆土层地质条件复杂、作业风险大（含地面沉降超限及塌陷，暗挖时的含水地质，有效空间专业及手续问题，通风检查及设施配置，多支队伍地交叉作业或一个项目多点作业）、挖掘进难度大；城区作业穿越通行主通道，易受车流量、人流量大的制约，多次数跨越电力线路、铁路、高等级公路及繁多的民宅高楼，参加基础施工的地方队伍安全文明素质参差不齐，现场监理/施工主要管理者身兼多个项目。

1-16　大中型城市电网工程应更加重视什么？

答：（1）更加重视责任体系的建立和落实；

（2）更加重视施工风险管理及措施的落实；

（3）更加重视施工企业的安全投入；

（4）更加重视现场人员培训到位情况；

（5）更加重视现场管理及督察；

（6）更加重视器材及盾构施工及电缆隧道施工；

（7）更加重视工程质量管理；

（8）更加重视分包队伍的管理；

（9）更加重视职业健康管理；

（10）更加重视应急管理。

1-17　建管人员现场需要什么工作态度？

答：（1）当日事情当日毕，小事不隔夜，大事不过周；服从不盲从，到位不越位。

（2）现场工作中要学、要懂、要说、敢说、会说，和组织站在一起，长心眼、抓安全。

（3）工作中学会管住自己；要精心、多思；铜头、铁嘴、会说；有章法、能容忍；橡皮肚子、飞毛腿；在工程上，谁管理、谁负责、谁落实。

（4）做人如水、做事如山，做到严以修身、严以用权、严以律己，谋事要实、创业要实、做人要实，堂堂正正、光明磊落，敢于担当责任，勇于直面矛盾，善于解决问题，不搞"假大空"。

（5）日常工作要严谨求实，精益求精，努力学习并不断各类更新知识。拥有和保持专业要求的知识和技能；同时在电网现场要学习安全知识、树立安全意识，闲听花落、静看云舒。全心全意、竭尽所能、不辞辛苦、踏实工作，追求卓越，为企业提供的优质服务质量。

1-18　工程管理人工作汇报应注意什么？

答：（1）文字不超过二页纸、最好用图或数据说话；讲话不超过三分钟，交办之事不过夜，做事有始有终。

（2）提前准备材料（含有备提问的心理准备），简明扼要回答，汇报前要与相关部门/人员沟通，达到共识。

（3）汇报中要体现你的表达方式方法，灵活掌握，什么现场合会遇到/出现什么问题，力争回答得体。

（4）报告/材料要自己认真阅读，不要出技术性的错误/问题，对发言/材料做的心中有数。防止顾此失彼，提高表达能力。

（5）说不过分、事不违制，心中有责、心中有戒，依法管理工程。严格遵守施工安全、工程进度、洁身自好三个红线。

1-19　业主项目部人员应注意哪些修养？

答：（1）守时。无论是开会、赴约，有教养的人不应迟到；即使是无意迟到，对其他准时到场的人来说，也是不尊重的表现。

（2）谈吐有节。从不随便打断别人的谈话，总是先听完对方的发言，然后再去反驳或者补充对方的看法和意见。

（3）态度和蔼。在同别人谈话的时候，总是望着对方的眼睛，保持注意力集中；而不是翻东西，看书报，心不在焉，显出一副无所谓的样子或盛气凌人的态度。

（4）语气中肯。避免高声喧哗，在待人接物上，心平气和，以理服人，往往能取得满意的效果；扯开嗓子说话，既不能达到预期目的，反而会影响周围的人，甚至使人讨厌。

（5）注意交谈技巧。尊重他人的观点和看法，即使自己不能接受或明确同意，也不当着他人的面指责对方瞎说、废话、胡说八道或开口带不文明语言等，而是陈述己见，分析事物，讲清道理。

（6）不自傲。在与他人交往相处时，从不强调个人特殊的一面，也不要有意表现自己的优越感。

（7）信守诺言。即使遇到某种困难也不食言；自己说出来的话，要竭尽全力去完成，身体力行是最好的诺言。

（8）关怀大度。不论何时何地，对女同志、老同志，总是表示出关心并给予最大的照顾和方便；与人相处胸襟开阔，不会为一点小事情而和同事、工程参加人员闹意见，甚至断绝来往。

（9）富有同情心。在同仁或他人遇到某种不幸时，尽量给予同情和支持。

1-20　文明施工有哪些要求？

答：由于文明施工关系着国家电网公司的形象。按照国家电网公司相关要求，业主项目部应经常性地及时督促现场各项目部履职尽责，认真落实安全文明施工标准化要求，积极创造良好的安全施工环境和作业条件，实行文明/绿色施工、环保施工。

要求监理/施工项目部做好文明施工，抓好班组建设。既要管好施工现场，又能管好施工驻地。在施工驻地，各种工具、器材堆放有序，办公场所、职工宿舍布置整齐、清洁干净，要做到"不是军营，胜似军营。"在施工现场，一定要用彩带将施工区域隔离开来，决不允许闲散人员进入施工现场。文明施工，施工完毕，现场要做到工完料尽现场清。

1-21　如何抓牢项目创优？

答：（1）业主团队要抓牢工程主线，坚持以人身安全为宗旨，有序推进进度。在坚守安全红线的基础上，打造精品工程。树立"高严细实抓项目、精雕细刻创精品"的理念，画好安全质量红线，提前明确标准，现场严格管理。

（2）坚持安全红线不得逾越、坚持管工程必须管安全，要求业主团队每名员工在现场人人都担负安全管理责任，决不能因赶工期而开绿灯，严禁推卸责任。并强调任何部门、任何施工项目都不得踩、越或触及安全红线。强调人性化管理，强调用事实说话。

（3）质量红线不容触犯。在工程质量上高标准、严要求，业主团队将创优目标贯穿至建设全过程中。从源头把关，对变电站建设材料、设备坚持"谁签字谁负责"，以忠诚企业的责任感保障建设物资出厂质量；同时督查工程监理项目部强化施工过程中地控制。要求施工项目部坚决按照"开路样板"标准施工，达不到质量标准的一律返工；并加大惩处力度，对任何触犯质量红线地行为严肃处理。

（4）正确处理甲乙方关系。人和气平者、事半功倍；性躁心粗者，事倍功半。要掌握好工作原则性与灵活的尺度，协调好业主团队与参建项目部的关系，经济构建和谐工地，积极发挥监理项目部的作用，避免绕开监理管工程的现象。树立和维护工程监理权威，既做"强业主"又要"强监理"；调动施工项目部的积极性。坚持"我对您的服务，就是为我服务"的新理念。在工作上、生活上遇到问题、困难时，相互支持，热情服务，确保自己的创优目标在共同努力下，圆满实现。

1-22　业主管理职责是什么？

答：参与业主项目部管理工作、建立业主项目部，开展工程建设过程管理工作，接收上级单位的业务管理与考量。

1-23　工程现场应急内容有哪些？

答：（1）应急小组的正副组长及成员名单；

（2）各成员的移动电话及常用办公电话号码；

（3）第三方应急联系电话（含驻地政府、医院急救、消防电话及匪警电话）号码及医疗急救路线图及标准图板。

1-24　基建工程三个项目部的安全理念是什么？

答：（1）要坚决贯彻"安全第一、预防为主、综合治理"的安全工作方针和"以人身和工程安全为宗旨"，认真履行各自的安全工作职责。同时"以安全为基础，质量为中心，和谐为动力，精品为目标，争创一流工程服务"为目的。

（2）认真进行安全教育培训，切实做好施工安全方案的编制、审核、交底和实施工作；认真做好工程安全风险识别、评估和控制工作，对项目安全风险实行全过程动态管理。

（3）高度重视现场安全监督检查工作，全面实现基建安全管规要求的施工安全目标，即八个"不发生"的工程项目安全目标。

（4）员工要干事干净、干净干事，当日事情当日毕、事不隔夜，服从不盲从，到位不越位；在工作中要学、要懂、要说、敢说、会说，长心眼、抓工程的安全质量，学会管住自己；要精心、多思；铜头、铁嘴、会说；有章法、能容忍；橡皮肚子、飞毛腿；踏踏实实地依法管好工程，贡献自己的智慧。

1-25　安全文明施工管理目标是什么？

答：创建文明施工示范工地，树立国家电网公司输变电安全文明品牌形象。实现工程"设施标准、行为规范、施工有序、环境整洁"；现场安全文明施工设施，安全标志/示清晰规范，实行办公/加工区和施工区域分区管理。

1-26　基建管理责任是什么？

答：（1）建管单位按要求组建业主项目部，落实项目经理责任制，强化对工程建设关键环节和参建单位的有效管控。

（2）各级项目法人单位，依法履行项目法人对建设项目的安全管理职责，组织工程施工、监理、设计等参建单位落实各自的安全责任。

（3）要强化基建项目施工安全风险管控意识，对施工安全风险进行全面识别、量化评估，制定落实风险管控措施，根据风险等级进行分级管控；通过专项检查、随机检查、安全巡查等方式对基建安全工作进行监督检查，建设项目业主、施工、监理单位依据规定定期开展例行安全检查，在工程建设施工高峰阶段开展施工安全管理评价。

（4）将基建应急管理工作纳入各级单位应急管理体系，督促项目现场建立应急工作组，制定并定期演练专项应急处置方案，规范开展应急处置和信息报送工作，配合开展基建安全事故调查处理。

（5）组织开展工程质量巡查、专项检查、互查等检查以及质量管理流动红旗竞赛、达标投产考核、优质工程评选。各参建单位按照职责分工，组织开展施工质量三级自检、隐蔽工程验收、监理初检、中间验收、竣工预验收、启动验收以及工程移交后的质量管理。

1-27　业主的项目管理流程是什么？

答：由建设管理单位根据年度工程建设任务组建业主项目部（同时建立业主项目部工作评价机制，在工程投产后一个月内，建管单位组织开展业主项目部管理综合评价）；由其进行如下工作：

（1）业主项目部编制项目管理策划文件并下发参建单位执行，审定设计、施工、监理单位项目管理策划文件；

（2）业主项目部落实工程开工条件，依法组织工程开工；

（3）业主项目部加强对参建队伍和建设过程关键节点管控，推动参建各方按计划进行工程建设，收集、整理、上报工程建设信息；

（4）业主项目部参与工程启动验收，及时完成工程档案整理、移交；开展施工/监理项目部综合评价，配合建设管理单位基建管理部门开展设计质量评价。

1-28　什么是单位工程？

答：指具有独立的区域施工条件或独立运行功能的工程项目（建筑物或构筑物）；对于

规模加大的单位工程，可将其能形成独立使用功能的部分划为一个子单位工程。

1-29 什么是分部工程？

答：指构成单位工程各个部分具有相对独立施工条件或作用划分的工程项目。按专业性质、工程部位确定；当分部工程较大或较复杂时，可按材料种类、施工特点、施工程序、专业系统将分部工程划分若干个子分部工程。

1-30 什么是分项工程？

答：指分部工程中施工在工序相同并具有一致的合同支付单价和统计单位的工程项目。可按主要工种、材料、施工工艺级设备类别进行划分。

1-31 什么是单元工程？

答：指按同期施工作业区、段、层、块划分通过若干作业工序完成的工程项目是构成分项工程的工程质量考核和合同支付审核的基本工程单位。

1-32 什么是电网工程项目个数？

答：以一个具有总体设计和独立概算的输变电工程，作为一个建设项目。对于含有多个单项工程，但都属于一个独立概算的，该单项工程都是其整体的一部分。对于建设时期较长、项目总投资较大，虽然有一个整体设计但整体设计不完善、不具体，本期与远期独立概算的分期建设项目，应将一期工程和以后各期工程分别作为一个项目。

1-33 国家及电网对总监（注册监理师）有哪些规定？

答：（1）项目总监师（注册监理师）的任命书需由其企业法人代表签字并加盖企业公章；1名总监师可担任1项合同的总监师，需同时担任多项建设工程合同总监师时，应经过建设管理单位书面同意，且最多不超过3项。

（2）取得中国电建企协总监师上岗证书的项目总监师之任命书需由其企业法人书面授权；且1名总监师应担任1项委托监理合同的总监师，当需同时担任多项委托监理合同的项目总监师时，须经过建设管理单位书面同意，且最多不超过2项。

（3）除330kV以上新建项目总监不得兼任多个项目总监理工程师外，当总监理工程师需同时兼任多个监理项目部总监理工程师时，应经建设单位同意，且220kV新建项目不应超过2项。

1-34 什么是电网工程的"五新"内容？

答：工程建设推广应用"新技术、新工艺、新材料、新设备、新流程"，推行"标准工艺"应用，定期组织工程质量检查、竞赛活动，推动"标准工艺"实施，开展工程全面全过程创建优质工程、考核奖惩工作，持续提高工程建设质量和工艺水平。

1-35 什么是电网工程年度综合计划？

答：由国网省级公司发展策划部负责编制的年度综合计划，特指其中的基建专项计划，具体包括续建及新开工项目投资计划、新开工项目计划、投产项目计划。

1-36 什么是电网工程项目前期工作？

答：电网工程项目前期工作是指由省级公司发展策划部负责的从可研到核准的工作，包括立项、可研编制、可研审批、规划意见书、土地预审、环评批复、核准等内容。

1-37 什么是电网工程的前期工程工作？

答：前期工程工作是由省级公司建设部牵头负责的项目开工前的建设准备工作，包括设计招标、初步设计及评审、物资招标、施工图设计、施工及监理招标、施工许可相关手续办理、四通一平、工程策划等。

1-38 什么是电网工程建设阶段？

答：从开工到投产的工作过程。变电工程包括土建、安装、调试等内容；线路工程包括基础、组塔、架线及附件安装等内容。

1-39 电网建设管控流程是什么？

答：（1）工程建设过程分为：项目前期，工程前期，工程建设、总结评价等4个阶段。其内容分别是：

（2）项目前期阶段。由电网上级公司发展策划部负责的从可研到核准的工作，该阶段包括立项、可研编制、可研审批、规划意见书、土地预审、环评批复、项目核准等工作；

（3）工程前期阶段。本阶段包括设计招标、初设及评审、物资招标、施工图设计、工程施工/监理招标、施工许可相关手续办理、四通一平一围墙（通水、通电、通路、通信场地平整及围墙施工）、工程策划等工作；

（4）工程建设阶段。该阶段包括工程开工、土建/基础、安装（组塔及架线）、设备调试及阶段性验收、启动验收及投运、工程移交等工作；

（5）工程总结评价阶段。该阶段包括项目管理综合评价、工程结算、工程决算、达标投产、参加工程评优等工作。

1-40 什么是"三通、两型一化，五新四通一平一围"？

答：三通是指通用设计、通用设备、通用造价；两型一化是指资源节约型、环境友好型和工业化；五新四通一平一围是指新技术、新工艺、新设备、新流程、新材料；通水、通电、通路、通信、场地平整及围墙施工。

1-41 目前国家电网公司工程的合理工期是多少？

答：（1）110kV 电网工程为 8 个月，220kV 电网工程为 12 个月，330kV 电网工程为 13～16 个月，500kV 电网工程为 16～18 个月，750kV 电网工程为 16～19 个月，1000kV 电网工程不超过 24 个月（特殊地区按相关规定增加）。

（2）地下变电站、隧道电缆等特殊工程的合理工期，由各省级公司按类别制定试行，适时纳入上级公司统一管理。

1-42 业主项目部组建时间、原则是什么？

答：（1）在工程项目取得了可行性研究报告批复（或可行性研究报告评审纪要）后，工程前期工作启动前成立。但在实际工作中，应尽量及早成立，可参与可研等项目前期过程工作，尽早熟悉工程情况，配合上级部门做好项目的前期控制。

（2）220～330kV 及一些常规工程建设任务的地区，可针对同一区域建设的项目群，组建一个业主项目部；但 500～1000kV 直流工程，宜针对单个项目组建一个业主项目部。

（3）由建设单位向上级公司建设部申请成立业主项目部。申请文件中应包含业主项目部人员配置情况，上级部门建设部收到该文件后，下发成立工程业主项目部之红头文件。

1-43 业主前期工作有哪些？ 如何编制计划？

答：（1）工程前期最短时间为 6～9 个月。指从可研批复、核准取得到工程开工报审。

（2）开工必须填报"开工报审表"，履行审批手续。

（3）行政许可手续办理必须并行办理，专人盯、定期调，加快土地证、开工证等办理。

（4）工程红线雷区，严禁触碰。①未招标先施工，刑事责任；②土地未批先建，刑事责任；③未核准先施工，人身伤亡/群体事件；④未批初设先开工，质量事故；⑤边设计边施工，质量事故。

1-44 业主项目部工程的相关重要文件及证书有哪些？

答：开工前按要求核查项目核准及可研批复文件、相关支持性文件；初步设计及批复文件；建设用地规划许可证、建设用地批复、土地使用证；建设工程规划许可证；工程安委会成立文件，施工许可证；输变电工程质量监督申报书；设计、施工、监理中标通知书；合同文本等有关手续，落实标准化开工条件的资料。

1-45 组建电网业主项目部有哪些要求及工作内容？

答：（1）业主项目部是由建设管理单位依法下发成立的，派驻工程现场，代表业主履行项目建设过程管理责任的工程项目管理组织机构。项目部工作实行项目经理负责制，通过计划、组织、协调、监督及评价等管理手段，推动工程建设按计划实施，实现工程安全、质量、进度、造价和技术等建设目标。

（2）其服务团队的人员组成需要配置合格的业主项目经理（必要时可配备副经理。两人均需持项目经理上岗证上岗），建设协调、安全管理、质量管理、造价管理、技术管理工程师，以及属地协调、物质协调联系人（7~9人），组成一个相对稳定的团队，避免一个管理人员在多个业主项目部交叉任职现象。

500kV及以上电压等级工程业主项目部，根据工作需要，还可设置项目副经理或项目总工等管理人员。

（3）项目部在施工现场需配置办公场所/设施，具备独立运行的条件；大于330kV输变电工程的业主经理或其他管理人员发生变动时，应重新发文和报批。

1-46 电网业主项目部人员有哪些任职条件？

答：（1）项目经理：220kV工程的业主项目经理由系统建管部门正式员工担任，具有中高级技术职称，电力系统相关专业大学毕业，三年以上电网建设工程管理经验（500kV工程的业主项目经理由省级建设部正式员工或借用员工担任），一般应为中级及以上职称，电力系统相关专业大学毕业，五年以上电网建设工程管理经验。

（2）项目副经理（项目总工）：一般应为中级及以上职称，电力系统相关专业毕业，三年以上电网建设工程管理经验。

（3）安全管理专责：中级及以上职称，电力系统相关专业毕业，三年以上电网建设工程管理经验或两年以上基建安全管理经验。

（4）质量管理专责：中级及以上职称，电力系统相关专业毕业，三年以上电网建设工程管理经验或两年以上基建质量管理经验。

（5）建设协调专责：中级及以上职称，电力系统相关专业毕业，三年以上电网建设工程管理经验。

（6）技术管理专责：中级及以上职称，电力系统相关专业毕业，三年以上电网建设工程管理经验或两年以上设计、基建技术管理经验。

（7）造价管理专责：具备电力工程造价员资格证书，三年以上电网建设工程管理经验或两年以上基建造价管理经验。

（8）综合管理专责：初级及以上职称，熟悉计算机信息系统操作和档案管理工作，三年以上电网建设工程管理经验。

（9）业主经理应持参加国网系统的项目经理培训证、技术职称证书、业主项目经理的任命书上岗；安全/质量及其他工程师近2年内参加国网系统的安全、质量培训证及相关的岗位培训，考试合格后持证上岗。

1-47 业主项目经理管理项目数量及人员兼岗有哪些规定？

答：一名项目经理负责500kV输变电工程项目数量原则上不超过2个；负责220kV输变电工程项目数量原则上不超过3个。

业主项目部管理专责可以兼任同一项目部的两个岗位或不同项目部的同类岗位。兼任两个不同岗位的，须同时满足两个岗位的任职条件；业主项目经理原则上不得兼任其他项目部的岗位。

1-48 如何设置业主项目部？

答：（1）成立工程业主项目部组织机构，必须以红头文件形式明确。

（2）依照国家电网公司业主项目部标准化各类手册规定，由建管中心拟稿，"××公司关于成立××工程业主项目部通知"文件，并附业主项目部机构表，落款处为建管单位名称及年月日时间，同时加盖建管中心公章，下发隶属部门及相关单位。

1-49 如何确定电网工程开工时间？

答：变电工程以主体工程基础开挖为开工标志，线路工程以线路基础开挖为开工标志。

1-50 单元工程开工有哪些申报程序？

答：工程承包商应在单位工程开工前将工程项目管理实施规划报送监理项目部批准并据批准文件向监理申请单位工程开工。

1-51 分部、分项工程开工有哪些申报程序？

答：分部、分项工程开工时，工程承包商必须按工程承建合同文件和相应工程项目监理细则规定的程序、期限与要求编报施工作业措施计划并据监理项目部的批准文件申请分部、分项工程开工许可证。

1-52 单元工程的开工有哪些申请程序？

答：单元工程开工时工程承包商或施工项目部与授权管理机构必须依照工程承建合同文件规定和监理细则文件要求向监理项目部申报单元工程开工签证并以作为工程计量及支付申报的依据。

下序单元工程的开工由工程承包商质检部门凭上序工程施工质量终检合格证和单元工程质量评定表向监理项目部申办开工签证联检单元工程的开工或需附施工质量联合检验合格证。

凡需要进行地质编录或竣工地形测绘的在工程开工前还必须同时具备该项工作完成的签证记录。

为有利于工程施工的紧凑进行对于开工准备就绪并且工程开工不影响地质编录或测绘工作完成的经承建单位或其施工项目部申报监理工程师也可依照监理机构授权在上序单元工程检验合格的同时签发下序单元工程开工签证。

1-53 单元工程开工签证过程的责任有哪些？

答：承建单位开工申报后因抽查或联检不合格、造成开工延误以及由此所造成的损失由承建单位承担合同责任。

监理项目部接到施工项目部开工申报后，无正当理由，在规定时间内进行抽检或组织完成联检验收的，工程承包商质检部门可自行完成上述工作，并在认定质量检验合格后签名册发开工证报监理项目部确认。

1-54 什么是业主项目部工作"五到位"？

答：（1）责任到位；

（2）制定到位；

（3）示范到位；

（4）检查到位；

（5）整改到位。

1-55 业主项目部安全管理应注意什么？

答：（1）从严从实督导，恪尽职守，居安思危、从严把关。

（2）一心一意干事，踏踏实实工作，要始终慎独慎微，不越红线和底线，务必保持谦虚谨慎、不骄不躁的作风。

（3）遵守"三吃一担（吃苦、吃气、吃亏、担责任）"的职业操守，书写"坚持、坚韧、坚守"的品质内涵。

1-56 业主项目经理岗位有哪些职责？

答：（1）业主项目经理是落实业主现场管理职责的第一责任人，全面负责业主项目部各项工作（副经理协助经理履行下列职责）。

（2）组织项目管理纲要、安全管理总体策划等管理策划文件的编制实施；审批项目设计、监理/施工单位编制的项目实施策划文件。

（3）组织对项目、安全、质量、技术、造价管理工作计划落实情况进行检查、分析和纠偏；主持召开工程月度例会或专题协调会，协调解决存在的困难和问题。

（4）组织上报项目设计、监理、施工、物资招标申请，参与合同签订，组织业主项目部管理人员对涉及、监理、施工、物资供应商的合同执行情况及资信进行评价。

（5）担任项目现场安委会常务副主任，协助安委会主任落实安全管理委员会责任，定期参加或组织安委会活动。

（6）参加上级组织的安全/质量检查，组织参见单位做好迎检工作；参加工程安全事故和质量安全事故的调查。

（7）参加工程初步设计内审；审查重大设计变更和技术方案；全面落实"三通一标"等标准化建设要求。

（8）组织、参与项目外部协调及政策处理工作，重大问题及时上报建设管理单位；联系推动、协调配合相关单位及时开展开工手续办理工作，推动落实标准化开工条件。

（9）审核工程进度款和设计、监理费支付申请，审核上报月度用款计划；审批工程安全文明施工费使用计划。

（10）参加或受委托组织工程中间验收工作；参加竣工预验收、启动验收并组织整改消缺，负责组织工程移交；负责协调投产后质保期内服务工作；参加项目达标投产和创优工作。

（11）项目投产后，组织本项目管理工作进行总结和综合评价，对项目部其他管理人员进行工作评价，并将总结及评价结果及时报送建设管理单位。

1-57 电网建设业主项目经理安全岗位有哪些职责？

答：（1）负责项目建设全过程的安全管理工作，是项目现场安全质量及环保、水土保障管理的第一责任人；

（2）组织安全管理策划文件的编制和实施；

（3）审批项目监理、设计、施工承包商编制的安全策划文件，组织审查专项施工方案和专项安全技术措施；

（4）组织开展项目安全标准化管理工作，审批项目安全费用使用计划及支付；

（5）审批工程项目分包计划及分包申请；

（6）开展项目安全管理体系运行情况检查，主持召开工程月度安全例会或专题协调会，协调解决安全管理工作中存在的问题；

（7）定期组织开展项目安全检查，督促问题整改；

（8）组织开展项目施工安全风险管理；

（9）负责项目应急管理，组织编制现场应急处置方案、开展应急演练；

（10）参加或受委托组织开展项目的安全管理评价及工程项目安全事件调查、处理工作。

1-58 电网建设施工中业主经理责任是什么？

答：（1）审查四级及以上风险控制措施的有效性，并进行全过程监督；

（2）必要时协调解决现场存在的安全风险和隐患。

1-59 电网建设业主项目安全工程师岗位职责有哪些？

答：（1）负责项目建设全过程中的安全管理工作；参加安委会会议和工地例会，落实会议决定。

（2）编制业主项目部安全管理总体策划，并组织实施；审核项目监理、设计、施工承包商的实施细则/方案，并监督执行。

（3）开展安全风险管理，组织设计、监理/施工项目部对工程风险因素进行识别、评估，编制预控措施，并检查落实。审核项目现场应急处置方案。协助应急工作组织开展有针对性的应急演练活动。

（4）审查工程分包计划和分包商资质、业绩和计划，督促施工项目部加强对分包队伍的安全管理，落实国家电网公司有关工程分包队伍动态监管要求。

（5）监督、检查基建安全管理制度在工程中的贯彻落实情况；负责安全文明施工标准化设施的进场验收；加强日常安全巡视，定期组织各类安全检查和安全文明施工标准化管理评价等活动，参与项目达标投产检查工作，组织开展安全管理竞赛活动，跟踪检查安全隐患闭环整改情况。

（6）负责设计、施工/监理项目部安全管理工作的考核、评价；参加对项目参建单位资信和合同执行情况的评价。

（7）负责项目建设安全管理工作信息的上报、传递和发布。

（8）组织项目开展安全管理竞赛活动和配合项目安全事件/故的调查和处理。

1-60　电网建设业主项目质量工程师岗位职责有哪些？

答：（1）负责工程质量的综合管理和组织协调工作，监督工程建设质量管理制度、工程建设标准的执行及合同质量要求的落实。

（2）在工程建设管理纲要中明确工程创优目标、创优措施，组织各参建项目部细化创优措施并优先执行。

（3）签发质量通病防治任务书，明确工程质量通病防治要求，监督、检查各参建单位质量通病防治措施的落实情况。

（4）明确工程标准工艺应用目标和要求，组织参建单位开展标准工艺应用策划并对工程项目标准工艺情况进行检查和验收。

（5）配合审批设计单位、施工项目部，竣工验收阶段配合审查监理项目部输变电工程强制性条文执行汇总表。

（6）参与工程设计交底及施工图会检工作。

（7）组织开展质量例行检查、随机检查活动，监督质量检查问题闭环整改情况。

（8）组织项目开展质量管理竞赛活动。

（9）组织、参与工程质量中间验收、启动验收等工作。

（10）组织设计、施工、监理项目部质量管理工作的考核、评价；参加对项目参建承包商资信和合同执行情况的评价。

（11）负责工程质量工作信息的上报、传递和发布。

（12）参与工程达标投产和创优工作、工程质量事件的调查处理工作。

1-61　业主项目部的管理目标是什么？

答：业主项目部的管理目标是实行项目经理负责制并通过计划、组织、协调、监督及评价等管理手段，推行工程建设按照计划实施；实现工程预定的安全、质量、进度和造价、技术等内容的建设目标，同时将策划工作抓紧做好（含成立项目安委会，编制项目管理纲要、变电站工程建设创优规划及安全管理总体策划、工程建设强制性条文执行计划）。

1-62　业主项目部有哪些主要工作职责？

答：（1）贯彻落实并监督参建单位贯彻执行有关工程建设的国家、行业标准、规程/范，规定及企业的制度，通用设计、通用设备、通用造价，标准工艺等标准化建设要求。

（2）积极开展项目管理策划，组织编写业主项目部管理策划文件，报建管中心审批；督促参建项目部制定项目实施策划，审批其项目策划文件并监督执行。

（3）组织设计交底及施工图会审，签发会议纪要并监督纪要的闭环落实。开展建设协调与监督检查。组织召开首次工地例会和工程月度例会；检查工程安全、质量、进度、造价、建设管理工作落实情况，及时协调工程建设有关问题，提出改进措施；编制、分发会议纪要并跟踪落实，对重大问题及时上报建管中心协调解决。

（4）参加或组织项目安委会活动，开展及参加各类安全/质量检查工作；监督、落实标准工艺应用；具体负责安全文明施工管理；监督安全文明施工费用使用；按规定程序上报安全/质量事件/故，及参加安全/质量事件/故的调查工作。

（5）及时组织宣贯上级文件，做好来往文件记录工作，参与或受建管中心委托组织工程中间验收及其他验收、消缺工作，做好工程质量监督配合，监督参建项目部做好闭环整改。

1-63 业主项目部的管理职责是什么？

答：（1）对项目建设的安全、质量、进度、造价和技术等实施现场管理，对工程建设的关键环节进行有效管理；

（2）对工程设计、监理、施工、调试承包商及物质供应商进行合同履约管理，通过对合同执行情况的监督考量，督促其严格履行合同义务，认真完成合同规定的工作内容；

（3）强化对参建单位的合同履约管理，对于不称职的施工项目经理、总监理工程师、设计工代等现场管理人员，要求参建单位及时进行撤换。

1-64 现场业主有哪些安全工作内容？

答：（1）负责具体工程项目建设过程管理和参建队伍管控，实现工程建设的进度、安全、质量、造价、技术管控目标。业主项目部定期组织召开安委会会议，保留会议记录并编发会议纪要。

（2）编制项目安全总体策划，监督指导安全文明施工标准化要求在工程项目的有效落实；监督指导安全文明施工费的使用；定期组织安全文明施工检查及安全管理评价。

（3）负责审批施工项目部报送的工程项目分包计划及分包申请，严格控制工程项目的分包范围。审查分包商资质和业绩，按流程审批工程项目分包申请。定期组织开展工程项目分包管理检查，考核评价工程项目各参建单位分包管理工作。

（4）每月至少组织监理/施工项目部进行一次安全检查，每月至少召开一次安全工作例会。

（5）由业主经理担任工程项目应急工作组组长（副组长由项目总监、项目经理担任，工作组成员由工程项目业主，监理/施工项目部的安全、技术人员组成）；施工项目部负责组建现场应急救援队伍。

（6）编制项目"安全管理总体策划"时，明确安全风险管理要求，负责项目建设过程中安全风险管理要求的落实。

（7）负责对四级及以上风险作业的控制工作进行监督检查，并对"输变电工程安全施工作业票 B"的执行进行签字确认。

（8）检查安全文明施工标准化工作落实，对工程项目安全文明施工标准化管理工作不称职的管理人员，提出撤换要求，并对相关人员、单位提出考核意见，组织工程项目开展安全文明施工标准化学习，经验交流活动。

1-65　业主项目部有哪些进度工作计划？

答：按照国家电网公司基建项目管理规定，业主项目部应根据工程建设进度计划，组织有关参建单位编制项目进度网络计划、招标需求计划、设计进度计划、物资到货计划、停电计划等，实现各项计划有效衔接，按计划有序推进工程建设。同时，具体负责工程的日常协调管理，开展项目建设外部协调和政策处理工作，重大问题上报建设管理单位协调解决。

1-66　业主项目部有哪些管理工作？

答：（1）基建工程组织成立业主项目部，配备合格的业主项目经理，根据管理需要配备管理专责。省级公司根据项目管理需要和管理人员情况，制定本单位业主项目部管理专责配备要求及岗位职责，并监督执行。

（2）业主项目部工作实行项目经理负责制，负责项目建设过程管控和参建单位管理，通过组织、协调、监督、评价，有序推动项目建设，实现工程建设进度、安全、质量、造价和技术管控目标。

（3）负责对设计、监理、施工、物资供应商等参建单位管理协调。推进监理项目部、施工项目部标准化建设。

1-67　业主项目部有哪些工程管理职责？

答：（1）负责工程质量的综合管理和组织协调工作，监督工程建设质量管理制度、工程建设标准的执行及合同质量要求的落实。

（2）组织设计交底及施工图会检。

（3）监督、检查质量通病防治措施的落实及标准工艺的实施。

（4）开展质量例行检查，组织参与工程质量竞赛、优质工程评定等活动。

（5）参与或受建管单位委托组织工程中间验收，参与竣工预验收、启动竣工验收等工作。

（6）负责设计、施工/监理项目部质量管理工作的考核、评价。

（7）负责项目建设质量管理工作信息的上报、传递和发布。

（8）负责工程档案资料收集、整理、上报、移交工作。

1-68　业主项目部开展质量管理的步骤有哪些？

答：（1）业主（施工/监理）项目部每月至少召开一次质量工作例会，协调工程项目质量管理中存在的问题，提出改进措施并闭环整改。

（2）业主项目部对建设管理纲要进行动态调整并严格实施，批准经监理项目部审核后的，设计项目部/组编制质量通病防治设计措施，施工项目部编制质量通病防治措施、工程施工强制性条文执行计划。

(3) 按照国家电网公司优质工程标准对工程质量进行全过程管理，以组织召开质量分析会、质量专项检查等方式，监督工程质量管理制度、工程建设标准强制性条文、质量通病防治措施和"标准工艺"等执行情况，并督查工程建设标准强制性条文执行工作落实情况。

1-69 业主项目部的主要职责内容是什么？

答：业主项目部主要从事项目经理、项目副经理工作、工程前期、安全管理、质量管理、技术管理、财务管理、造价管理、信息档案、综合管理等工作。

主要职责内容是：

(1) 编制项目管理策划文件，报建设管理单位审批；

(2) 督促项目各工程参建商制定实施细则，审批各参建单位的实施细则并检查其实施情况。具体的负责设计、监理、施工合同条款执行，配合物资合同条款执行，及时协调合同执行过程中的各项问题；

(3) 组织施工图会检和设计技术交底，按照管理权限审查工程技术方案和工程变更；

(4) 组织项目安委会活动，审批安措费使用计划；

(5) 组织召开工程月度例会，根据需要召开专题协调会，检查工程安全、质量、进度、造价、技术管理体系运转情况，协调工程问题，提出改进措施，负责会议纪要的分发和跟踪落实；

(6) 组织工程中间验收和竣工预验收工作，参加竣工验收和启动试运行，负责组织工程移交；

(7) 负责协调投产后质保期内服务工作，参加项目投产达标和创优工作；

(8) 审核工程进度款和设计、监理费支付申请，上报月度用款计划；

(9) 负责工程信息与档案资料的收集、整理、上报、移交工作；项目投运后，及时对本项目管理工作进行总结和综合评价，并报送建设管理单位；负责完成建设管理单位布置的其他工作。

1-70 业主项目部的安全管理制度有哪些？

答：(1) 项目安全质量培训管理制度；

(2) 项目工作例会管理制度；

(3) 项目安全质量检查管理制度；

(4) 项目考核和奖惩管理程序；

(5) 项目安全质量数码照片管理制度；

(6) 施工安全风险识别、评估及预控管理制度；

(7) 输变电工程施工分包管理制度；

(8) 输变电工程安全文明施工费使用管理制度；

(9) 输变电工程现场应急管理制度；

（10）输变电工程事故处置管理制度。

1-71　业主项目部的安全管理台账有哪些？

答：（1）建立工程项目安全管理责任制；

（2）安全工作例会；

（3）安全检查工作；

（4）基建安全信息管理；

（5）工程分包安全管理；

（6）安全奖惩细则等机制（重点抽查安全例会记录、安全奖惩记录等至少两项实施记录）。

1-72　业主项目部负责或主持交底的内容有哪些？

答：（1）由业主项目部编制工程项目安全管理总体策划，明确安全文明施工管理目标和要求，并向参建单位交底；

（2）针对质量方面组织设计交底及施工图会检；

（3）在电网工程开工前，组织设计、监理、施工项目部开展项目交底及风险初勘工作。

1-73　业主项目部有哪些重点管控内容？

答：（1）项目管理策划。组织编写业主项目部的：建设管理纲要，安全管理总体策划，质量通病防治任务书等文件。审批工程设计，监理/施工单位的监理规划、项目设计计划、项目管理实施规划、项目进度计划、施工安全及风控方案、强制性条文执行计划，并提出审查意见。

（2）工程协调与监督检查。组织工程设计交底及施工图会检，签发工程设计交底纪要、施工图会检纪要及监督纪要的闭环落实工作；落实上级公司基建专业管理的相关规定、要求，每月召开工地例会，掌握现场安全、质量、进度、造价和技术管理制度标准和工作计划的落实情况；对工程安全、质量等过程管理往来文件及相关文件审批意见。

（3）工程验收及质量监督。参与建管中心委托组织工程中间验收，参与竣工预验收、启动验收工作，组织做好质量监督配合工作，监督落实整改意见。

1-74　业主的招标文件及合同编制依据有哪些？

答：中华人民共和国招标投标法，中华人民共和国招投标法实施条例，国家电网公司的输变电工程设计、施工、监理集中招标管理规定，所承建工程建设管理纲要、创优规划、安全文明施工总体策划、质量通病防治任务书等项目策划文件。

1-75　业主项目管理编制策划《建设管理纲要》需哪些依据？

答：依据《建设工程项目管理规范》、国家电网公司 2015 年度下发的通用《基建管理通则》《基建项目管理规定》《基建安全/质量管理规定》《输变电工程设计质量管理规定》

《基建技经管理规定》《基建队伍管理规定》《关于进一步提高工程建设安全质量和工艺水平的决定》《业主和监理/施工项目部标准化工作手册》及其他相关规程规范及批准的可行性研究报告、设计文件。

编制要求建设管理纲要作为工程建设的纲领性文件，是设计、监理、施工、调试等参建商编制相应策划文件的重要依据。《建设管理纲要》的编写以全面实现工程各项建设目标为前提，以公司相关管理文件、制度、流程为依据，紧密结合工程实际特点，要求内容全面，要素齐全，数据翔实，具有指导性、针对性、可操作性。

同时该文件由业主建设协调专责编制，经理审批后，报建设管理单位分管领导批准。

1-76 业主项目管理编制策划《创优规划书》的依据有哪些?

答：依据包括国家电网公司的《基建质量管理规定》《输变电优质工程评定办法》《输变电工程标准工艺管理办法》《输变电工程项目管理流动红旗竞赛实施办法》《输变电工程建设创优规划编制纲要》《业主和监理/施工项目部标准化工作手册》及其他相关规程规范及经批准的设计文件等。

编制要求创优规划作为工程创优工作的纲领性文件，是设计、监理、施工等参建商编制相应创优文件的重要依据。创优规划要通过明确工程创优目标、责任主体、重点措施、"标准工艺"实施的目标和要求，指导本工程参建商（设计、施工、监理等）创优实施细则的编制及实施，达到最终实现工程创优目标的目的。创优规划要求内容全面，要素齐全，数据翔实，具有指导性、针对性、可操作性。

1-77 业主项目编制策划《质量通病防治任务书》的依据有哪些?

答：依据包括国家电网公司的《基建质量管理规定》《输变电工程达标投产考核办法》《输变电优质工程评定办法》《输变电工程标准工艺管理办法》《关于进一步提高工程建设安全质量和工艺水平的决定》《输变电工程质量通病防治工作要求及技术措施》《监理/施工项目部标准化工作手册》及其他相关规程规范及经批准的设计文件等。

编制《质量通病防治任务书》是设计、监理、施工、调试等参建商编制质量通病防治措施文件的重要依据。任务书的编写要以全面消除工程建设过程中质量通病为目的，以公司相关管理文件、制度、流程为依据，通过落实标准工艺应用等手段，达到消除质量通病的目的。《质量通病防治任务书》要求内容全面，要素齐全，具有指导性、针对性、可操作性。

1-78 业主项目策划《安全文明施工总体策划书》编制依据有哪些?

答：依据包括国家电网公司的《输变电工程安全文明施工标准》《基建安全管理规定》《电网工程施工安全风险识别、评估及控制办法（试行）》《输变电工程安全文明施工标准》《关于进一步提高工程建设安全质量和工艺水平的决定》《电网建设工程施工分包管理办法》《进一步规范和加强施工分包管理工作指导意见》《监理/施工项目部标准化工作手册》及其他相关规程规范及经批准的设计文件等。

编制《安全文明施工总体策划书》是监理、施工等承包商编制安全文明施工文件的重要依据。总体策划书应明确本工程安全管理目标和各参建单位安全职责，规范各参建商安全和文明施工管理，提高安全管理水平，实现输变电工程安全文明施工标准化。《安全文明施工总体策划书》要求内容全面，要素齐全，数据翔实，具有指导性、针对性、可操作性。

1-79　业主审查项目《策划设计创优实施细则》需要哪些依据？

答： 依据包括国家电网公司的《输变电工程设计管理规定》《输变电工程优秀设计评选办法》《输变电优质工程评定办法》《输变电工程标准工艺管理办法》及所承建工程建设管理纲要、创优规划、设计合同，其他相关规程规范及经批准的设计文件等。

1-80　业主审查项目《策划设计强制性条文执行计划》需哪些依据？

答： 依据包括《工程建设标准强制性条文—房屋建筑部分》《工程建设标准强制性条文》《输变电工程建设标准强制性条文实施管理规程》和《国家电网公司基建质量管理规定》，所承建工程设计合同，其他相关规程规范及经批准的设计文件等。

1-81　业主审查《工程进度一级网络计划》需要哪些依据？

答： 依据包括国家电网公司的《关于进一步提高工程建设安全质量和工艺水平的决定》《输变电工程工期与进度管理办法（试行）》《监理/施工项目部标准化工作手册》，业主建设管理纲要、所承建工程施工合同及其他相关规程规范及经批准的设计文件等。

1-82　业主审查《监理项目规划书》需有哪些依据？

答： 依据包括《建设工程监理规范》《电力建设工程监理规范》、国家电网公司的《输变电工程建设监理管理办法》《监理项目部标准化工作手册》及所承建工程建设管理纲要和监理合同，其他相关规程规范及经批准的设计文件等。

1-83　业主审查《创优监理实施细则》需哪些依据？

答： 依据包括《建设工程监理规范》、国家电网公司的《电力建设工程监理规范》《基建质量管理规定》《输变电工程建设监理管理办法》《输变电优质工程评定办法》《输电线路/变电站工程创优监理实施细则》《监理/施工项目部标准化工作手册》及所承建工程创优规划、所承建工程监理合同，其他相关规程规范及经批准的设计文件等。监理根据《工程建设管理纲要》编制的《创优监理实施细则》由业主项目经理审批。

1-84　业主审查《安全监理工作方案》需哪些依据？

答： 为《建设工程监理规范》《电力建设工程监理规范》和国家电网公司的《输变电工程安全文明施工标准》《电网工程施工安全风险识别、评估及控制办法》《输变电工程建设监理管理办法》《基建安全管理规定》《输变电工程安全文明施工标准化管理办法》《业主/

监理项目部标准化工作手册》及所承建工程安全文明施工总体规划/工程监理合同,其他相关规程规范及经批准的设计文件等。

1-85 业主审查《质量通病防治控制措施》需哪些依据?

答:依据包括国家电网公司的《输变电工程质量通病防治工作要求及技术措施》《关于进一步提高工程建设安全质量和工艺水平的决定》《基建质量管理规定》《施工项目部标准化工作手册》及所承建工程质量通病防治任务书、所承建工程施工合同及其他相关规程规范及经批准的设计文件等

1-86 业主审查《项目管理实施规划》需哪些依据?

答:依据包括《建设工程项目管理规范》、国家电网公司的《基建管理通则》《关于进一步提高工程建设安全质量和工艺水平的决定》《施工项目部标准化工作手册》,所承建工程建设管理纲要/工程施工合同及其他相关规程规范及经批准的设计文件等。施工根据工程《建设管理纲要》编制的《创优施工实施细则》由监理项目部审查后,报送业主项目经理审批。

1-87 业主审查《施工创优实施细则》依据有哪些?

答:依据包括国家电网公司的《基建质量管理规定》《输变电优质工程评定办法》《变电站工程创优施工实施细则编制纲要》《输电线路工程创优施工实施细则编制纲要》《施工项目部标准化工作手册》《关于加强施工装备租赁管理工作的通知》,所承建工程建设管理纲要、创优规划、施工合同及其他相关规程规范及经批准的设计文件等。

1-88 业主审查《施工安全管理及风险控制方案》依据有哪些?

答:依据包括国家电网公司的《输变电工程安全文明施工标准化管理办法》《基建安全管理规定》《施工项目部标准化工作手册》及所承建工程建设管理纲要、安全文明施工总体规划、施工合同及其他相关规程规范及经批准的设计文件等。

1-89 业主审查《施工强制性条文执行计划》的依据有哪些?

答:依据包括《工程建设标准强制性条文》《工程建设标准强制性条文》《输变电工程建设标准强制性条文实施管理规程》《国家电网公司基建质量管理规定》和承建工程施工合同、其他相关规程规范以及经批准的设计文件等。

1-90 什么是工程建设核心管理要求?

答:要求以进度管理为主线,遵循工程项目建设的客观规律和基本程序,科学地制定合理工期,合理安排建设进度计划,严肃合理工期的执行。实现依法开工、有序推进、均衡投产。

1-91　什么是电网基建工程建设全过程管理？

答： 电网基建工程建设全过程管理指基建工程建设全过程管理划分为项目前期、工程前期、工程建设与总结评价四个阶段。即：

（1）项目前期阶段主要工作内容包括项目决策与立项、可行性研究、项目核准等。

（2）工程前期阶段主要工作内容包括项目管理策划、设计招标、监理招标、初步设计、物资招标、施工图设计、施工招标、办理施工许可相关手续等（含工程项目许可证申请手续办理完成；四通一平一围施工完成；项目管理实施规划通过评审，项目管理机构和规章制度健全，管理体系人员资质符合要求；临设、施工场地布置完成，施工项目部施工人员、施工机械进场并通过审查；施工图已会检、图纸交付计划落实且交付进度能满足连续施工需求；主设备已招标、主要材料已落实、设备/材料能满足连续施工需求；工程三个项目部及设计的组织机构已成立，各项管理和技术文件已通过评审，完成编审批手续，出版并放置现场、相关内容已经过必要的交底和培训）。

（3）工程建设阶段主要工作内容包括工程开工、土建/基础、安装（组塔及架线）、调试及阶段性验收、启动验收及投运、工程移交等。

（4）总结评价阶段主要工作内容包括工程结算、竣工决算、达标投产、优质工程评定、项目后评价等。

1-92　业主审查《质量通病防治措施》的依据有哪些？

答： 依据包括国家电网公司的《输变电工程质量通病防治工作要求及技术措施》《关于进一步提高工程建设安全质量和工艺水平的决定》《基建质量管理规定》《施工项目部标准化工作手册》，所承建工程质量通病防治任务书、所承建工程施工合同及其他相关规程规范及经批准的设计文件等。

1-93　业主对工程开工报审管控审核需哪些依据？

答： 为《建设工程项目管理规范》和国家电网公司《基建管理通则》《基建项目管理规定》、《输变电工程工期与进度管理办法》《业主、监理/施工项目部标准化工作手册》及所承建工程建设管理纲要、设计合同、施工/监理合同和其他相关规程规范及经批准的设计文件等。

1-94　业主项目部如何加强施工项目部及现场队伍的安全监督？

答： （1）创建"两个一流"（一流的现场员工队伍、一流的工作服务作风），同时业主项目部领导及员工要用心尽责，认真履责、用心尽心，多一份责任、少一点懈怠，多一份主动、少一点被动。项目经理要用心谋事、踏实做事，严格管理。广大员工要严谨认真、精益求精，用心做好每一项工作。

（2）不断提高员工项目管理的综合素质。培育职业素养，强化业务学习，提高业务技能，创造性地解决实际问题。把对社会、对企业的贡献作为人生价值追求，遵守社会公德，恪守国家电网公司员工职业道德，崇尚家庭美德，全面提高道德修养。

（3）要积极营造干事创业的氛围。充分认识到公司的发展与员工个人发展息息相关，没有公司的发展，员工的发展就失去了平台和依托，没有员工的发展，公司的发展就没有持久的动力和支撑。要用事业感召人，文化凝聚人，形成人人爱岗敬业、企业与员工共同发展的和谐局面。

1-95　业主项目部如何确保基础保障工作到位？

答： 夯实基础是安全生产的有效保障。要加强安全生产标准化、规范化建设。全面规范各参建项目部在安全管理、现场作业、设施设备、人员培训等方面的工作。要加强安全生产规章制度建设，健全和完善安全生产例会、专项督查以及隐患排查治理、重大危险点监控、重大隐患和事故责任追究等基本制度，强化制度约束力，实现安全生产制度化、规范化管理。

要切实加强劳动保护，规范配备劳保用品，并加强监督使用。大力发展实用应急救援体系建设，建立健全安全生产保障和突发事件的应急机制，确保应急响应，提高对突发事件的应对处置能力，同时建立对项目总监/经理和安监工作者的考勤考量管理工作。

1-96　业主项目部如何提高应急处置能力？

答： 及时健全项目应急管理组织体系，完善预案体系，强化保障体系，开展应急评估，推进应急管理工作的制度化、规范化、标准化建设。遇到重大安全事故和突发紧急事件，要在第一时间向上级报告，第一时间妥善处置，防止事态扩大。坚决杜绝隐瞒不报、谎报、迟报、漏报。做好现场应急预案、应急物资、应急队伍准备。提高预案的针对性和可操作性，整合应急救援队伍，加强应急培训和演练，确保及时快速反应。

1-97　什么是电网工程管理目标？

答： 是指人们进行安全管理活动所要达到的预期效果。从严格意义上说，工程安全管理目标与一般所说的目标在含义上有所不同。一般所说的目标，往往只考虑要达到的预期效果，而不去过多地考虑如何达到这一效果。工程安全管理目标则不但要考虑预期效果，而且要考量如何达到这一预期结果。

所以，电网建设项目安全工作的总体目标是努力实现人身亡故事故为"零目标"；在建设工程中明确各级安全目标，实现分级控制。输变电工程项目的安全目标应在工程项目管理规划大纲、项目管理实施规划、工程监理规划、工程安全管理总体策划中明确一致。

1-98　北京城区的特型变电站有哪些内容？

答： （1）220kV4台主变压器全户内变电站。其布置是：变电站为一幢市场综合楼布置；安装180MVA×4台变压器；220kV户内GIS，架空电缆混合进出线10回；110kV户内GIS，架空电缆混合出线12回；10kV出线28回；围墙内占地面积122m×68m，约

8300m²（不含进出站道路及代征其他用地），建筑面积约10400m²；

（2）220kV4台主变压器半户内变电站。其布置是：变电站为220kV及110kV设备厂房平行布置，中间安置主变压器；安装180MVA×4台变压器；220kV户内GIS，架空电缆混合进出线10回；110kV户内GIS，架空电缆混合出线12回；10kV出线28回；围墙内占地面积102m×68m，占地面积约8400m²（不含进出站道路及代征其他用地），建筑面积约5800m²；

（3）220kV4台主变压器全地下变电站。其布置是：变电站设备全部地下布置，地上设必要的检修进出口、吊装口和通风口；安装180MVA×4台变压器；220kV户内GIS，全电缆进出线10~12回；110kV户内GIS，全电缆混合出线12回；10kV出线20回；占地面积约82m×48m，占地面积约4000m²（不含进出站道路及代征其他用地），建筑面积约8650m²；

（4）110kV4台主变压器半地下变电站。其布置是：主变压器及散热器地上布置，其余设备为地下布置；安装50MVA×4台变压器；110kV户内GIS，全电缆进出线4回；10kV，出线56回；围墙内占地面积：62m×46m，约2900m²（不含进出站道路及代征其他用地），建筑面积约3950m²。

1-99 北京地区的变电站有哪些形式？

答：由于受土地、环境、景观的影响和要求，目前主要分5种，即：户外式，半户内式、全户内式，及半地下式、全地下室变电站。

1-100 变电站工程内容有哪些？

答：（1）施工工序较多，施工单位多，交叉作业多。工程建设分为土建、电气安装及设备调试等三个阶段。

（2）土建施工作业原则：先场平后围墙，先地下后地上，先土建后安装，先主体后围护，先结构后装修；同时土建施工具备电气安装进场条件后，严格电气安装与土建交接验收制度，尽量减少交叉作业。

（3）电气安装工序：先上后下，先内侧后外侧，先一次后二次；特别注意电气安装会受到天气、环境及外部因素的制约，主变压器、GIS安装对湿度、粉尘的要求高，业主要强调监理/施工严格按照设备厂家技术要求执行，重视磁回路的问题；并在阴雨天气湿度大时不应安装，土建施工期间粉尘较多时也不要安排交叉作业，必须保持按照现场的洁净度，以免影响安装质量和日后安全运行。

（4）设备调试是核心，也是检验工程设计、安装质量；断路器、隔离开关能否分/合到位，动作时间是否符合技术要求，保护能否正确动作都需通过调整、试验工作——验证。如存在设计错误、安装偏差都会加长调试周期。

（5）应关注土建、变电站与线路专业之间的高度衔接，妥善安排好消缺工作，加强"尾工、尾料"的管理。加强与调度的充分沟通，在启动过程中往往有一系列的停电搭接、核相、保护相量测试等工作，充分沟通是启动过程的安全可靠之保障。

1-101 变电站"三通一标"规范有哪些？

答： 有9项规范，分别是400～500kV输变电工程一次部分通用设计/造价、设备和标准化工艺；110～500kV变电站工程典型设计；110～500kV变电站通用设备典型规范；110～500kV输变电工程设备典型造价；110～500kV变电站二次系统通用设计。

国家电网公司输变电工程施工工艺示范手册、施工作业手册、安全文明施工标准化图册及安全文明施工标准化管理办法。

1-102 变电站布置及基建主体工程安装工序有哪些？

答： （1）结合目前用地情况为户外型，户内型和半户内型变电站。

（2）变电一次，二次，通信、调度自动化等电气设备安装和调试工程。

（3）变电设备安装工序是主设备吊装，一次设备安装及试验，二次设备安装、保护调试及传动。

（4）变电站土建施工顺序为：基建、结构、设备、装修/室外。

（5）变电站施工，室外工程可与建筑设备安装及装修工程同步开展，室外工程应结合主设备运输吊装计划。

（6）沟道施工顺序是：竖井一衬结构、沟道一衬/二衬，竖井二衬、通风、排水、照明及支架安装；在沟道作业中，一衬结构施工难度最大，而且因地质情况致使计划工期难以准确控制，因此在制定整体工程计划时，务必流出余量。

（7）变电站土方开挖或沟道竖井及一衬开挖，均存在不可预见风险。为此业主需提醒监理承包商认真督促施工项目部在开工前，对临近管线进行仔细调查摸底，及时做好应急准备。遇到挖断管线情况时，尽快给予处理。

1-103 什么是冬期施工以及如何开展冬期施工工作？

答： （1）工程在低温季（日平均气温连续5天低于5℃或最低气温低于−3℃）修建，需要采取防冻保暖措施。所属学科：电力为一级学科；水工建筑为二级学科。

（2）现场准备。

① 根据实物工程量提前组织有关机具、外加剂和保温材料进场。

② 搭建加热用的炉灶、搅拌站，敷设管道，对各种加热的材料、设备要检查其安全可靠性。

③ 工地的临时供水管道及白灰膏等材料做好保温防冻工作。

④ 做好冬期施工混凝土、砂浆及掺外加剂的试配试验工作，提出施工配合比。

⑤ 对于现场火源加强管理；使用天然气、煤气时，要防止爆炸；使用焦炭炉、煤炉或天然气、煤气时，应注意通风换气，防止煤气中毒，并且抓好电源开关、控制箱等设施要加锁，并设专人管理，防止漏电触电的督查工作。

（3）冬期施工测温的有关规定。

① 冬期施工的测温范围：大气温度，水泥、水、砂子、石子等原材料的温度，混凝土或砂浆棚室内温度，混凝土或砂浆出罐温度、入模或上墙温度，混凝土入模后初始温度和

养护温度等。

② 测温人员的职责：每天记录大气温度，并报告工地负责人。混凝土拌合料的温度、混凝土出罐温度、混凝土入模温度。混凝土养护温度的测量：按要求布置测量温孔，绘制测温孔分布图及编号。按要求测温混凝土养护初始温度、大气温度等。控制混凝土养护的初始温度和时间。

③ 施工测温的准备工作：设专人负责测温工作，并于开始测温前组织培训和交底。准备好必需的工具：测温百叶箱规格不小于 300mm×300mm×400mm，宜安装于建筑物 10m 以外，距地高度约 1.5m，通风条件比较好的地方，外表面刷白色油漆。

测温计用于测量大气温度和环境温度，采用自动温度计录仪，测原材料温度采用玻璃液体温度计。各种温度计在使用前均应进行校验。

④ 测温孔布置及深度要绘制平面和立面图，各孔按顺序编号，经技术部门批准后实行。各类建筑测温孔设置要求。测温孔的布置一般选在温度变化较大、容易散失热量、构件易遭冻结的部位设置。现浇混凝土梁、板、圈梁的测温孔应与梁、板水平方向垂直留置。梁侧孔每 3m 长设置 1 个，每跨至少 1 个，孔深 1/3 梁高。圈梁每 4m 长设置 1 个，孔深 10cm。楼板每 15m² 设置 1 个，每间至少设置 1 个，孔深 1/2 板厚。现浇混凝土柱在柱头和柱脚各设测温孔 1 对，与柱面成 30°倾斜角，孔深 1/2 柱断面长。现浇钢筋混凝土构造，每根柱上、下端接各设 1 个测温孔，孔深 10cm，测孔与柱面成 30°倾斜角。现浇框架结构的板墙每 15m² 设测孔 1 个，每道墙至少设 1 个，孔深 10cm。混凝土墙结构的板墙（大模板工艺），横墙每条轴线测一块模板，纵墙轴线之间采取梅花形布置。每块板单面设测温孔 3 个，对角线布置，上、下测孔距大模板上、下边缘 30～50cm，孔深 10cm。现浇阳台挑檐、雨罩及室外楼梯休息平台等零星构件每个测温孔 2 个。钢筋独立柱基，每个设测孔 2 个，孔深 10cm；条形基础，每 5m 长设测孔 1 个，孔深 15cm；厚大的底板应在底板的中、下部增设一层或两层测温点，以掌握混凝土的内部温度。

测温方法和要求。根据测温点布置图，测温孔可采用预埋内径 12mm 金属套管制作。注意留孔时要有专人看管，以防施工踩/压实测温孔。测温时按测温孔编号顺序进行。温度计插入测温孔后，堵塞住孔口，留置在孔内 3～5min，然后迅速从孔中取出，使温度计与视线成水平，仔细读数，并记入测温记录表，同时将测温孔用保温材料按原样覆盖好。

（4）现场测温注意事项是：①测温次数，测温时间。②混凝土养护温度，4MPa 前，昼夜 12 次，每 2h 一次；34MPa 后，昼夜 4 次，每 6h 一次。③大气温度，昼夜 4 次：2：00、8：00、14：00、20：00 各一次。④水泥、水、砂、石温度和混凝土、砂浆出罐温度，混凝土入模、砂浆上墙温度；每昼夜 3 次。每工作班 2 次 7：00、15：00、21：00 各一次上下午开盘各一次。现场测温结束时间：混凝土达到临界强度，且拆模后混凝土表面温度与环境温差≤15℃、混凝土的降温速度不超过 5℃/h、测温孔的温度和大气温度接近。⑤测温人员每天 24h 都应有人上岗，并实行严格的交接班制度。测温人员要分区、项填写并妥善保管；测温记录要交给技术人员归档备查。

（5）冬期施工作业注意编制冬期施工方案，落实防冻措施，严格认真按照监理审批过的施工方案作业。

1-104　变电站业主土建工程师应注意什么？

答：（1）由于土建是输变电工程的基础，故需用心策划，科学管理，精心施工，悉心打造优质工地。

（2）变电站土建工程进入主体屋面浇注阶段，从泵车进场位置，到水泥浆灌注的均衡，需在现场做必要的监控，一切按标准化建设要求施工。

（3）针对变电站建设中的清水围墙砌筑施工时，围墙沉降缝砌筑需要员工反复垂线测量，精确度一般的问题，创立了"沉降缝隔板"。既达到了缝隙均称美观的效果，又提高了砌筑效率。同样变电站防火墙遇到下雨时，只能任其随意流下。影响墙面美观和墙体质量。如在施工中为墙顶设置了滴水檐，有效避免了雨水冲刷带来的痕迹，还对墙体起到良好的保护作用。

（4）在对电缆沟压顶时，以往一般采用支模现浇混凝土施工方法。该方法施工周期长，需要多工种配合完成，且存在混凝土表面易出现裂缝、气泡难控等问题。如采用混凝土预制压顶的办法，预制时用定型钢模板带倒角工艺，保证压顶线条流畅、色泽一致、无蜂窝麻面。电缆沟交叉处采用混凝土过梁，过梁处模板应用优质竹胶板内涂特种隔离剂，保证了压顶外观质量。

（5）敷设电缆时，按照"同侧同过、同种同行、同柜同穿"的原则，用 CAD 软件绘制出清晰的线路走向图，做到了全站电缆敷设无交叉。在对房体施工时使用 3DMAX 等软件，对建筑物内外装修效果进行模拟，确保地砖、墙砖、吊顶整体美观协调，水平及垂直缝通顺，套割吻合，阴阳角拼缝平直、顺畅。可对全站电缆沟盖板、电缆支架、排水沟箅子进行 CAD 二次策划，全部采用新型高分子复合材料，实施工厂化制作，不但达到尺寸标准、质量可靠、美观大方的效果，而且运用的材料起到了环保作用。

（6）编制"绿色施工方案/措施"，提出建设绿色型工程目标。为防止工地上的砂土和周边扬尘起落，在施工现场每间隔 60m 左右设置一处临时洒水栓。能满足现场对混凝土的养护和安全文明施工要求。有效降低劳动强度，现场清洁清爽、提高劳动效率，保护自然环境。

（7）在主控楼、超高压（如 500kV）保护室、综合保护室等建筑的主体结构外墙施工时，采用外墙保温施工技术，将符合要求的聚苯乙烯泡沫塑料板贴于墙体表面，同时在保温板表面涂抹面胶并铺设增强网，然后对饰面层施工。此工艺消除或减弱局部传热过多的热桥作用，使墙体潮湿情况得到改善，提高了建筑物保温功能，起到了节能环保作用。同时，避免内部的主体结构产生大的温度变化，延长了主体寿命。

1-105　变电工程项目部"三类"人员的安全生产考核证有什么规定？

答：按照《中华人民共和国安全生产法》第 20 条、《建筑工程安全生产管理条例》第 36 条规定：施工承包商的主要负责人、项目负责人和安全生产管理人员应经当地建设厅考核合格后、持证上岗，该证有效期 3 年。对证件到期的前 1 月到原发证部门进行考核，合格后盖公章延期 3 年、继续使用。

1-106　变电站工作现场"六项严禁令"是什么？

答：（1）严禁无工作票工作或超工作票范围工作；

（2）严禁无接地线保护工作或装设接地线前不验电；

（3）严禁工作票和现场安全措施不符合现场实际条件；

（4）严禁工作人员未掌握危险点及其控制措施进行工作；

（5）严禁工作人员擅自变更安全措施或扩大工作范围工作；

（6）严禁外包单位/厂家技术人员未经安全规程培训考试，未接受安全交底进行工作。

1-107　变电系统线路有哪些保护？

答：（1）主保护，满足系统稳定及设备安全要求，有选择地切除被保护设备和全线故障的保护。

（2）后备保护（分远/后保护两种方式），当主保护或断路器拒动时，用以切除故障的保护。前者是当主保护拒动时，由相邻电力设备或线路的保护实现后备；后备保护则是当主保护拒动时，由本电力设备或线路的另一套保护实现后备；当断路器拒动时，由断路器失灵保护实现后备。

（3）辅助保护，为补充主保护和后备保护的不足而增设的简单保护。

1-108　变电站需要安装哪些电气设备？

答：（1）断路器、隔离开关、电抗器、互感器、避雷器、母线、电容器、阻波器等；

（2）主变压器系统设备安装（含9项内容）、站用变压器及交流系统设备安装（含4项内容）、配电装置安装（含7项内容）、母线设备安装（含7项内容）、进出线（含母联、分段）间隔安装（含9项内容）、组合电气系统安装（含8项内容）、无功补偿装置系统安装（含10项内容）、电容器系统安装（含11项内容）、主控及直流设备安装（含3项内容）；全站电缆施工（含10项内容）、全站防雷及接地安装（含4项内容）、通信系统设备安装（含8项内容）、视屏监控及火灾报警系统的安装（含5项内容）。

1-109　变电站噪声的来源有哪些？

答：变电站的噪声主要来于变压器、电抗器、冷却风机；换流站的噪声则来自换流变压器、平波电抗器、交流滤波器等设备。

降低噪声的措施是设备布局优化，选用低噪声设备，设置隔声屏障，加装减震装置和采用吸声材料。

1-110　地下变电站施工电梯井口检查需要注意哪些内容？

答：电梯井口必须设防护栏杆或固定栅门，电梯井内应每隔两层并最多隔10m设一道安全网。

1-111 变电设备需编制哪些安全施工措施？

答：（1）110kV 及以上或容量为 30MVA 及以上的油浸变压器、电抗器；

（2）110kV 及以上断路器、隔离开关、组合电器；

（3）500kV 及以上或单台容量为 10MVA 及以上的干式电抗器油浸变压器、电抗器；

（4）220kV 及以上穿墙套管，在安装前均需按照安装说明书编制安全施工措施。

1-112 变电站接地网和接地装置有哪些要求？

答：（1）220kV 及以上的重要变电站站址土壤和地下水质达不到理想要求，接地网宜采用铜质材料。防雷接地装置采用圆钢时，其直径不得小于 16mm，厚度不小于 4mm，截面积不得小于 160mm²。

（2）设备区构架接地端子高度、方向一致，接地端子顶标高不小于 500mm（场平 ±0mm），且接地端子底部与保护帽顶部距离不小于 200mm；接地引下线沿构架正面引出，接地引下线引出方位与架构接地孔位置对应，并应露出保护帽；接地螺栓规格为接地排宽度 25～40mm，不小于 M12 或 2×M10，接地排宽度 50～60mm，不小于 2×M12，接地排宽度 60mm 以上，不小于 2×M16 或 4×M10；接地网连接焊接处涂防腐漆，接地标示油漆色带为黄绿相间，接地标识颜色分割清晰，宽窄一致，美观统一；接地扁钢煨弯时宜采用冷弯法，防止破坏表面锌层。

（3）施工质量应满足《电气装置安装工程接地装置施工及验收规范》等相关规程、规定要求；螺栓连接处的接触面应按《电气装置安装工程母线装置施工及验收规范》的相关规定进行连接。

1-113 变电哪些工程重点环节、工序的质量业主应关注？

答：（1）土建施工：坐标点、基准点的控制桩；预应力桩；试桩和地基验槽；大体积混凝土施工；地下室和屋面防水等。

（2）电气安装：等径杆焊接；主接地网敷设；管母线焊接；软母线压接；变压器内部检查；变压器安装；GIS 安装等。

（3）设备调试：主变压器局部放电试验、耐压试验；GIS 耐压试验等。加强对电焊机、氩弧焊机、液体设备、真空滤油机等影响工程质量的主要工器具、操作人员资格、成品质量的跟踪检查。

1-114 使用电网工程安全施工作业票有哪些要求？

答：（1）新建变电站按照国家电网公司施工项目部变电站标准化手册列举内容填写。

（2）同一个电气连接部位或一个线路使用电力第 1 种工作票；对同一电压等级、同类型工作使用第 2 种工作票。

（3）同一电压等级、同类型、相同安全措施的带电作业，应使用带电作业工作票。

（4）涉及电缆沟道施工，变压器、油开关，电缆夹层及制作环氧树脂电缆头，一旦发生火灾可能危及人身、设备和电网安全的焊接、切割等工作时，使用动火作业票。

1-115　安装 220kV 穿墙套管需要注意什么？

答： 220kV 及以上穿墙套管安装前应依据安装使用说明书编写施工安全技术措施并应满足：

（1）吊具应使用产品专用吊具或制造厂认可的吊具；

（2）穿墙套管吊装、就位过程应平衡、平稳，高处作业人员使用的高处作业机具或作业平台应安全可靠；

（3）穿墙套管吊装、就位问题。

1-116　新变电站电气工程监控点有哪些？

答：（1）SF_6 设备 7 项：开箱检查，基础及支架检查，施工方案审查，吊装，抽真空、充气，调整，电气试验；

（2）隔离开关 6 项：开箱检查，基础及支架检查，施工方案审查，吊装，抽真空、充气，调整，电气试验；

（3）电流/压互感器 5 项：开箱检查，基础及支架检查，施工方案审查，吊装，抽真空、充气，调整，电气试验；

（4）避雷器 5 项：开箱检查，基础及支架检查，施工方案审查，吊装，抽真空、充气，调整，电气试验；

（5）耦合电容器、阻波器 5 项：开箱检查，基础及支架检查，施工方案审查，吊装，抽真空、充气，调整，电气试验；

（6）变压/电抗器 10 项：运输，开箱检查，基础及轨道检查，施工方案审查，主变压器油试验，吊罩及器身检查，本体及附件安装，抽真空、滤注油、热油循环，密封试验，电气试验；

（7）硬母线开箱检查 9 项，基础及构支架检查，施工方案审查，检查焊工上岗证，支柱绝缘子安装，母线焊接试样检查，母线焊接，母线弯制，管母预弯，管母吊装；

（8）软母线（含引下线、设备连线）6 项：开箱检查，基础及构支架检查，液压压接试样检查，导线压接，绝缘子试验，放线；

（9）接地装置 4 项：接地材料开箱检查，接地体埋深检查，接地体焊接，接地电阻测量；

（10）蓄电池 5 项：开箱检查，现场保管，基础及辅助设施，电解液配制，蓄电池充放电；

（11）交/直流电源屏 4 项：开箱检查，基础和型钢检查，固定和接地，电气调试；

（12）电缆 8 项：开箱检查，土建工程及支架检查，电缆预试，电缆敷设、标示检查，直埋电缆的埋深检查，6kV 以上的动力电缆终端头制作，防火阻燃工程，电气试验；

（13）二次设备（即控制信号、保护、自动装置、通信、远动及测量计量）6 项：开箱检查，基础和型钢检查，固定和接地，二次回路接线，原件调试，整组试验。

1-117 变电站二次接线施工需要重视哪些工序？

答： 主要有控制电缆头制作、电缆线芯接线及电缆牌标志固定等工作。而控制电缆头制作及电缆线芯接线又是变电站二次接线施工中的重要工序，更是二次线施工质量控制的难点。在工程验收及达标投产创优等各项检查中，都会被查出许多二次接线工艺问题或缺陷。所以这也是一关注点。

1-118 变电站二次接线有哪些工艺问题及缺陷表现？

答： （1）屏、柜、箱内电缆整理不齐，层次不清，杂乱无章；
（2）屏、柜、箱内电缆绑扎高度不一致，方向不统一；
（3）控制电缆头内衬带颜色不一致，高低不齐；
（4）热缩管长短不一致，没有统一要求；
（5）电缆头制作高度不一致，制作样式不统一；
（6）屏蔽线接地及钢铠接地接引制作方法不统一，有的合在一起接地，有的单独接地；
（7）电缆线芯走线方式混乱不一致，电缆线芯扎头绑扎位置、结接位置不一致，线芯弯曲度不一致，电缆线芯绝缘受损；
（8）线号长短不一致，且标志不清；电缆牌悬挂位置不一致，并且标志不清；
（9）二次接线错误，没有按图施工，重新改线后直接影响工艺。

1-119 变电二次接线工艺问题及缺陷的对策有哪些？

答： （1）现场工艺问题和缺陷为：①施工前没有审核或熟悉图纸，不按图纸施工、随意性大；②没有制定可行的施工方案及工艺标准，施工前没有进行技术交底；③二次接线人员专业素质差；④施工准备工作不充分；⑤操作方法不当。

（2）相应对策是要求参建工程技术人员及具体施工者在作业前，都严格认真审核、熟悉施工图纸，充分领会设计意图，主要审核内容如下：

① 重点审核设计图纸的正确性，原理图、展开图及端子排接线图三者之间的一致性；

② 审核控制回路中串人联锁关系的合理性；

③ 审核生产厂家如断路器、隔离开关、保护屏柜等。电气接线的正确性，应与设计要求的功能相一致；

④ 校对电缆清册中各电缆规格，型号，去向等，应与设计接线图相一致。

（3）根据设计的二次图纸，拟定可操作性强的施工措施和方案，包括施工程序、施工方法、工艺标注、施工进度及人员组织等事项。项目部及时组织施工人员进行技术交底，做好人员组织分工，减少施工盲目性。

（4）加强对施工人员的二次接线培训工作，讲工作原理，将识图方法，讲二次接线工艺标准及施工方法，培训合格后方能持证上岗，并由有经验的老师傅进行传、帮、带，才能收到良好的效果。同时可筛选以往创优工程二次接线施工亮点图片，组织施工人员观看学习，并跳选心灵手巧，责任心强、二次接线工艺水平高的施工人员专门进行二次接线工作更为理想。

（5）对二次屏、柜、箱接线设专人负责，即同一回路的屏、柜、箱应由一人完成。这样即便于校线和查线，有问题又能够分清责任。

1-120 业主质量管理专责的工作有哪些？

答：（1）每月组织质量例行检查，及时通报检查情况，督促问题闭环整改；加强日常现场随机质量检查，按要求组织强制性条文执行、质量通病防治和标准工艺应用实施等各类质量专项检查；组织开展现场质量管理竞赛检查评比活动，跟踪检查质量问题闭环整改情况。

（2）对日常质量检查、例行质量检查及上级要求的各类专项质量检查负组织责任；对各级检查发现问题整改闭环负监督责任。

1-121 配式变电站的优点有哪些？

答：（1）由于钢结构安装所采用的钢柱和钢梁都是在工厂中预制好的构件。即便现场工作仍然在进行场平，这些构件的制作也已经在工厂中展开，而不用像传统变电站那样需要等到场平完成才能进行下一步工作。另外，因钢结构的制作全部是工厂化生产，大大减少了现场施工工作量，对现场的施工人员、材料、机械的需求量少，从而节约了施工成本。而且，由于不需要进行混凝土浇筑，建筑垃圾、废水污水及废气扬尘也大大减少，使得现场的施工环境也得到了非常好的保障。

（2）在安装钢结构时要充分突出"装配"的特点。用吊车将一根根钢柱、钢梁像"搭积木"似的拼装和固定、焊接，做完这些后一个建筑物整体的框架就成型了。然后在该框架上铺设层层紧扣的彩钢板，将整体的外墙安装好，其密封性和建筑结构得到非常好的保障，内墙则采用轻钢龙骨石膏板取代原有砌筑式墙面，硬度和防火性得到保障的同时，大大提高了施工速度。

（3）改变了传统的电气布置形式，呈现出一种新的装配式建筑结构。其外观与周边环境非常协调，能够很好地融入自然环境中，因此是未来变电站的一种主流建设方式。

（4）电气变革：一体化屏、预制电缆带来新思路。与土建施工相同，220kV 未来站在电气安装上也发挥了装配式的特点，即测控屏和继电保护屏合成了一块屏，原本分开的交流电源屏、直流电源屏、站用电屏以及 UPS 屏也合并成了一块智能一体化电源屏。全站采用了 25% 的二次预制电缆，采用统一标准的专用插头，优化了控制回路，实现了一、二次设备的模块化连接；通信光缆也全部采用预制光缆，光缆接头预先做好，现场智能设备的网络连接变得简便可靠。

（5）先进设备的到来给变电站注入了新的科技元素，也给电气安装带来新的问题，譬如以前屏柜的大小是 0.8t×0.6t，重量最多也就 200~300kg，而一体化屏柜大小达到了 3m×4m，重量也达到了 2~5t，原本众人手抬的方式肯定是不行了，而是采用下方垫板和钢管的方式来运送一体化屏柜；二次预制的电缆安装方式也需要变化，预制电缆要比过去的电缆都要柔软，没办法直接敷设，可利用电缆敷设转盘来进行预制电缆的敷设，并取得了很好的效果。同样未来变电站的设计与以前的变电站有很大不同，一体化屏柜和预制电缆的出现，一些屏柜的线路都改换成了专用插头，屏柜整体的缩小（给习惯在端子排中间进行端子测试的调试带来极大困难。调试人校对线路的准确性要深入屏柜内部区，整个身体都只能勉强卡进去）。集约化是一种态势，变电站也会越变越小。它不仅突破了传统的变电站电气布局、土建设计和施工模式，更是对电网及电网工作者的一次挑战。

1-122 未来变电站的主流设计方式有哪些？

答：（1）变电站蓝灰色与深灰色相间的建筑外墙面分外引人注目，这些耐污且低调的蓝灰色板材在夏日的阳光下微微泛出金属的光泽，而顶棚的钢板纹路也是凹凸有致、清晰可见。

（2）在变电站内部，大型设备和一些保护屏柜也是整齐划一地坐落到位，整体干净整洁的形象与常见的在建变电站形成了巨大的反差〔如2014年6月15日上海首个220kV装配式变电站—洞泾（沈砖）变电站〕。

（3）土建增速。由钢结构安装取代混凝土浇筑。一个常规的220kV变电站的建设周期大约在13个月左右。而未来变电站的施工周期，只要短短的8个月。

1-123 传统变电站有哪些工期滞后点？

答：（1）传统变电站的建设顺序：首先需要对选定地址的土壤进行开挖，进行基础制作，随后填平场地，做完这些才能进行主体部分的建设工作。

（2）从最初的土建施工到变电安装到电气调试及验收到投运，这简单的三步骤中耗费时间最多的，无疑是土建施工。而进行主体建设时，钢筋混凝土的浇筑工作无疑是最重要的。

（3）常规一个220kV变电站的土建施工计划时间在8～10个月左右，占了整个变电站建设周期的70%左右。建设传统变电站时，主体部分需要用混凝土一层一层去浇筑，浇筑完成以后，需要等混凝土完全凝固，两层建筑的养护时间就在两个月左右。这些工序是一道也无法节省下来的，所以建设时间就被死死压在了土建施工上面。如与钢结构安装受天气环境影响比较小相比。混凝土浇筑时，遇到刮风下雨或者更糟糕天气，混凝土的浇筑和质量养护都会遇到麻烦。虽然钢结构安装也会遇到些问题，譬如有些零件并没有达到预制的尺寸，这就需现场的施工人员对其进行加工处理。通过及时调集施工人员一边对材料进行加工，一边继续进行吊装，但对确保工期延误性很小。

1-124 什么是智能变电站？

答：一个实现能源转换和控制的核心平台之一，是智能电网的重要组成部分，是衔接智能电网发电、输电、变电、配电、用电和调度六大环节的关键，并是实现风能、太阳能等新能源接入电网的重要支撑。其建设重点是：一次设备智能化、电子式互感器、一次设备状态监测、高级应用、交直流一体化电源、辅助系统智能化，"三网合一"（SV网、GOOSE网及IEEE1588对时网工网传输）等方面。同时与常规变电站一样连接线路、输送电能，担负着变换电压等级、汇集电流、分配电能、控制电能流向，调整电压等功能。而且能够完成比比常规变电站范围更宽、层次各深、结构更复杂的信息采集和信息处理，变电站内，站与站之间，站与大用户和分布式能源的互动能力更强，信息的交换和融合更方便快捷，控制手段更灵活可靠。是具有全站信息数字化、通信平台网格化，信息共享标准化和高级应用互动化等 4 大主要技术特征的变电站。

1-125 变电站项目工程中的项目文件管理创优措施有哪些？

答：（1）依据建设单位工程资料的创优策划，协助建设单位按照国家有关工程档案管理的规定和优化工程评选办法，编制项目文件归档制度，包括归档文件范围及保管期限、归档时间、归档程序、归档质量要求及归档控制措施。

（2）协助建设单位对拟形成的其他载体档案质量要求进行策划。

（3）重点审查形成的项目文件内容的准确性，对提出的问题有反馈、复检、关闭。办理完毕的文件应及时整理，进行预立卷工作。

（4）工程创优所必需的项目文件应与工程进度同步形成。

1-126 工程施工质量评价分工及评价内容有哪些？

答：（1）由现场监理项目部负责工程部位的质量评价；监理承包商进行单项工程的质量评价和单台、整套机组的质量预评价，形成评价报告。

（2）针对每个工程部位，均要进行 6 个项目质量评价，即施工现场质量保证条件、性能检测、质量记录、尺寸偏差及限制实测、《强制性条文》实施管理及执行情况、观感质量。

（3）单项工程评价，按工程、各单项工程对应工程部位、评价项目的内容逐项评价，结合施工现场的抽查记录和各检验批、分项/部、单位工程质量验收记录，进行统计分析，按工程部位、评价项目的规定内容评分。

1-127 项目创优工程创新思维和精心策划的核心是什么？

答：就是不断转变观念、调整思路、坚持创新，突出"人无我有，人有我优，人优我特"的态度。严格按照五 W — H（Why、What、When、Where、Who、How）的工作方法，精心组织、精心策划、落实责任、成效显著，同时各参建按照"规定的文件"要求及时制定创优实施细则。

注：①创优专业组策划的具体内容为：目的、编制依据、职责、细化目标（关键环节、亮点策划），实施计划，保证措施，总结。

②上述策划是不能代替正常的工程管理程序。

1-128 变电站创优活动业主项目部需关注哪些资料？

答：（1）工程项目可研批复、项目核准文件等资料齐全。缺 1 项全扣。

（2）环境保护、水土保持等评价及审批文件资料齐全。缺 1 项扣 2 分，重要文件为复印件扣 1 分。

（3）按规定组建业主项目部和按要求组建扣完，人员资格、数量不满足要求每项扣 1 分。

（4）按规定编制工程建设管理纲要，并附质量通病防治任务书。未编制建设管理纲要全扣；无质量通病防治任务书扣 1 分；编审批手续不规范、编制时间不符合要求、引用标准不正确、未针对本工程特点编制每项扣 0.5 分。

（5）按规定编制工程建设创优规划。未编制创优规划全扣；编审批手续不规范、编制时间不符合要求、引用标准不正确、未针对本工程特点编制每项扣 0.5 分。

（6）数码照片主题与规定相符。补拍、替代、合成等严重不符合要求的全扣，主题不符合要求每 5%（不足 5%按 5%计）扣 1 分；数码照片中有效照片数量满足规定要求。少 30%以上全扣，数量每少 5%（不足 5%按 5%计）扣 1 分。

（7）按要求设立文件夹，照片命名、归类规范。未按要求设立文件夹、归类不规范全扣；缺 1 个文件夹扣 2 分；照片命名不规范 1 张扣 0.5 分；照片内容符合现场实际情况，拍摄时间与工程进度相符，照片与实物相符合，照片无共用情况。照片内容不符合现场实际情况、拍摄时间与工程进度不符、照片与实物不符合的全扣；拍摄时间不对应、照片共用的每张扣 0.5 分；标识牌的内容、尺寸、位置满足文件要求。1 张不符合扣 0.5 分。

（8）工程创优规划中编制标准工艺实施策划专篇，明确标准工艺应用的目标和要求；设计创优实施细则、施工创优实施细则中编制标准工艺策划专篇；监理创优控制细则编制标准工艺实施控制策划专篇。创优文件中无实施策划专篇内容 1 份扣 1 分；策划内容不满足要求 1 份扣 0.5 分。

（9）业主项目部将标准工艺设计作为施工图会检的内容之一，设计单位对施工图明确采用的标准工艺应用进行交底，施工单位应将标准工艺的应用作为施工图会检的内容，编制施工方案应优先采用典型施工方法。未应用标准工艺成果 1 份扣 1 分；业主项目部对标准工艺应用效果组织验收，形成验收报告；设计单位填写符合性评价表、监理项目部填写评估表、施工项目部填写自评表。每缺 1 份扣 1 分；无针对性 1 份扣 0.5 分。

注：该工作的重点是领导和管理人员要在思想上重视文字的软件管理，做到手勤、眼勤和腿勤，平常及时收集、归纳。

1-129 变电站创优争先新工作需注意什么？

答：（1）首先施工企业要从工程前期策划到竞赛前的精心准备，从常规的施工安排到举措细节上的很下功夫。成立企业领导任组长的创优领导小组，在技术质量、安全文明施工、档案资料等各专业设立工作小组，并选派能力最强、经验最丰富的人员走出去，到外省获得"国优工程奖"的工程现场进行实地参观考察，学习工程建设创优的成功经验和先进的工程建设管理方法；"请进来"，可以邀请中国电建企协、国家电网公司的建筑业专家进行现场培训指导。

（2）开工前夕，施工项目部在制度、组织、技术、物资、进度等方面都制定出详细的措施，抠细节、保质量。提前应对工程中可能遇到的难点，提前策划施工中的创新亮点。例如 53m 的高架构，因其体积大、分量重，一台吊车根本吊不起来。可从吊装区域划分、人员安排、吊点位置、起吊路线，到周围环境控制，在前期要做充足的预案，连螺栓紧几扣，使用多大的吊车都进行严格计算（该架构最终用一台300t、搭配一台100t的吊车顺利完成吊装）。

（3）谋而后动、抓优化过程控制，变电站的电气安装作业，先从细节上模仿、再从管理上跟进，并结合以前的施工经验认真分析，慢慢摸索出一些宝贵经验。一方面开展技术、质量攻关活动，成立由经验丰富的老师傅领衔、年轻员工为主的QC和技术攻关小组，提前应对工程可能遇到的难点，提前策划施工中的创新亮点。同时针对用于搭电缆支架的不锈钢三角撑弯头处原先并无统一样式，施工人员用电焊随意焊一下就成，斑驳的焊点显得比较难看的现象。可设计一种不锈钢弯头，待作业需要用时，将这种预先制作好的配套弯头装上去，用螺丝一固定即可，达到既美观又实用。

（4）如果变电站现场地处偏僻、风沙多的情况下，应将场区中的超高电压（如500kV）复合式组合电器、220kV封闭式组合电器安装区都像粽子一样被防尘棚包裹得严严实实。为达到设备无尘化要求，施工人员在安装区域门口处设置更衣间更换工作服、穿鞋套后，由通过专用通道进入防尘棚。同时将防尘棚分为两级，最外层采用厚帆布搭设，用于防风和大颗粒灰尘；第二级的透明塑料布，除了隔离灰尘，还具有良好的透光性，其内搭设帆布防尘小室，用于擦拭导体。现场还配备风速仪、空气质量测量仪、温湿度表，实时监控风速、灰尘量、温湿度，最大限度确保无尘化施工。

（5）电缆沟中电缆支架排列整齐，采取先焊接后整体镀锌的工艺，既提高电缆支架的抗腐蚀能力，且安装过程采用膨胀螺栓固定，不仅美观，还大幅提高施工效率。主变压器区首次配备便携式胶囊储油罐，操作方便，储油量大，有效减少了人员机械台班；施工临时路灯首次使用太阳能路灯，全站共计使用26盏，每年节约电量45000kWh；变电站内首次使用攀登自锁器，不仅提供了可靠的安全保障，而且节约爬梯护笼钢材19t、节约资金8.67万元。

1-130 业主项目部需要到场参加哪些工程项目？

答：工程地基验槽，地基与基础，主体结构分部工程等重要隐蔽工程，需业主及工程勘测、设计承包商，监理、施工项目部（含施工企业的质量、建设部门负责人）同时到场参加。

1-131 单位工程验收有哪些要求？

答：（1）由工程监理项目部符合单位工程质量验收条件，具备后报请业主项目部组织验收；

（2）由业主经理主持单位工程质量验收，施工（含分包单位），工程设计/监理项目负责人参加。同时业主对质量评价工作进行检查，签署质量验评审批意见。

1-132 变电站钢结构的验收注意什么？

答：在钢结构分部工程竣工验收时，应提供的文件和记录有：

（1）钢结构工程竣工图纸及（相关设计）文件；

（2）施工现场（质量管理）检查记录；

（3）有关安全及功能的检验和（见证检测）项目检查记录；

（4）有关（观感）质量检验项目检查记录等。

1-133 电力工程质量检验有哪些内容？

答：（1）工程质量检验按单位工程、分部工程和单元工程三级进行。必须时还应增加对重要分工程进行质量检验。

（2）不合格单元工程必须经返工或补工合格并取得监理工程师认证后方准予进入下道工序单元工程开工。

1-134 单元工程质量检验有哪些规定？

答：一般单元工程检验由承建单位的质检部门组织进行并报监理工程师签证确认。属于重要部位的隐蔽工程、关键部位如建基面和关键工序的单元工程施工项目部在自检合格的基础上报监理项目部由业主或监理项目部组织施工、设计、监理、地质等各方代表联合检查评定。

1-135 分部、分项工程质量检验有哪些规定？

答：分项工程质量检验在所有单元完工并经单元工程质量检验合格后进行。分部工程质量检验在所有分项工程完工并经质量检验合格后进行。必须进行中间或阶段验收的工程项目。工程验收在应完工的分部分项工程或其部分工程完工并经质量检验合格的基础上进行。

1-136 输变电工程各阶段验收检查比例是多少？

答：（1）施工三级自检抽检比例要求：

① 班组级自检率为100%（含本工程项目班、组自检检查总数，单位工程、分部工程、分项工程总数，班组自检率；班组自检结论）。

② 施工项目部级复检率为100%（含项目部检查总数：单位工程、分部工程、分项工程总数。项目部检查自检率；项目部检查结论）。

③ 变电工程公司级专检率不少于30%，且应覆盖所有分项工程〔含施工单位专检检查总数：单位工程、分部工程、分项工程。项专检检查比例及对专检比例评价；施工单位专检检查结论；及施工项目部提交的《缺陷整改情况一览表》，结论（暂时未完工程项目不影响竣工预验收）〕。

④ 线路工程公司级专检率不少于30%，抽检要求基础工程不少于报验总数的30%（应覆盖所有基础型式），其中耐张塔、重要跨越塔基础全检。

（2）铁塔组立：不少于报验总数的30%（应覆盖所有铁塔型式），其中耐张塔、重要跨越塔全检。

（3）架线工程的公司级专检与竣工预验收前的自检同步进行，检查量不少于报验总数的30%（按线档或长度计）。

1-137　电力电缆及电工隧道本体验收检查比例是多少？

答：（1）电力电缆工程公司级专检率不少于50%，抽检要求是：

① 电力电缆敷设施工不少于电缆的路径长度的50%（并覆盖各路电缆）；

② 电力电缆接头施工不少于电缆接头总数的50%（并覆盖各路电缆）；

③ 电力电缆附件安装施工不少于电缆附件总数的50%（并覆盖各路电缆、各类附件）。

（2）电力隧道本体工程专检率执行变电工程规定。

1-138　输变电工程中间验收、竣工预验收抽检比例是多少？

答：（1）变电工程应全检，或者采用覆盖所有分项工程的抽查方式。

（2）线路工程抽检率不少于20%，抽检要求为：

① 基础工程：不少于报验总数的20%（应覆盖所有基础型式），其中耐张塔、重要跨越塔全检；

② 铁塔组立：不少于报验总数的20%（应覆盖所有铁塔型式），其中耐张塔、重要跨越塔基础全检；

③ 架线工程的中间验收与竣工预验收同步进行，应全线进行走线检查。

（3）电力电缆工程抽检率不少于50%，抽检要求是：

① 电力电缆敷设施工：不少于电缆的路径长度的50%（并覆盖各路电缆）；

② 电力电缆接头施工：不少于电缆接头总数的50%（并覆盖各路电缆）；

③ 电力电缆附件安装施工：不少于电缆附件总数的50%（并覆盖各路电缆、各类附件）。

（4）电力隧道本体工程抽检率执行变电工程规定，但竖井、初衬、二衬、防水施工等中间验收检查不少于报验总数的70%。

（5）工程竣工预验收、检查的资料含有：

① 该工程项目的施工承包合同及工程设计/监理合同；

② 变电站工程相关质量评定规程、导则及相关的施工验收规范；

③ 经审批的该工程项目的"验评范围划分表"；

④ 该工程的设计文件；

⑤ 对工程经理初检资料审查的规定；

⑥ 对施工企业资料的检查办法；

⑦ 该工程项目归档资料的检查办法；

⑧ 工程项目实体质量检查办法及抽查方案。

1-139　变电站达标感观方面应注意哪些？

答：（1）新建变电站感观方面应突出，站内广场砖铺设平整、无沉降，设备基础平整，预埋件标准，伸缩缝设置合理，电缆沟盖板统一整齐，且在防火封堵处采用钢化玻璃盖板，既达到美观效果，又便于巡视检查。

（2）在电气安装方面，设备构架接地美观、标识统一；GIS 设备安装皆加装槽盒，避免蛇皮管因长期外露而导致的老化，GIS 设备滑动支撑都装设有防尘罩，防止由于风沙大导致的滑动卡组问题。

（3）变电站拼接预制仓平整，将所有避雷器的放电计数器安装在槽盒，做到对内部皮圈因长期热胀冷缩而出现老化现象的有效防控。纵观站内，软母线安装观，三相弧垂一致，应达到"安装之星"工程高标准、精工艺的要求为好。

1-140 电网达标投产及优质工程的考评范围有哪些？

答：（1）110kV 及以上电压等级新建变电站工程，折单长度在 20km 以上的输电线路工程。

（2）110kV 及以上电压等级且折单长度在 20km 以上的输电线路工程和折单长度在 10km 以上隧道电缆线路工程。

（3）110kV 及以上电压等级扩建主变压器的变电站工程。

1-141 省级达标投产工程及优质工程的考评范围有哪些？

答：（1）35kV 电压等级新建变电站工程及其扩建主变压器的变电站工程；

（2）35kV 电压等级且折单长度在 10km 以上的输电线路工程。

1-142 电网工程质量验评标准是什么？

答：（1）变电站土建分项工程合格率、分部工程合格率和单位工程优良率均为 100%，观感得分率不低于 90%；

（2）变电站安装分项工程合格率、分部工程合格率和单位工程优良率均为 100%；

（3）输电线路分项工程优良率、分部工程优良率和单位工程优良率均为 100%。

1-143 电网优质工程评定时现场备检报材料有哪些？

答：（1）工程项目合法性文件（立项、可研批复、项目核准文件等）；

（2）工程建设（设计、施工、监理等）合同；

（3）施工单位各阶段验收资料，监理单位各阶段初检报告、工程竣工质量评估报告，建设单位启动验收证书等；

（4）各阶段工程质量监督检查报告；

（5）运行单位对工程投运后运行情况的评价意见；

（6）建设管理、设计、施工、监理等单位的工程总结；

（7）施工过程质量控制数码照片；

（8）介绍工程创优管理及工程实体质量的 PPT 材料（长度 10min 左右）；

（9）公司考核评定项目的省级公司单位复检报告，省公司单位评定项目的建设管理单位自检报告。

1-144　电网工程验收需准备哪些文件？

答：（1）验收资料11项，即：

① 输变电工程验收管理流程；

② "四通一平一围"工程验收交接签证书；

③ 隐蔽工程主要项目清单；

④ 公司级专检报告；

⑤ 中间验收报告；

⑥ 输变电工程各阶段验收检查比例的规定；

⑦ 竣工预验收方案；

⑧ 竣工预验收报告；

⑨ 启动验收方案；

⑩ 启动验收报告；

⑪ 启动验收证书附件。

（2）变电土建隐蔽工程清单11项，即：

① 桩基等地基处理工程；

② 地基验槽：基槽底设计标高，地质土层及符合情况、轴线尺寸情况、附图等；

③ 地下混凝土结构工程，回填时混凝土强度等级及试验单编号、施工缝留设及处理，混凝土表面质量及缺陷处理；

④ 地下防水、防腐工程，防腐要求施工方式、基层、面层、细部等质量情况等；

⑤ 钢筋工程：钢筋级别、型号、接头方式、保护层及问题处理等；

⑥ 埋件、埋管、螺栓：规格、数量、位置等，必要时附图；

⑦ 混凝土工程结构施工缝：处理方法及附图；

⑧ 屋面工程：隔气层、找平层、保温层及防水层的施工方法，厚度、特殊部位处理等；

⑨ 避雷装置：材质规格、结构形式、连接情况、防腐处理等；

⑩ 幕墙及金属门窗避雷装置：材质规格、结构形式、连接情况、防腐处理等；

⑪ 智能系统、装饰装修隐蔽项目等。

（3）变电电气隐蔽工程清单10项，即：

① 变压器器身检查；

② 电抗器器身检查；

③ 主变压器冷却器密封试验；

④ 变压器真空注油及密封试验；

⑤ 电抗器真空注油及密封试验；

⑥ 站用高压配电装置母线检查；

⑦ 站用低压配电装置母线隐蔽前检查；

⑧ 直埋电缆（隐蔽前）检查；

⑨ 屋内、外接地装置隐蔽前检查；

⑩ 避雷针及接地引下线检查。

（4）输电线路隐蔽工程清单8大项12类，即：

① 基础坑深及地基处理情况；

② 现浇基础中钢筋和预埋件的规格、尺寸、数量、位置、底座断面尺寸、混凝土的保护层厚度及浇筑质量；

③ 预制基础中钢筋和预埋件的规格、数量、安装位置，立柱的组装质量。

④ 岩石及掏挖基础的成孔尺寸、孔深、埋入铁件及混凝土浇筑质量。

（5）灌注桩基础的成孔、清孔、钢筋骨架及水下混凝土浇灌。

（6）液压连接接续管、耐张线夹、引流管的检查：

① 连接前的内、外径，长度；

② 管及线的清洗情况；

③ 钢管在铝管中的位置；

④ 钢芯与铝线端头在连接管中的位置。

（7）导线、架空地线补修处理及线股损伤情况。

（8）杆塔接地装置的埋设情况。

1-145 参加工程流动红旗评选需准备哪些资料？

答：（1）参赛项目推荐表；

（2）项目核准批复文件；

（3）初步设计批复文件；

（4）初步设计评审意见；

（5）业主项目部组织机构成立文件；

（6）设计中标通知书；

（7）施工中标通知书；

（8）监理中标通知书；

（9）上级下达的项目投资暨开工计划；

（10）通用设计、通用设备应用清单；

（11）建设管理纲要；

（12）业主、施工/监理项目部创优策划文件及审批流程记录；

（13）工程监理规划及审批流程记录；

（14）项目管理实施规划及审批流程记录；

（15）特殊施工技术方案/措施；

（16）业主项目部安全管理总体策划；

（17）监理项目部工程安全监理工作方案；

（18）施工项目工程安全管理及风险控制方案；

（19）安全管理评价报告；

（20）施工安全固有风险识别评估、预控清册及动态评估记录；

（21）分包申请及批复文件；

（22）分包合同、分包安全协议（扫描件），请注意：1~9，21、22项均需要扫描件；

（23）安全检查活动开展及闭环整改记录；

（24）项目现场应急处置方案及演练记录；

（25）业主项目部工程质量通病防治任务书；

（26）工程设计单位质量通病防治设计措施，强制性条文执行计划；

（27）施工/监理项目部质量通病防治措施，强制性条文执行计划；

（28）业主项目部标准工艺实施要求；

（29）施工/监理项目部"标准工艺"实施策划；

（30）施工企业阶段性三级验收报告；

（31）监理阶段性验收初检报告；

（32）质量中间检查验收报告；

（33）安全质量管理过程数码照片。

1-146　变电施工安全设施标准名称表有哪些？

答：共有 13 种：即安全标志牌、安全围栏和临时提示遮栏、安全自锁器（含配套缆绳）、速差自控器、全方位防冲击安全带、防静电服（屏蔽服）、验电器、工作/保安接地线、绝缘安全网/绳、水平绳、电源配电箱、下线爬梯、高处作业平台。

1-147　变电施工为非安全技术措施经费开发的项目有哪些？

答：为非安全技术措施经费开支的项目：

（1）低压配电箱；

（2）下线爬梯；

（3）便携式卷线电源盘；

（4）全方位防冲击安全带。

1-148　使用安全警示标志有哪些要求？

答：（1）多个安全警示标志牌设置在一起时，应按禁止（红～圈标志）、警告（黄～三角标志）、指令（蓝～圆标志）、提示（绿～方标志）类型的顺序，先左后右，先上后下地排列；

（2）标志牌的固定方式分为：附着式、悬挂式、柱式。柱式标志牌下缘距地面的高度不小于 2m，且每半年检查一次。

1-149　基坑支护注意内容有哪些？

答：（1）固壁支撑时，支撑木板应严密靠紧于沟、槽、坑的两壁，并用支撑与支柱将其固定牢靠。所用木料不得腐坏，断裂，板材厚度不小于 50mm，撑木直径不小于 100mm；锚杆支撑时，应合理布置锚杆的间距与倾角，锚杆上下间距不宜小于 2.0m，水平间距不宜小于 1.5m；锚杆倾角宜为 15°～25°，且不应大于 45°。最上一道锚杆覆土厚不得小于 4m；

（2）钢筋混凝土支撑时，其强度达设计要求后，方可开挖支撑面以下土方；钢结构支撑时，应严格材料检验，不得在负载状态下进行焊接。

1-150 如何选脚手架/板的材料？

答：（1）脚手架钢管宜采用 φ48.3×3.5mm 的钢管，横向水平杆最大长度不超过 2.2m，其他杆最大长度不超过 6.5m。禁止使用弯曲、压扁、有裂纹或已严重锈蚀的钢管。钢管立杆应设置金属底座或木质垫板，木质垫板厚度不小于 50mm、宽度不小于 200mm，且长度不少于 2 跨；

（2）竹片脚手板的厚度不得小于 50mm，螺栓孔不得大于 10mm，螺栓应拧紧。竹片脚手板的长度以 2.2～2.3m、宽度以 400mm 为宜。竹片脚手板应按其主竹筋垂直于纵向水平杆方向铺设，四角应采用直径 1.2mm 镀锌铁丝固定在纵向水平杆上。

1-151 交叉作业需要注意哪些？

答：作业前应组织交叉作业各方，明确各自的施工范围及安全注意事项；垂直交叉作业，层间应搭设严密、牢固的防护隔离设施，或采取防高处落物、防坠落等防护措施。

交叉作业时，现场应设置安全监护人。工具、材料、边角余料等不得上下抛掷。不得在吊物下方接料或停留。

交叉作业场所的通道应保持畅通；有危险的出入口处应设围栏并悬挂安全标志；交叉作业场所应保持充足光线。

1-152 什么是盾构法施工？

答：1818 年法国人布鲁诺尔工程师注册的专利，从 1825 年在伦敦泰晤士河下，用盾构法花了 18 年时间修建了一条 458m 隧道。盾构工法就是钢铁管片作为地下隧道衬砌，用前有挖掘刀盘设施，中间是操作仪器，后装有泥土稀释、泥土排送功能的综合圆形挖掘设备进行地下挖洞作业的方法（类似蚯蚓作业）。

1-153 盾构施工质量安全控制有哪些要点？

答：（1）盾构始发、接受段管片的拼装及防水质量；隧道坡度的控制，不要出现反坡；控制管片拼装质量，防止发生管片错台、碎裂，以及盾构隧道的渗漏水等现象。

（2）上百吨重量的盾构设备吊装下井时，重视吊车支腿稳定性、防止吊车倾覆；确保洞口质量，防止发生洞口质量引起的坍塌事件。

1-154 盾构法有哪些优点？

答：单层衬砌、暗作及施工速度快，单向掘进距离长、人工作业强度低；施工质量易保证；作业安全/环境风险低；适用于大型城市施工不露天、无明开场地的作业，但存在工程造价较高的问题，1m 的施工费需要 7 万～10 万元（隧道暗挖 1m 的施工费需要 1 万～

1.7万元）。

注：1环约等于1.2m。截至2015年8月中国盾构机最好的成绩是建设北京5、7、15、16号地铁线的"芭芭拉"盾构机，创全国606环/月，727m/月，单日最高掘进35环/日，42m/日的记录。

1-155　什么是电缆线路工程？

答：是指以电力电缆为电能输送载体，直埋于地下或布置在地下沟道、管道、隧道内的用以连接变电站、开关站和用户的输电线路，有关电缆线路施工的安全规定。

1-156　电缆隧道及电缆沟施工时应注意哪些事项？

答：（1）电缆隧道和沟道的全长应装设有连续性的接地线，接地线两端均应与接地网联通。隧道内、沟道内的金属结构物应全部镀锌或涂以防锈漆，并有良好地排水和通风实施。

（2）隧道内电缆的铅包和铠装除有绝缘要求外部，均应全部互相连接，并和接地线连接。

1-157　隧道施工监控测量有哪些项目？

答：必测项为施工线路地表面隆沉、沿线建筑/构物和管线变形测量，隧道变形测量及隧道环境的十项监控测量；选测项是地中位移，衬砌环内容力，地层与管片的接触应力。

1-158　有限空间作业需注意哪些事项？

答：（1）进入井、箱、柜、深坑、隧道、电缆夹层内等有限空间作业，应在作业入口处设专职监护人。作业人员与监护人员应事先规定明确的联络信号，并与作业人员保持联系，作业前和离开时应准确清点人数。有限空间出入口应保持畅通并设置明显的安全警示标志。

（2）有限空间作业现场的氧气含量应在18%以上、23.5%以下。有害有毒气体、可燃气体、粉尘容许浓度应符合国标的安全要求，防止中毒窒息等事故发生。

（3）在氧气浓度、有害气体、可燃性气体、粉尘的浓度可能发生变化的作业中应保持必要的测定次数或连续检测。作业中断超过30min，应当重新通风、检测合格后方可进入。

（4）有限空间内盛装或者残留的物料对作业存在危害时，作业前应对物料进行清洗、清空或者置换，危险有害因素符合相关要求后，方可进入有限空间作业；并应配备如：防毒面罩、呼吸器具、通讯设备、梯子、绳缆以及其他必要的抢救器和设备。

（5）有限空间作业场所应使用安全矿灯或36V以下的安全灯，潮湿环境下应使用12V的安全电压，使用超过安全电压的手持电动工具，应按规定配备剩余电流动作断路器。在金属容器等导电场所，剩余电流动作断路器、电源连接器和控制箱等应放在容器、导电场所外面，电动工具的开关应设在监护人伸手可及的地方。

1-159 电力电缆工作现场作业"五项严禁令"是什么？

答：（1）严禁无工作票工作或超工作票范围工作；

（2）严禁未进行通风、气体检测进入电缆隧道、管井等有限空间开展作业；

（3）严禁有限空间作业不设地面专责监护人；

（4）严禁不核对电缆位置走向、不采取安全措施切/锯电力电缆；

（5）严禁做电缆耐压试验对端不派人看守。

1-160 输电线路现场作业"六项严禁令"是什么？

答：（1）严禁无工作票工作或超工作票范围工作；

（2）严禁无接地线保护工作或装设接地线前不验电；

（3）严禁未履行工作许可手续开始工作；

（4）严禁近电、带电作业不设专责监护人；

（5）严禁登杆作业未持登杆证、不核对路名和色标；

（6）严禁高处作业不使用安全带/绳。

1-161 电缆线路安全内容有哪些？

答：（1）在无盖板的电缆沟、沟槽、孔洞，以及放置在人行道或车道上的电缆盘，应设遮栏和相应的交通警示标志，夜间设警示灯。

（2）开启电缆井盖、电缆沟盖板及电缆隧道人孔盖时，应使用专用工具。开启后应设置标准路栏，并派人看守。施工人员撤离电缆井或隧道后，应立即将井盖盖好。电缆井内工作时，禁止只打开一只井盖。电缆井、电缆沟及电缆隧道中有施工人员时，不得移动或拆除进出口的爬梯。

（3）电缆隧道应有充足的照明，并有防火、防水、通风措施。进入电缆井、电缆隧道前，应先通风排除浊气，并用一起检测，合格后方可进入。

（4）要求对电建安规必须每年进行一次考试，而且考试合格后方可上岗。

1-162 电缆施工安全内容有哪些？

答：（1）电缆施工前，各施工人员应先熟悉图纸，摸清运行电缆位置及地下管线分布情况。挖土中发现管道、电缆及其他埋设物应及时报告，不得擅自处理。

（2）开挖土方应根据现场的土质确定电缆沟、坑口的开挖坡度，放置基坑坍塌；采取有效地排水措施。不得将土和其他物件堆在支撑上，不得在支撑上行走或站立。沟槽开挖深度达到 1.5m 及以上时，应采取防止土层塌方措施。每日或雨后复工前，应检查土壁及支撑稳定情况。

1-163 电缆敷设安全内容有哪些？

答：（1）在敷设电缆前，现场作业负责人应检查所使用的工具是否完好。在作业中，应设专人指挥，并保持通信畅通。

（2）电缆防线应放置牢固平稳，钢轴的强度和长度应于电缆盘重量和宽度相匹配，敷设电缆的机具应检查并调试正常，电缆盘应有可靠的制动措施。

（3）在带电区域内敷设电缆，应与运行人员取得联系，应有可靠的安全措施并设监护人。

（4）架空电缆、竖井工作作业现场应设置围栏，对外悬挂警示标志。工具材料上下传递所用绳索应牢靠，吊物下方不得有人逗留。使用三脚架时，钢丝绳不得磨蹭其他井下设施。用输送机器敷设电缆时，所有敷设设备应固定牢固。

（5）使用桥架敷设电缆前，桥架应检验验收合格，高空架宜使用钢质材料，并设置围栏，铺设操作平台。高空敷设电缆时，若无展放通道，应沿桥架搭设专用脚手架，并在桥架下方采取隔离防护措施。若桥下方有工业管道等设备，应经设备方确认许可。

（6）电缆展放敷设过程中，转弯处应设专人监护。转弯和进洞口前，应放慢牵引速度，调整电缆的展放形态，发生异常情况时，应立即停止牵引，经处理后方可继续工作。电缆通过孔洞或楼板是，两侧应设监护人，入口处应采取措施防止电缆被卡，不得伸手被带入孔中。

（7）电缆头制作是应加强通风，施工人员宜配合防毒面罩。使用路子是应采取防火措施；制作环氧树脂电缆头和调配环氧树脂工作过程中，应在通风良好处进行并应采取有效的防毒、防火措施。

（8）新旧电缆对接，锯电缆前应与图纸核对是否相符，并使用专用仪器确认电缆无电后，用接地的带绝缘柄的铁钎钉入电缆芯后，方可工作。扶柄人应戴绝缘手套、站在绝缘垫上，并采取方灼伤措施。

（9）人工展放电缆、穿孔或传导管时，施工员手握电缆的位置应与孔口保持适当的距离。

1-164 ××工程业主数码照片需要管理哪些内容？

答：（1）拍摄要求：JEPG 保存格式，1200×1600 像素，每张不大于 1M，含工程名称、施工部位及时间。

（2）××业主项目部安全管理数码照片，内容分设：

① 以"工程名称"命名的一级文件夹 1 个；

② 分别以"日常安全管理""安委会重要活动""工程项目管理人员日常监督检查"命名的二级文件夹 3 个；

③ 以"施工杆塔号"命名三级文件夹；

④ "其他"文件夹存放安全质量事件等特殊事情过程发照片；

⑤ 数量要求：工程日常安全质量会，每次留 1～2 张（主要参会人员应于签到表一致）；工程安委会，每次留 1～2 张（开工前和每季度 1 次）；安全监督检查活动，每次留 1～2 张、反映结果及含示范、缺陷的照片需 4～8 张，（每季度 1 次）；现场监理到位进行监督检查，每次留典型照片 2～3 张，每个案例留存 2～3 张典型照片（每月不少于 1 次），竣工验收中的主要缺陷及整改，每个案例留存整改前后的对照照片各 1～2 张。

1-165 ××业主项目部质量安全管理，内容有哪些？

答：（1）"变电站站址原貌、日常质量管理、工程质量管理、质量问题及事件调查"四个次级文件夹；

（2）由"日常质量管理"文件夹衍生"工程协调、设计交底及施工图会检、上级质量检查"等三个次级文件夹；

（3）由"工程质量管理"文件夹衍生"工程中间验收、质量监督活动、竣工验收"次级文件夹；其中的"工程中间验收""质量监督活动"分别包含又包含三个次级文件夹，用于反映输变电工程三个阶段中间验收情况。变电站工程为主要建/构筑物基础基本完成，土建交安前和投运前阶段。

（4）变电站工程以单位工程命名时，以子电网工程名称命名，必要时可建立四级文件夹。

（5）数量要求：站址原貌2张；日常质量管理9张（不含有质量问题及整改照片）；工程质量管理9张（含有质量问题及整改照片）；投运前阶段5张，含有质量问题及整改照片若干张。总共约25～30张。注：不含流动红旗照片。

1-166 基础工程数码照片的要求有哪些？

答：北京市建设工程质量施工现场工作通知要求：建立工程质量数字图文记录制度。建设工程主体施工过程中，钢筋安装工程、混凝土试件留置、防水工程施工等施工过程和隐蔽工程隐蔽验收时，施工项目部必须在监理项目部的见证下拍摄不少于一张照片留存于施工技术资料中。拍摄的照片应标注拍摄时刻、拍摄人、拍摄地点，以及照片对应的工程部位和检验批；同时建立工程质量管理人员名册留存制度。

1-167 业主项目部如何安全管理数码照片及相应的注意事项有哪些？

答：（1）认真执行《利用数码照片资料加强输变电工程安全质量过程控制的通知》《强化输变电工程施工工程质量控制数码照片采集与管理的工作要求》规定。

（2）注意事项：

① 建设单位定期（一般每月）将自行采集的数码照片整理归档，其中电子文档以文件夹形式分层归档，一级文件夹以工程名称命名（如"×××工程安全质量管理数码照片资料"），二级文件夹为三个，分别为"工程日常安全质量管理""安全生产委员会重要活动""工程项目管理人员日常监督检查"，3～5级文件夹设置原则同上节。

② 数码照片拍摄基本要求：照片分辨率宜设置为1200×1600像素及以上，采用JPEG"精细"压缩方式，拍摄时设置"日期时间显示"功能，具体拍摄要求参见附件1～3。数码相机应正确设置时间，拍摄时应启用"日期时间显示"功能；照片保存为JEPG格式，分辨率为1200×1600像素，单张照片大小不宜超出1M。现场实物照片在拍摄主体右下角应设置标识牌（采用非反光材料制作，底色为白色），标识牌约占照片整体画面面积的1/16～1/9，标识牌应包含工程名称、施工部位、拍摄时间等要素。

③ 工程业主项目部负责采集，采集范围应包含但不限于以下内容：

业主项目部负责采集站址原貌、项目重要技术及质量管理活动（工程协调、设计交底、施工图会检、质量巡检、质量竞赛等）、由上级单位或业主组织的质量验收活动（中间验收、质量监督活动、竣工验收等）以及反映质量问题及事故调查过程等数码照片。

④ 工程建设管理单位主要负责采集重要工程协调会、建设项目安全委员会活动，以及现场检查指导过程中反映监理、施工人员是否尽职到位等情况的数码照片。

⑤ 数码照片的管理，即：数码照片应单独命名，名称应能反映工程部位、主要工序及照片的主题内容，并尽可能简洁，一般以"拍摄时间＋拍摄主题＋序号"表示。各项目部应及时对采集的数码照片进行整理，尽可能做到当天采集当天整理，最长不得超过一周。每个工程项目的数码照片以文件夹形式分层管理，一级文件夹以工程名称命名（如"×××工程施工质量控制数码照片资料"），二级文件夹为"××业主项目部质量管理数码照""××监理项目部质量管理数码照片""××施工项目部质量管理数码照片"。业主项目部所拍摄的工程数码照片归入"××业主项目部质量管理数码照片"文件夹，分设"站址原貌""日常质量管理""工程质量验收""质量问题及事故调查"等四个次级文件夹（三级）。"日常质量管理"分设"工程协调会""设计交底及施工图会检""上级质量检查"等三个次级文件夹（四级）。"工程质量验收"分设"工程中间验收""工程质量监督活动"和"工程竣工验收"三个次级文件夹（四级）；其中"工程中间验收"和"工程质量监督活动"分别包含三个次级文件夹（五级），反映输变电工程三个阶段中间验收情况（变电站工程为主要建/构筑物基础基本完成、土建交付安装前和投运前阶段；线路工程为杆塔组立前、导地线架设前和投运前阶段）。

（3）变电站工程数码照片流动检查要求见下表：

序号	考核项目	评分标准
1	数码照片管理行为（10分）	
1.1	数码照片管理行为	建设管理单位将文件未及时转发至各项目部扣1分
		各项目部未对文件组织宣贯学习，无记录扣2分，不认真扣0.5分
		各项目部有数码照片管理文件（25号、322号文），无文件扣2分
		各项目部未设置专人负责数码照片管理工作，扣0.5分
1.2	数码照片质量	数码照片场景设置（标识牌、时间）符合文件要求，1处不符合扣0.5分
		数码照片分类符合25及322号文件要求，不符合扣0.5分
		数码照片命名符合322号文件要求，不符合扣0.5分
2	质量管理数码照片检查（40分）（执行国家电网公司〔2010〕322号文）	
2.1	业主项目部数码照片资料（10分）	
2.1.1	站址原貌	东南、西北方向全景照片各1张，示范符合要求，不符合扣1分
2.1.2	日常质量管理	
2.1.2.1	工程协调会	满足每次2张、全景、会议主体、参加人员明确的要求，一项不合格扣0.5分
2.1.2.2	设计交底及施工图会检	每次2张，全景、会议主体、参加人员明确的要求，一项不合格扣0.5分
2.1.2.3	上级质量检查	每次4张；其中会议全景1张，表现会议主体、参加人员明确的要求，一项不合格扣0.5分；检查照片3张，表现检查及测量过程，1项不符合扣0.5分
		质量问题照片若干，有问题的照片必须有整改照片，每1项无印证照片扣1分

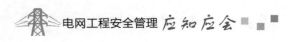

续表

序号	考核项目	评分标准
2.1.3	工程质量验收	
2.1.3.1	工程中间验收	检查建设单位是否组织，文件通知等是否齐全，报告记录是否规范
2.1.3.1.1	主要建（构）筑物基础基本完成	5张；其中：全景1张，表现会议主体、参加人员明确的要求，1项不合格扣0.5分；检查照片4张，表现检查及测量过程，1项不符合扣0.5分
		质量问题照片若干，有问题的照片必须有整改照片，每1项无印证照片扣1分
2.1.3.1.2	土建交付安装前阶段	5张；其中：全景1张，表现会议主体、参加人员明确的要求，1项不合格扣0.5分；检查照片4张，表现检查及测量过程，1项不符合扣0.5分
		质量问题照片若干，有问题的照片必须有整改照片，每1项无印证照片扣1分
2.1.3.1.3	变电站工程竣工投运前阶段	5张；其中：全景1张，表现会议主体、参加人员明确的要求，1项不合格扣0.5分；检查照片4张，表现检查及测量过程，1项不符合扣0.5分
		质量问题照片若干，有问题的照片必须有整改照片，每1项无印证照片扣1分
2.1.3.2	工程质量监督活动	检查建设单位申报书、各阶段申请、监督机构文件、报告记录等相关资料
2.1.3.2.1	主要建（构）筑物基础基本完成	5张；其中：全景1张，表现会议主体、参加人员明确的要求，1项不合格扣0.5分；检查照片4张，表现检查及测量过程，1项不符合扣0.5分
		质量问题照片若干，有问题的照片必须有整改照片，每1项无印证照片扣1分
2.1.3.2.2	土建交付安装前阶段	5张；其中：全景1张，表现会议主体、参加人员明确的要求，1项不合格扣0.5分；检查照片4张，表现检查及测量过程，1项不符合扣0.5分
		质量问题照片若干，有问题的照片必须有整改照片，每1项无印证照片扣1分
2.1.3.2.3	变电站工程竣工投运前阶段	5张；其中：全景1张，表现会议主体、参加人员明确的要求，1项不合格扣0.5分；检查照片4张，表现检查及测量过程，1项不符合扣0.5分
		质量问题照片若干，有问题的照片必须有整改照片，每1项无印证照片扣1分
2.1.4	工程竣工验收	5张；其中：全景1张，表现会议主体、参加人员明确的要求，1项不合格扣0.5分；检查照片4张，表现检查及测量过程，1项不符合扣0.5分
		质量问题照片若干，有问题的照片必须有整改照片，每1项无印证照片扣1分

注意：数码照片移交生产后，保存5年。

1-168 数码照片中存在哪些安全通病？

答：反映安全管理过程控制的数码照片质量不高，未按文件规定内容拍摄、建立文件夹，照片细节、拍摄日期错误或不真实，分类不规范，整理不及时。

1-169 工程施工交底目的和要求有哪些？

答：（1）施工安全、技术交底的目的是使工程管理人员了解项目工程的概况、技术方针、安全质量目标、计划安排和采取的各种重大措施；使施工人员了解其施工项目的工程概况、内容和特点、施工目的，明确施工过程、施工办法、质量标准、安全措施、环保措施、节约措施的工期要求等，做到心中有数。

（2）施工技术交底是施工工序中的首要环节，未经技术交底不得施工；且技术交底必须有交底记录，交底人和被交底人必须要履行全员签字手续。

（3）具有针对性和指导性。根据施工项目的提点、环境条件、季节变化等情况确定具体办法和方式。交底应注重实效。

（4）重大危险项目，如吊车拆卸、高塔组立、带电跨越等，在施工期内，宜逐日交底。

🔍 1-170 什么是施工图会检管理？

答：（1）按照国家电网公司电建施工技术导则的要求：施工图纸是国网基建工程施工和验收的主要依据之一。为使现场项目部全体施工人员充分领会设计意图、熟悉设计内容、正确施工，确保施工质量，必须在开工前进行图纸会检。对于施工中的差错和不合理部分，应尽快解决，保证工程顺利进行。

（2）会检应由施工企业各级技术负责人组织，一般按自班组到项目部，由专业到综合的顺序逐步进行。也可视工程规模和承包方式调整会检步骤。会检分为三个步骤：

① 由班组专职工程师/技术员主持专业会检。班组施工人员参加，并可邀请设计代表参加，对本班组施工项目或单位工程的施工图纸进行熟悉，并进行检查和记录。会检提出的问题由主持人负责整理后报工地专责工程师。

② 由工地专责工程师主持系统会检。工地全体技术人员及班组长参加，并可邀请工程设计、建设、监理等单位相关人员和项目部技术、质量管理部门参加。对本工程施工范围内的主要系统施工图纸和相关专业间结合部的有关问题进行会检。

③ 由项目总工程师主持综合会检。项目部的各级技术负责人和技术管理部门人员参加。邀请建设、设计、监理、运行等单位相关人员参加。对本项目工程的主要系统施工图纸、施工各专业间结合部的有关问题进行会检。

请注意：如一个工程分别由多个施工单位承包施工，则由业主/监理项目部负责组织对各承包范围之间结合部的相关问题进行会检。

🔍 1-171 施工图纸会检的重点是什么？

答：（1）施工图纸与设备、原材料的技术要求是否一致。

（2）施工的主要技术方案与设计是否相适应，图纸表达深度能否满足施工需要。施工图之间和总分图之间、总分尺寸之间有无矛盾。

（3）构件划分和加工要求是否符合施工能力；扩建工程的新老系统之间的衔接是否吻合，施工过渡是否可能。除按图面检查外，还应按现场实际情况校核。

（4）各专业之间设计是否协调。如设备外形尺寸与基础设计尺寸、土建和电器对建/构筑物预留孔洞及埋件的设计是否吻合，设备与系统连接部位、管线连接部位、管线之间、电气、热控和机务之间相关设计等是否吻合。

（5）工程设计采用的"五新（新技术、新工艺、新材料、新设备、新流程）"在施工技术、机具和物资供应上有无困难，能否满足生产运行对安全、经济的要求和检修作业的合理需求。

（6）设备布置及构件尺寸能否满足其运输及吊装要求。设计能否满足设备和系统的启动调试要求。

（7）材料表中给出的数量和材质以及尺寸与图面表示是否相符；在图纸会检前，主持单位应事先通知参加人员熟悉图纸，准备意见，并进行必要的核对工作。

1-172　什么是工程计量？

答：以工程承建合同文件规定的程序、方式和方法对工程承建单位已按合同文件规定完成的合格工程或工作量测并确认其数量的工作。工程计量指以工程承建合同文件规定的程序、方式和方法对工程承建单位已按合同文件规定完成的合格工程或工作量测并确认其数量的工作。

1-173　什么是工程变更？

答：包括设计变更和施工变更是指因设计条件、施工现场条件、设计方案、施工方案发生变化或业主与监理项目部认为必要时为合同目的对设计文件或施工状态所作出的改变与修改。

1-174　什么是重大设计变更？

答：在实际施工中，指改变了初步设计审定的设计方案、主要设备选型、工程规模及建设标准等原则意见，或者单项设计变更投资超过 20 万元的设计变更。

1-175　对工程重大设计变更要求有哪些？

答：（1）在工程重大设计变更问题上、业主经理严格按照国家电网公司规定执行，同时在工程重大设计变更上会审核前，必须完成设计变更审批单流转程序。

（2）在工程重大设计变更上会审核前，必须同时提供设计变更施工项目部上报金额、咨询企业审核后金额、设计概算金额。

1-176　业主施工阶段的质量管理工作有哪些内容？

答：（1）工程开工前，参加第一次工地例会，掌握参建单位驻现场组织机构、人员及分工情况，明确工程质量目标及保证措施。参与设计交底及施工图会检工作，重点审查质量通病防治措施"标准工艺设计图集"落实情况。

（2）配合建设管理单位开工前及时办理质量监督手续，及时申办各阶段质量监督手续，并组织相关参建单位迎接阶段性现场工程质量监督活动，组织落实质检站的整改意见。

（3）按国家电网公司优质工程标准对工程质量进行全过程管理，通过组织召开质量分析会、质量专项检查等方式，监督工程质量管理制度、工程建设标准强条、质量通病、标准工艺应用等执行情况，填写工程质量检查管控记录表。在工程施工建设的各阶段，对设计、监理、施工等单位投入本工程的技术力量、人力和设备等资源情况进行检查。

（4）组织参见单位开展标准工艺宣贯和培训；组织对标准工艺实体样板进行检查、验收；在工程检查、中间验收等环节，检查标准工艺应用情况；适时组织召开标准工艺应用分析会，完善措施、交流工作经验。

（5）督促监理项目部做好对工程质量的检查、控制工作，配合省级公司及建管单位做好工程项目质量巡检，督促责任单位对质量缺陷进行闭环整改，并确认整改结果。督促监理项目部组织好变电工程的主变（换流变压器、高压并联电抗器）、换流阀、GIS（HGIS）、断路器、隔离开关、互感器、避雷器、继电保护及监控器等主要设备材料的到场验收，以及设备材料的进场检验、试验、见证取样工作，并对检验结果进行抽检、复核。安装、调试和验收期间发现设备材料质量不符合要求是，提请物资管理部门协调解决。

（6）及时采集、整理数码照片、影像资料，利用数码照片等手段加强施工质量过程控制。

（7）发生质量事放生后，事件现场有关人员应当立即向现场负责人报告。现场负责人接到报告后，应立即向本单位负责人报告。情况紧急时，事件现场有关人员可直接向本单位负责人报告。

（8）按照工程建设施工质量验评工作的要求和验评标准，监督、检查单位工程检验批、分项、分部工程施工质量验收情况和施工单位三级自检验收、监理项目部初检，参与或受建设管理单位/部门委托组织工程质量中间验收，填写变电工程单位工程验评管控记录表、中间验收管控记录表。

（9）关于项目创优规划。国家电网2014年2月底有相关通知；由于电网工程实行了全面建设优质工程后，每个项目都需要创优，为此创优策划内容可作为综合策划文件（如业主项目部的建管纲要，监理项目部的工程监理规划、施工项目部的项目管理实施规划）中间之章节，再无需单独编制创优规划及实施细则。同时，监理的重点是依据业主项目部的建设进度实施计划，审核施工项目部的施工进度计划并监督执行，也无须编制介入业主和施工之间的一级网络计划了，即取消监理项目部的一级网络计划。

1-177 工程项目质量检查如何划分？

答：工程开工申报及施工质量检查，一般按单位工程、分部工程、分项工程、单元工程四级划分和进行。

1-178 项目管理层现场审核有什么意义？

答：审核不同于检查。管理层通过对现场的安全审核，既可纠正不安全行为，又能帮助或鼓励员工好的安全行为。实施管理层与员工间的双向沟通，并逐步培养了员工的正确作业习惯和不断提升电网工程安全施工水平。

1-179 审查、批准监理项目部的文件有几个，分别是什么？

答：5个。

（1）监理规划、监理实施细则、施工安全监理工作方案；

（2）工程监理创优实施细则、旁站监理方案，安全旁站监理方案；

（3）工程建设标准强制性条文监理控制执行检查表及汇总表；

（4）实施监理质量通病防治控制措施；

（5）现场处置预案（视具体工程定）。

🔍 1-180 审查、批准设计单位的文件有几个，分别是什么？

答：5 个。

（1）项目设计计划。

（2）工程创优设计实施细则。

（3）输变电工程设计强制性条文执行计划。

（4）质量通病防治设计措施。

（5）组织设计联络会，完成技术确认及设计联络会纪要。组织设计交底及施工图会检，签发该会议纪要并监督纪要的闭环落实。签发设计交底纪要、施工图会检纪要。

🔍 1-181 业主项目部标准化管理管控记录表有哪些？

答：2014 版的业主新手册共有 45 个文件管控记录表（以下简称管控表）。其中：

（1）××变电站业主项目部组织机构一览表（业主经理填写）。

（2）项目管理策划文件 4 个：

① （建设管理纲要）管控表；

② 质量通病防治任务书管控表；

③ 安全管理总体策划管控表；

④ 工程招标文件及合同编制管控记录表。

（3）项目管理策划文件审查 9 项：

① 设计强制性条文执行计划管控表；

② 工程监理规划管控表；

③ 安全监理工作方案管控表；

④ 质量通病防治控制措施管控表；

⑤ 项目管理实施规划管控表；

⑥ 施工安全管理及风险控制方案管控表；

⑦ 施工强制性条文执行计划管控表；

⑧ 质量验收及评定范围划分管控表；

⑨ 质量通病防治措施管控表。

（4）综合内容为 28 个：

① 标准化开工审查管控记录表；

② 工程开工报审管控表；

③ 设计联络会管控表；

④ 施工图会检管控表；

⑤ 工程设计交底管管控表；

⑥ 施工分包管控表；

⑦ 月度例会管控表；

⑧ 线路工程进度管控表；

⑨ 变电工程进度管控表；

⑩ 工程进度计划调整报审管控表；

⑪ 工程安全检查管控表；

⑫ 工程质量检查管控表；

⑬ 物资供应管控表；

⑭ 特殊施工技术方案审查管控表；

⑮ 标准工艺应用管控表；

⑯ 设计合同执行管控表；

⑰ 施工合同执行管控表；

⑱ 监理合同执行管控表；

⑲ 变电工程单位工程验评管控表；

⑳ 中间验收管控表；

㉑ 竣工预验收管控表；

㉒ 启动验收管控表；

㉓ 设计单位履约评价管控表；

㉔ 施工单位履约评价管控表；

㉕ 监理单位履约评价管控表；

㉖ 档案资料管控表；

㉗ 基建管理信息系统应用管控表；

㉘ 项目建设管理总结管控表。

1-182　业主安全工程师负责的工程管控文件有哪些?

答: 有 10 项，即：

(1) 安全管理总体策划管控表；

(2) 工程监理规划管控表；

(3) 安全监理工作方案管控表；

(4) 项目管理实施规划管控表；

(5) 施工分包管控表；

(6) 施工安全管理及风险控制方案管控表；

(7) 施工强制性条文执行计划管控表；

(8) 工程安全检查管控表；

(9) 特殊施工技术方案审查管控表；

(10) 项目建设管理总结管控表（均需经理批准）。

1-183 业主质量工程师负责的工程管控文件有哪些？

答：有 17 项，即：

（1）质量通病防治任务书管控表；

（2）工程招标文件及合同编制管控记录表；

（3）设计强制性条文执行计划管控表；

（4）工程监理规划管控表；

（5）质量通病防治控制措施管控表；

（6）项目管理实施规划管控表；

（7）质量验收及评定范围划分管控表；

（8）质量通病防治措施管控表；

（9）施工图会检管控表；

（10）工程质量检查管控表；

（11）标准工艺应用管控表；

（12）设计合同执行管控表；

（13）专项协调会管控表；

（14）中间验收管控表；

（15）变电工程单位工程验评管控表；

（16）竣工预验收管控表；

（17）启动验收管控表（均需经理批准）。

1-184 业主管理的文件应留存内容有哪些？

答：有 24 项，即：

（1）年度建设管理任务书；

（2）成立项目安委会的文件；

（3）由业主项目部编制的《电网××工程建设管理纲要》《工程创优规划》《安全管理总体策划》《质量通病防治任务书》；

（4）由业主项目经理签发的各类会议纪要；

（5）××工程会议签到单；

（6）项目部编制，报建设部的《年度项目进度计划》；

（7）项目部月报表；

（8）工程物资供货协调表；

（9）项目部的收发文件记录簿；

（10）由业主经理批准的《××工程建设管理总结》；

（11）项目部签发的施工安全隐患整改通知单；

（12）相关专项活动的学习记录、工作布置、检查及闭环（含照片），工作小结；

（13）对上级检查要求、意见的整改材料；

（14）相关规范、文件（含最新的）学习活动记录及安质考试卷；

（15）现场所需的安全质量规程规范、文件及文件目次及更的补充页；

（16）工程质量监督申报书、质量通病防治任务书及基建工程初步设计就是内审表；

（17）业主经理及安全专责参加"施工四级～五级（B票）风险"作业到岗监督记录（工作票照片或复印件）；参加施工三～五级风险作业的控制工作进行现场督查记录；

（18）与施工、监理项目部签订的工程合同（应含安全生产费的管理、使用要求）及安全协议；

（19）开展××工程创优策划专题会的记录，定期开展安全质量巡视检查计划检查记录；

（20）业主按照国网《安全/质量管理规定》开展的安全、质量（如安全质量检查问题整改通知单，安全质量检查问题整改反馈单）活动资料；

（21）分包计划一览表、施工分包人员动态信息汇总表，审批相关参建者工程文件的各类管控记录表；

（22）针对五级作业风险工序，业主组织专家论证施工项目部《专项施工方案（含安全技术措施)》，报建设部备案的工作记录；

（23）业主项目部批准监理审核后报的施工项目部的，三级及以上施工安全固有风险识别、评估和预控清册、施工前中对固有三级及以上作业风险进行复测及作业风险现场复测单；

（24）审批施工安全生产费使用计划的记录，对安全质量定期总结分析，及时提出质量、安全文明施工工作的建议。

1-185 现场哪些签证监理在审核后需要业主签批/确认？

答：主要包括：工程项目管理实施规划，工程监理规划，施工进度计划，安全监理工作方案，工程三级及以上风险清册（含对风险复测单、动态风险计算结果），四级及以上安全工作B票，施工安全标准化设施计划，项目施工拟分包计划申请（含备案），分包申请书等。

1-186 审核施工承包商的文件有哪些？

答：34个。

（1）工程项目管理实施规划报审表（业主经理审批，盖建管中心公章，留存）；

（2）工程变更报审表（业主经理审批，盖建管中心公章，留存）；

（3）甲供设备材料需求计划报审表（业主经理审批，盖建管中心公章，留存）；

（4）工程开工报审表（业主经理、上级公司建设部主任审批，留存）；

（5）输变电工程施工安全管理及风险控制方案、安全生产费用使用计划报审表（业主经理审批，盖建管中心公章，留存）；

（6）施工应急预案报审表（业主经理审批，盖建管中心公章，留存）；

（7）分包计划申请表（业主经理审批，盖建管中心公章，留存）；

（8）分包商资质报审表（业主经理审批，盖建管中心公章，留存）；

（9）施工项目部"质量通病防治措施"报审表（业主经理审批，盖建管中心公章，留存）；

（10）施工项目部"工程施工强制性条文执行计划"报审表（业主经理审批，盖建管中心公章，留存）；

（11）施工质量验收及评定范围划分报审表（业主经理审批，盖建管中心公章，留存）；

（12）主要材料及构配件供货商资质报审表（业主经理审批，盖建管中心公章，留存）；

（13）阶段性安全文明施工实施配置申报单（业主批准及查验）；

（14）阶段性安全文明施工措施实施申报单（业主批准及查验）；

（15）工程材料/构配件/设备缺陷通知单（业主经理审批，盖建管中心公章，留存）；

（16）设备（材料/构配件）缺陷处理报验表（业主经理审批，盖建管中心公章，留存）；

（17）工程安全质量事故报告表（业主经理审批，盖建管中心公章，留存）；

（18）工程安全质量事故处理方案报审表（业主经理审批，盖建管中心公章，留存）；

（19）工程安全质量事故处理结果报验表（业主经理审批，盖建管中心公章，留存）；

（20）资金使用计划报审表（业主经理审批，盖建管中心公章，留存）；

（21）工程预付款报审表（业主经理审批，盖建管中心公章，留存）；

（22）工程进度款报审表（业主经理审批，盖建管中心公章，留存）；

（23）工程变更单（业主经理审批签字并加盖部门公章，留存）；

（24）索赔申请表（业主经理审批，盖建管中心公章，留存）；

（25）工程竣工结算报审表（业主经理及分管领导审批，盖建管中心公章，留存）；

（26）特殊/专项施工技术方案、措施报审表（业主经理审批，盖建管中心公章，留存）；

（27）基建新技术应用计划表（业主经理审批，盖建管中心公章，留存）；

（28）施工项目部的"质量通病防治措施"（业主经理审批，盖建管中心公章，留存）；

（29）施工项目部的"工程施工强制性条文执行计划"（业主经理审批，盖建管中心公章，留存）；

（30）设计变更联系单、审批单（业主经理审批，留存）；

（31）现场签证审批单（业主经理审批，留存）；

（32）重大设计变更审批单（业主经理审核，建管中心主管领导签名，盖部门章，留存）；

（33）重大签证审批单（业主经理审核，建管中心主管领导签名，盖部门章，留存）；

（34）项目施工进度计划、施工创优实施细则、施工安全管理及风险控制方案。

1-187 留存监理承包商审核施工承包商的文件内容有哪些？

答：（1）施工管理制度报审表；

（2）施工进度调整计划报审表；

（3）单位/分部工程开工报审表；

（4）工程复工申请表；

（5）工作联系单；

（6）通用报审表；

（7）监理工程师通知回复单；

（8）大中型施工机械进/出场申报表；

（9）项目总监更换文件及业主批文（均需留存备案）。

1-188　电网工程价款支付有哪些要求？

答：工程价款支付应严格执行合同约定。工程预付款比例原则上不低于合同金额的10%，不高于合同金额的50%；工程进度款根据确定的工程计量结果，承包人向发包人提出支付工程进度款申请，并按约定抵扣相应的预付款，进度款总额不得高于合同金额的85%。

1-189　地方政府要求工程建管单位应有哪些质量管理制度？

答：（1）项目法人质量责任制度；

（2）项目直接主管负责人质量责任制度；

（3）项目质量管理机构责任追究制度；

（4）施工招标管理制度；

（5）施工合同管理制度；

（6）施工工期管理制度；

（7）工程建筑材料采购管理制度；

（8）工程质量文件归档管理制度；

（9）项目质量管理公示制度；

（10）工程质量验收管理制度；

（11）工程质量保修管理制度；

（12）项目质量管理奖罚制度。

1-190　现场业主项目部应编制、管理的 8 个工程文件有哪些？

答：（1）××工程建设管理纲要；

（2）××工程建设月报；

（3）××变电站工程安全管理总体策划；

（4）输变电工程安全文明施工标准化管理评价报告；

（5）×工程现场应急处置方案；

（6）变电/换流站土建工程质量通病防治任务书；

（7）变电/换流站电器安装调试工程质量通病防治任务书；

（8）××工程建设管理总结。

1-191　编制××工程建设管理纲要应注意哪些细节？

答：（1）由业主经理及相关人员编写，并手签名字；

（2）由建管中心主任/省级公司建设部项目处处长审核及手签；

（3）由电力经研院电网建设分管院长/国网北京公司建设部分管主任签名批准；

（4）封面加盖建管中心/国网北京公司建设部公章；

（5）工程建设管理纲要文件的编制时间××××年××月××日要写清楚；

（6）工程建设管理纲要包含内容有 7 项内容，即：前言；工程建设依据、目标；工程建设特点；工程建设管理体制；施工现场总平面布置及临建设施；安全健康与环保；工程建设管理。

🔍 1-192　变电站工程安全管理总体策划应注意哪些细节？

答：（1）由业主项目部安全工程师编写，并手签名字；

（2）由业主经理审核及手签名；

（3）由分管院长/建设部分管主任手签名批准；

（4）封面加盖建管中心/省级公司建设部公章；

（5）策划文件上的编制单位和编制时间××××年××月××日要写清楚；

（6）工程建设管理纲要包含内容有 7 项内容，即：工程概述（含简介、编制目的及依据）；安全文明施工管理目标；安全文明施工管理组织机构及职责；安全管理；施工安全风险管理；文明施工管理；安全检查及评价考核管理。

🔍 1-193　××变电站工程现场应急处置方案应注意哪些细节？

答：（1）由施工项目部总工负责编制并签名；

（2）由业主经理、项目总监和施工经理进行会审并签名；

（3）由建管中心主任签名审查；

（4）由电力经研院电网建设分管院长签名批准后发布实施；

（5）应急处置方案应含 6 项内容，即：总则，事故特征，应急组织与职责，应急处置，注意事项和附件。

🔍 1-194　业主电网输变电工程安全文明施工总体策划内容有哪些？

答：（1）封面由建设管理单位分管/省公司基建部领导签字批准，业主项目经理审核、项目部安全专责编制且有编制单位名称、编制时间及编审批的时间。

（2）目录中包含：

① 概述：含工程简介，编制目的和依据。

② 安全文明施工管理目标：含安全管理目标、文明施工管理目标。

③ 安全文明施工管理组织机构及职责：含安全保证/组织机构。

④ 安全管理：含安全管理制度和台账目次，专项施工方案，安全强制性条文，安全实施/防护用品，作业人员行为规范，安全通病，分包安全，安全生产费用及现场应急等 8 个管理措施。

⑤ 施工安全风险管理：含施工安全风险动态调整改管理要求，三级及以上施工安全风险作业控制点。

⑥ 现场文明施工"六化"管理：即现场布置条理化（含现场总平面布置图），设备材料摆放定置化，产品、半成品保护，环境、水土、绿色保护等 4 个管理措施。

⑦ 安全检查计划及考核管理；含安全检查计划及管理措施，项目安全管理评价计划及管理措施，项目安全管理评考核措施。

1-195　业主的输变电工程项目安全标准化管理评价内容有哪些？

答：（1）封面由工程项目名称，评价阶段，评价组织单位及年月日。

（2）目录中包含：

① 工程概述：含工程规模、特点、地理位置、环境条件、计划工期和工程投资。

② 安全管理评价工作简述：含安评组织及工作程序，安评依据，安评对象和工程建设的阶段，安评时间。

③ 综合评价：一是分别为业主、监理/施工项目部的安全管理情况。二是施工现场安全管理中线路工程（含现场安全文明施工管理、材料站/库的安全管理；对基础/杆塔工程、跨越架/架线施工）的评价阶段地安全管理。

④ 施工现场安全管理中变电工程（含现场安全文明施工管理、施工用电管理、脚手架安全管理；对建筑工程、构支架安装工程、电气安装工程）的评价阶段和改扩建工程的安全管理。

⑤ 评价得分情况及其他（含原始评价附表）。

（3）限期整改项目、主要改进建议、评价结论及评价组织人员的签名情况。

1-196　建设管理单位编制竣工结算书时需要注意什么？

答：（1）建设管理中心编制竣工结算书上报省级公司建设管理部门。

（2）工程结算以工程实际和财务账面发生情况为依据，及时收集工程款发票和支付凭证。

（3）220kV 及以上输变电工程竣工验收后 60 日内，建管中心应编制完成并上报工程结算报告；工程结算应经省公司建设部审批，由部门主任签字并加盖部门章。

1-197　哪些电网工程不可专业分包？

答：（1）变电站的构架及电气设备的安装、电器设备的调试；

（2）线路项目中的组立塔、架线及附件安装。

1-198　哪些电网工程可以专业分包？

答：国家住建部及所属部门颁发的相应资质，委派的项目经理/负责人具有相应资格和同类工程的施工业绩。其中：

（1）特高压工程、跨区直流工程的变电/换流站内的桩基工程、送电线路大跨越灌注桩基础工程（需具有地基与基础工程专业承包 1 级及以上资质）。

（2）变电站的桩基工程。需具有地基与基础工程专业承包 3 级及以上或房屋建筑工程施工总承包 3 级及以上资质，桩基工程分包时，需签订安全协议。桩基操作人员需持证上岗。高度 24m 及以上为脚手架（需搭拆具备附着升降脚手架专业承包 2 级及以上资质）。消防工程（需具有消防设施工程专业承包 3 级及以上资质）。500kV 及以上变电站一般土建工程（具有房屋建筑工程施工总承包 2 级及以上资质或同类工程的专业承包 2 级及以上资质）。

（3）送电线路基础工程（具有地基与基础专业承包 3 级及以上资质或房屋建筑工程施工总承包 3 级及以上资质）。

（4）爆破施工具有爆破与拆除工程（需专业承包 3 级及以上资质）。

（5）电力隧道/盾构法（需工程专业分包商具有隧道工程专业承包 2 级及以上资质）。

（6）工程分包金额不得超过工程施工合同总承包总额的 50%（不分劳务专业）。

注：从事输变电工程安装作业的分包商须同时取得国家能源局监管部门颁发的承装电力设施许可证。

1-199　哪些输变电工程可进行哪些劳务分包？

答：（1）新建变电站、输电线路中的土建内容（含土石方开挖，基础施工。应具有相应的国家及所属部门颁发的房屋建筑类企业资质或相应的劳务资质）；

（2）参与 500kV 及以上输变电工程安装施工（应有电力工程施工总承包或送变电工程专业承包 2 级及以上资质）；

（3）参与其他输变电工程安装施工（应具有电力工程施工总承包或送变电工程专业承包 3 级及以上资质或者相应的劳务资质）。

注：（1）从事输变电工程安装作业的分包商须同时取得国家能源局监管部门颁发的承装电力设施许可证。

（2）建管单位将工程发包给不具有相应资质的工程承包、监理、设计商时，给予 50 万～100 万元处罚。

1-200　电网工程的工期如何确定？

答：（1）开工前需履行内部审批手续包括：开工条件满足后，施工项目部提交工程开工报审表，经监理项目部审查同意后，报业主项目部审核通过后，将 220kV 及以上工程开工报审表上报省公司建设部审批通过后方可开工建设。

（2）同一工程含有多个施工标段时，第一个开工标段的开工时间为工程的开工时间，其他标段的工程开工报审表，由业主项目部负责审批，确保满足依法合规开工条件。

（3）开工时间及工期：变电工程以主体工程基础开挖为开工标志，线路工程以线路基础开挖为开工标志；从开工到投产的工程建设阶段所持续的时间。

1-201　什么是电网施工安全方案？

答：是指工程现场施工安全工作执行的各类安全文件的统称，包括单独编制的安全策划文件、专项安全方案、安全技术措施，也包括项目管理实施规划、作业指导书等施工管理文件内的安全管理章节。

1-202　什么是危险性较大的分部/项工程安全专项施工方案？

答：就是现场项目部针对承建工程中危险性较大的分部/项工程，单独编制的安全技术措施文件。

1-203　TN-S 接零保护系统需要注意什么？

答：施工用电电源在专用变压器供电时应采用专用变压器供电的 TN-S 接零保护系统。采用 TN-S 系统做保护接零时，工作零线（N 线）应通过剩余电流动作保护装置（剩余电流动作断路器），保护零线（PE 线）应由电源进线零线重复接地处或剩余电流动作保护装置（剩余电流动作断路器）电源侧零线处引出，即不通过剩余电流动作保护装置。保护零线（PE 线）上禁止装设开关或熔断器，且防止断线。接线系统不同。

1-204　如何进行保护接零、保护接地？

答：当施工现场利用原有供电系统的电气设备时，应根据原系统要求做保护接零或保护接地。同一供电系统不得一部分设备做保护接零，另一部分设备做保护接地。

1-205　保护接零需要注意什么？

答：保护零线应采用绝缘多股软铜绞线。电动机械与 PE 线的连接线截面一般不得小于相线截面积的 1/3 且不得小于 2.5mm²；移动式或手提式电动机具与 PE 线的连接线截面一般不得小于相线截面积的 1/3 且不得小于 1.5mm²；

且电源线、保护接零线、保护接地线应采用焊接、压接、螺栓连接或其他可靠方法连接；保护零线应在配电系统的始端、中间和末端处做重复接地。

1-206　哪些对地电压在 127V 及以上的电气设备及设施应装设接地或接零保护？

答：（1）发电机、电动机、电焊机及变压器的金属外壳，配电盘、控制盘的外壳；

（2）开关及其传动装置的金属底座或外壳，电流互感器的二次绕组；

（3）配电装置的金属构架、带电设备周围的金属围栏；

（4）高压绝缘子及套管的金属底座，电缆接头盒的外壳及电缆的金属外皮；

（5）吊车的轨道及焊工等的工作平台，室内外配线的金属管道；

（6）架空线路的杆塔（木杆除外）；

（7）金属制的集装箱式办公室、休息室及工具、材料间、卫生间等（禁止利用易燃、易爆气体或液体管道作为接地装置的自然接地体）。

1-207　接地体装置、敷设有哪些要求？

答：（1）接地装置的敷设应符合《电气装置安装工程接地装置施工及验收规范》的规

定并应符合下列基本要求。

（2）人工接地体的顶面埋设深度不宜小于0.6m。

（3）人工垂直接地体宜采用热浸镀锌圆钢、角钢、钢管，长度宜为2.5m。人工水平接地体宜采用热浸镀锌的扁钢或圆钢。圆钢直径不应小于10mm；扁钢、角钢等型钢的截面不应小于90mm²，其厚度不应小于3mm；钢管壁厚不应小于2mm。人工接地体不得采用螺纹钢。

1-208 夏季、雨汛期施工应注意哪些事项？

答：夏季高温季节应调整作业时间，避开高温时段，并做好防暑降温工作；加强夏季防火管理，易燃易爆品应单独存放。

雨季前应做好防风、防雨、防洪等应急处置方案，备足的防汛器材；检查现场排水系统及整修畅通，在雷雨季前全面检查大建筑及高架施工机械的避雷装置，并进行接地电阻测定。

对正在组装、吊装的构支架应确保地钻埋设和拉线固定牢靠，独立的构架组合应采用四面拉线固定；铁塔、构架、避雷针、避雷线一经安装应接地。在暴雨、台风、汛期后，应对临建设施、脚手架、机电设备、电源线路等进行检查并及时修理加固。

1-209 现场危险性较大安全施工方案审查需注意哪些事项？

答：（1）安全技术措施方案的编审批手续要齐全。

（2）内容中对本工程的工艺、方法和条件是否有针对性，安全组织机构是否健全。

（3）安全施工制度、现场管理者职责是否清晰、有哪些安全监督检查手段。

（4）企业及现场主要管理者、特种作业者的资质证书，上岗证是否齐全、有效。

（5）该方案的编制是否结合具体工程内容的特点进行的。

1-210 现场哪些危险性较大安全施工方案需要专家论证？

答：（1）针对危险性较大、作业环境差的分部/项工程地安全专项施工方案；

（2）模板支撑高度＞8m，跨度＞18m；施工总荷载＞10kN/m²或集中荷载＞15kN/m²的模板支撑系统；

（3）采用H或I形钢搭置，并具有相应的计算书，＞30m的高空作业方案，特大型主变运输、吊装方案，地质条件复杂的盾构作业方案；

（4）深基坑开挖≥5m或地下室≥3m层变电站作业项目；

（5）对需专家论证的方案，专家人数需＞5人论证；且所有专家应在通过的施工方案文件上签写姓名和意见。

专家论证结论为：①内容是否完整、可行。②计算书和演算依据是否符合有关标准规范。③安全施工的基本条件施工能满足现场实际情况。④该结论报告为方案的专项修改完善的指导意见；项目总工、总监和业主经理在施工方案修改后的完善专项方案上签名，交付现场组织实施。

1-211 需要业主经理签字的专项施工方案（含安全技术措施）有哪些？

答：对深基坑、高大模板及脚手架、大型起重机械安拆及作业、重型索道运输、重要的拆除爆破等超过一定规模的危险性较大的分部分项工程的专项施工方案，含安全技术措施（施工企业还应按国家有关规定组织专家进行论证、审查，并根据论证报告修改完善专项施工方案，经施工企业技术负责人、项目总监理工程师、业主项目部项目经理签字后，由施工项目部总工程师交底，专职安全管理人员现场监督实施）。

1-212 需要业主项目部备案的重要、特殊和危险的作业项目有哪些？

答：重要临时设施、重要施工工序、特殊作业、危险作业项目［施工项目部总工程师组织编制专项安全技术措施，经施工企业技术、质量、安全部门和机械管理部门（必要时）审核，施工企业技术负责人审批，报监理项目部审查，业主项目部备案，由施工项目部总工程师交底后实施］。

1-213 对基础工程管理者有哪些要求？

答：（1）建筑面积在 5 万 m^2 以下的工程，项目部技术负责人应具有中级以上技术职称；建筑面积在 5 万～10 万 m^2 以下的工程，项目部技术负责人应具有高级以上技术；建筑面积在 10 万 m^2 以上的工程，项目部技术负责人应具有高级以上的技术职称，并应有技术职称 2 年以上类似工程建设技术质量管理工作经验。

（2）建筑面积在 5 万 m^2 以下的工程质量检查员人数土建专业不应少于 2 名，水电专业不应少于 1 人；建筑面积在 5 万～10 万 m^2 以下的工程量，质量检查员人数土建专业不应少于 4 名，水电专业不应少于 2 人；10 万 m^2 以上的工程量质量检查员人数土建专业不应少于 6 名，水电专业不应少于 3 人。分包单位工程项目管理部应至少配备 2 名质量检查人员，并应纳入总包单位管理。质量检查员应具备中级以上技术职称或从事质量管理工作 5 年以上，并取得企业培训上岗证书。

（3）施工项目部应配备转至施工试验管理人员。建筑面积在 5 万 m^2 以下的工程施工试验管理人员人数不应少于 1 名；建筑面积在 5 万～10 万 m^2 以下的工程，施工试验管理人员人数不应少于 2 名；10 万 m^2 以上的施工试验管理人员人数不应少于 3 名；分包单位工程项目管理部应至少配备 1 名施工试验管理人员，并应纳入总包单位管理。施工试验管理人员应具有处级以上技术职称或从事质量管理工作 3 年以上，并取得企业培训上岗证书。

1-214 对现场工程参建单位负责人需哪些要求？

答：（1）施工项目经理应持有授权委托书，并应在委托书中明确其代表单位法人承担工程项目质量责任。项目部技术质量负责人应具体负责工程项目质量管理。

（2）总监师应持有授权委托书。总监代表应具有监理工程师资格。总监代表和专业监理工程师属其他直接责任人。

（3）专业工程分包单位对分包工程质量向分包单位负责，分包项目负责人应持有授权委托书，并应代表单位法人承担工程质量责任，发包单位与分包单位对分包工程的质量承担连带责任。

1-215 安全技术措施应包含哪些内容？

答：即防火/毒、防爆/洪、防火/尘、防暑/寒、防触电/雷击、防坍塌/物体打击、防机械伤害/高空坠落、防交通事故/环境污染和防疫/动物咬伤。

1-216 施工承包商开展安全技术交底的三种分类是什么？

答：（1）分施工工种安全技术交底；

（2）分项/部工程施工的安全技术交底；

（3）采用新工艺、新技术、新设备、新材料、新流程施工的安全技术交底；

（4）工程总体交底，项目工程总体交底，专业交底；

（5）输变电企业是三级交底，交底人分别是：企业总工，项目总工，工地专责工程师。

1-217 文明施工有哪些要求？

答：（1）施工组织设计中必须有明确的安全、文明施工内容和要求，现场文明施工责任区应划分明确，职责应落实，并设有明显标志；材料、机具、砂、石、水泥堆放（水泥应铺垫、堆放高度不大于 12 包）应整齐、安置有序。

（2）现场的机械、设备完好、整洁，安全操作规程齐全，操作人员持证上岗。施工临建设施完整，布置合理，环境整洁。办公室、材料站布置整齐，物资标识清楚、排放有序，有应急设施或措施。

1-218 施工阶段的安全要求是什么？

答：（1）施工便道应保持畅通、安全、可靠；工序安排应紧密、合理。

（2）施工开挖后的土石方、不得随意堆放、现场的安全施工设施和文明设施及消防设施严禁乱拆乱动，遇悬崖险坡应设置安全可靠的临时围栏。

（3）施工人员应有产品保护意识，严禁乱拆、乱拿、乱涂和乱抹。进入施工现场应佩戴胸卡，着装整齐，个人防护用具齐全。现场无"三违"现象；施工场所应保持整洁、有序，作业点应做到"工完料尽场地清"。

（4）应尽量减少上下交叉作业，进行上下交叉或多人在一处作业时应采取相应的、有效的防高处落物、防坠落的措施。塔位点环境整洁，排水畅通。

1-219 作业施工用电安全有哪些要求？

答：（1）施工用电设施的安装、维护，应由取得政府安监管理局上岗证的电工担任，严禁私拉乱接；低压施工用电线路的架设应架设可靠、采用绝缘导线，架设高度不低于 2.5m，交通要道及车辆通行处不低于 5m；开关负荷侧的首端处必须安装漏电保护器，熔丝且不得用其他金属线代替、保护罩应完好。

（2）电气设备及电动工具不得超铭牌使用，外壳必须接地或接零；严禁将电线直接钩挂在闸刀上或直接插入插座内使用，严禁一个开关或一个插座接 2 台及以上电气设备或电动工具；不得用软橡胶电缆（电缆不得破损、漏电；手持部位绝缘良好）电源线拖拉或移动电动工具。

（3）在光线不足及夜间工作的场所，主要通道和场所上应装足够的照明设路灯，照明灯的开关必须控制相线；使用螺丝口灯头时，中性线应接在灯头的螺丝口上，电气设备及照明设备拆除后，不得留有可能带电的部分。

1-220　对防火/爆的安全有哪些要求？

答： 在林区、牧区进行施工必须遵守当地的防火规定，清除易燃杂物、并配备必要的消防器材，严禁用塑料桶装挥发性油剂及其他易燃物质；在林/牧区进行爆炸压接时，应先将药包下方的树干、杂物、干草等易燃物清除干净；采用暖棚法养护混凝土基础时，火源不得与易燃物接近，并应设专人看管和小心煤烟中毒。

1-221　什么是高处作业及交叉作业？

答： 凡在坠落高度基准面 2m 及以上有可能坠落的高度进行的作业均称为高处作业。

不同高度的可能坠落范围半径   m

作业位置至其底部的垂直距离	2～5	5～15	15～30	＞30
其可能坠落的范围半径	3	4	5	6

凡参加高处作业的人员应持特种作业证上岗，并每年进行一次体检。患有不宜从事高处作业病症的人员不得参加高处作业、作业人员应衣着灵便，穿软底鞋，并正确佩戴个人防护用具、必须正确使用安全带和速差自控器或安全自锁器，且宜使用全方位防冲击安全带。安全带必须拴在牢固的构件上，不得低挂高用，应随时检查安全带是否拴牢。

高处作业所用的工具和材料应放在工具袋内或用绳索绑牢；上下传递物件应用绳索吊送，严禁抛掷。作业人员在转移作业位置时不得失去保护，手扶的构件必须牢固。在大间隔部位或杆塔头部水平转移时，应使用水平绳或增设临时扶手；垂直转移时应使用速差自控器或安全自锁器。

1-222　基础工程安全有哪些要求？

答： 土石方开挖前应熟悉周围环境、地形地貌，制定施工方案，作业时应有安全施工措施、设专人警戒。人工清理、撬挖土石方时必须：先清除上山坡浮动土石，严禁上/下坡同时撬挖，作业人员之间应保持适当距离、在悬岩陡坡上作业时应系安全带。

人工开挖基础坑时，应事先清除坑口附近的浮石；向坑外抛扔土石时，应防止土石回落伤人；坑底面积超过 2m² 时，可由 2 人同时挖掘，但不得面对面作业、不得在坑内休息；掏挖桩基础施工前应经土质鉴定。挖掘时坑上应设监护人，在扩孔范围内的地面上不得堆积土方、及时浇灌混凝土，否则应采取防止土体塌落的措施。

使用挡土板时，应经常检查其有无变形或断裂现象、不得站在挡土板支撑上传递土方或在支撑上搁置传土工具，更换挡土板支撑应先装后拆。拆除挡土板应待基础浇制完毕后与回填土同时进行；除掏挖桩基础外，不用挡土板挖坑时，坑壁应留有适当坡度。

各 类 土 质 的 坡 度

土质类别	砂/砾土、淤泥	砂质黏土	黏/黄土	硬黏土
坡度（深∶宽）	1∶0.75	1∶0.5	1∶0.3	1∶0.15

1-223 基础工程浇筑有哪些要求？

答：混凝土浇筑时，应防止泥土、石块粉碎沫、塑料/纸袋等杂物混入，每个专业班对每项内容应检查 2 次及以上的坍落度，并应检查工作票、工作记录、试验用品（水平尺、坍落桶、计量秤）、原材料的铺垫、文明施工围栏及冬期施工时的水温不小于 80℃（注：骨料不加热、水温为 100℃时，水泥不可于该水直接接触。投料顺序为骨料和加热水，然后是水泥），水泥不应直接加热，混凝土拌和物的入模温度不小于 5℃；浇筑时现场监理要旁站监督、防止地脚螺栓移动和浇筑振捣不密实，同时在冬期作业时不得在已冻结的基坑底面浇筑混凝土，已开挖的基坑底面应有防冻措施，有违者监理员应及时予与制止并报告工程师。

1-224 基础工程回填有哪些要求？

答：回填时每 30mm 的厚度、夯实 1 次，防沉层上宽大于坑口宽；土石方回填时，按照要求进行回填，严禁混入毛石，碎石回填时，需按照 3∶1 比例掺入土后回填夯实。

1-225 现场基础工程有哪些注意事项？

答：重点防护：坍塌、物体打击、重车碾压、火灾、爆破、堆放、掏挖、防护用品及工作票、特种作业上岗证、现场应急办法、药箱和安监员到位履职、工器具的基础等事项。

1-226 现场督查的安全内容有哪些？

答：（1）由持有效证件电工负责高度不大于 2.5m 施工用电的架设，交通要道高度大于 5m；施工电源箱（含接线图和月检查记录，有编号、人员上岗证书复印件）应有防雨防尘和锁子，做到"一机一闸一保护"。

（2）电气设备的绝缘、外壳接地要可靠，缠绕方法要不得，电线不能直挂刀闸上，破损漏电工具速报废。

（3）土石坑边易坍塌、坑口边缘 1.0m 内切切不可堆放施工材料，坑深大于 1.5m，一定牢记用爬梯，林牧场施工、严禁使用明火和及时备齐灭火器。

（4）基础浇筑运料通道搭牢固、中间要有支撑点、两侧设置硬围栏，绑扎牢固要安全，不允许单侧绑扎或不绑扎，牢记使用安全带。

1-227 业主在作业现场安全监督中应注意什么事项？

答：（1）对工作票、脚手/高排架、跨越架、基础施工、施工用电、安全文明施工、大中型施工机械、防火防汛、深基坑高边坡、现场应急办法/药箱等内容进行安全巡查、抽查、飞行检查、交叉检查，排查基建安全隐患。

（2）对电缆、地锚、索、卡具、钢丝绳/套性能及插接长度、元宝卡的正确使用、施工机械的防风、防雷、防倾覆、自制非标工器具的安全隐患排查，发现较大问题及时报告项目总监，严禁工器具带病被使用。

（3）施工经理部安监部和专职安监人员对所管理项目的分包商和分包施工过程有实施监督的责任；并及时对分包商新入现场人员安全教培、持证上岗、自带（或租赁）特种设备是否按规定测验情况负有检查责任。

1-228 什么是动火作业？

答：是指能直接或间接产生明火的作业，包括熔化焊接、切割、喷枪、喷灯、钻孔、打磨、锤击、破碎、切削等。在防火重点部位或场所以及禁止明火区动火作业，应严格执行《电力设备典型消防规程》，填用动火工作票。

1-229 现场焊接与切割有哪些注意事项？

答：（1）作业人员应穿戴专用劳动防护用品，作业点周围5m内的易燃易爆物应清除干净；高处焊接与切割作业时，严禁携带电焊导线或气焊软管登高或从高处跨越、应在无电源或无气源情况下用绳索提吊电焊导线或气焊软管，地面应有人监护和配合。

（2）电焊机的外壳接地必须可靠，接地电阻不得大于4Ω，其裸露的导电部分必须装设防护/雨罩，电焊机一次侧、二次侧的电源线及焊钳必须绝缘良好、二次侧出线端接触点连接螺栓应拧紧，完工后确认无起火危险后方可离开。

（3）乙炔气瓶不得靠近热源或在烈日下曝晒，气瓶表面温度不应超过$40℃$。乙炔气瓶使用时必须直立放置、严禁卧放使用和敲击、碰撞。瓶阀冻结时，严禁用火烘烤、可用浸$40℃$热水的棉布解冻，焊接时，氧气瓶与乙炔气瓶的距离不得小于5m，气瓶距离明火不得小于10m。氧气瓶应留有不小于0.2MPa的剩余压力；乙炔气瓶必须留有不低于下表规定的剩余压力。

乙炔气瓶内剩余压力与环境温度的关系

环境温度℃	<0	0～15	15～25	25～40
剩余压力 MPa	0.05	0.1	0.2	0.3

（4）氧气软管为红色、乙炔软管为黑色；二者软管严禁沾染油脂和严禁混用；软管连接处应用专用卡子卡紧或用软金属丝扎紧。点火时应先开乙炔阀、后开氧气阀，嘴孔不得对人；熄火时顺序相反。发生回火或爆鸣时，应先关乙炔阀，再关氧气阀。

1-230 钢丝绳应该遵守哪些规定？

答：（1）钢丝绳有锈蚀或磨损时，按折减后的断丝数报废。使用吊车吊物时，必须对吊钩采取封口保险措施。

（2）绳芯损坏或绳股挤出、断裂，笼状畸形、严重扭结或弯折，受过火烧或电灼，绳端部用绳卡固定连接时，绳卡压板应在钢丝绳主要受力的一边，且绳卡不得正反交叉设置（绳卡数量按照钢丝绳直径确定：7～18mm 为 3 个，19～27mm 为 4 个，28～37mm 为 5 个，38～45mm 为 6 个，46～60mm 为 7 个）；绳卡间距不应大于等于钢丝绳直径的 6 倍。

（3）插接的环绳或绳套，其插接长度应大于等于钢丝绳直径的 15 倍，且大于等于 300mm。起重滑车：机械驱动时大于等于 11 人力驱动时大于等于 10、绞磨卷筒大于等于 10，通过滑车及卷筒的钢丝绳不得有接头；钢绞线不得进入卷筒。牵引绳在卷筒上的余留圈数大于等于 5 圈，并须有可靠的接地装置。

（4）常用的钢丝绳绳卡中骑马式绳卡紧固比较可靠，应用广泛；固定一般受力钢丝绳的绳套时，将绳卡的 U 形螺杆弯环一律压在短头侧。原因是 U 形螺杆对钢丝绳的接触面小，绳卡压紧后使短头钢丝绳产生弯曲，绳头则不宜滑出。

1-231 规范性必须审批的安全施工措施项目范围有哪些内容？

答：（1）重要临时设施：包括施工供用电、用水、氧气、乙炔、压缩空气及其管线，交通运输道路，作业棚，加工间，资料档案库，油库，雷管、炸药、剧毒品库及其他危险品库；

（2）重要施工工序：包括大型起重机械拆装、移位及负荷试验，大型构件吊装，大型变压器运输、吊罩、抽芯检查、干燥及耐压试验，进油区，主要电气设备耐压试验，临时供电设备安装与检修，大体积混凝土浇筑，基坑开挖放炮，洞室/地下盾构、电力隧道开挖中遇断层、破碎带的处理，大坎，悬崖部分混凝土浇筑等；

（3）特殊作业：包括大型起吊运输（包括超载/高、超宽/长运输），高空、爆破/压、水上及在电缆沟道内作业，临近超高压线路施工，跨越铁路、公路、河道作业，进入高压带电区、电缆沟、乙炔站及带电线路作业，接触易燃易爆、剧毒、腐蚀剂、有害气体或液体及粉尘、射线作业等；

（4）季节性施工：包括防雷电/防风，防雨/洪排涝，防暑降温，防火/滑，防煤气中毒等；

（5）多工程立体交叉作业及与运行交叉的作业。

1-232 业主如何进行施工机械的安全管理？

答：（1）起重机械相关国家行政法规、国家技术标准和安全规程；

（2）起重机械安全管理体系网络图；

（3）业主/监理项目部有关人员的机械安全岗位责任制；

（4）对监理/施工项目部起重机械安全管理定期评价考核记录、通报；

（5）起重机械事故综合应急预案和演练、评价记录；

（6）有关起重机械安全文件（专业会议、上级检查、评价情况、整改上报等）。

1-233　大型临时设备检查应注意什么事项？

答：（1）在电建工程施工中，经常会涉及施工承包商在现场组装的大型临时设备，如轨道式龙门吊机、液压提升装置、大型卷扬机等。这些设备使用前，承包单位必须取得本单位上级安全主管部门的审查批准，办好相关手续后，监理工程师方可批准投入使用。

（2）对于现场使用的塔吊、施工电梯、氧乙炔瓶等有特殊安全要求的设备，进入现场后在使用前，必须经当地劳动安全部门鉴定，符合要求并办好相关手续后方允许承包单位投入使用。

1-234　大型机械安全管理督查要点有哪些？

答：有大型起重机械、起重工器具检验、取证情况，大型起重机械安装、拆卸操作规程制定、审批、执行情况细化记录。

（1）有无机械管理安规、机械/设备安全管理责任是否落实到人、建立了机械/设备管理台账，是否按规定对机械/设备、工器具进行定期试验和记录。是否按规定进行维护保养并作记录。工器具检验后是否做标识。机械设备租赁合同是否约定双方安全管理职责。（查台账、现场、合同等）。

（2）起重工器具的使用（索具、吊点、钢丝绳等）是否符合安规要求。承力钢丝绳是否在棱角处采取保护措施。起重吊装区域有无设置警戒标志和安全围栏。交叉作业有无隔离或防护措施。（查现场、作业指导书等）。

（3）大型起重机械是否经有关部门检验、并取得安全准用证。电气线路和保护、力矩限制器、日常保养维护等是否符合有关规定，是否齐全有效。司机、指挥人员是否持证上岗。机容机貌是否整洁。（查现场）。

1-235　对特种设备安全运行审核应注意什么事项？

答：对于现场使用的塔吊、施工电梯、氧乙炔瓶等有特殊安全要求的设备，进入现场后在使用前，必须经当地劳动安全部门鉴定，符合要求并办好相关手续后方允许承包单位投入使用。

1-236　施工机械设备进场检查应注意什么事项？

答：机械设备进场前，承包单位应向监理项目部报送进场设备清单，列出进场机械设备的型号、规格、数量、技术性能（技术参数）、设备状况、进场时间。机械设备进场后，根据承包单位报送的清单，监理工程师核对其是否和施工组织设计中所列的内容相符。

1-237　机械设备工作状态检查应注意什么事项？

答：工程师应审查作业机械的使用、保养记录，检查其工作状态；重要的工程机械，如起重机械、推土机、打桩设备、路基碾压设备等，应在现场实际复验（如负荷试验、开动、行走等），以保证投入作业的机械设备状态良好。现场监理还应经常了解施工作业中机械设备的工作状况，防止带病运行。发现问题，要求承包单位及时修理，以保持良好的作业状态。

1-238 塔式起重机（简称塔机）有哪些金属结构？

答：塔机的金属结构主要包括：底架、塔身、爬升套架、起重臂、平衡臂、上下转台、旋转塔身、塔帽、附着装置等 19 个内容。

1-239 现场塔式起重机有哪些部件？

答：基础预埋件、固定混凝土基础、塔身标准节、顶升机构、回转机构、起身卷扬机、平衡臂、平衡重、平衡臂拉杆、驾驶室、塔帽、起重吊钩、变幅小车、吊臂、吊臂拉杆等 18 项。

1-240 安全保护有哪些装置？

答：起重量限制器、起重力矩限制器、起升高度限位器、幅度限位器、回转限制器、风速仪、大车行程限位器、各电气保护等 8 个装置。

1-241 设计、制造缺陷引发导致塔式起重机有哪些事故隐患？

答：（1）设计方面的缺陷如塔基稳定性不足、片面追求臂长性能，塔身刚度或强度不足。

（2）制造方面的缺陷，随意代用材料或主材料不符合标准。

（3）不遵守焊接工艺标准，存在夹渣、裂纹，关键焊缝不够尺寸或存在虚焊等缺陷。

（4）安全装置不合格，保护装置不健全等。

1-242 违章施工操作易造成哪些事故？

答：（1）基础不符合要求引发事故。

① 未按说明书要求进行耐力测试，因地基承载能力不够造成塔机倾覆。

② 未按说明书要求施工，地基太小不能满足塔基各种工况的稳定性。

③ 地脚螺栓自制达不到说明书规定要求，地脚螺栓断裂引发塔基倾覆。

④ 地脚螺栓与基础钢筋焊接。因地脚螺栓材质大部分是 45 号或 40Cr，焊接部位易脆断。

（2）违规安装、拆卸造成事故。

塔机的安装、拆卸施工单位无资质，安拆人员未持证上岗，安拆前未进行安全技术交底等。

（3）塔机附着不当引发事故。

① 附着点以上塔机独立起升高度超出说明书要求。

② 附着杆、附着间距不经计算、设计随意加大。

（4）超负荷使用造成塔机事故。

① 起升超过额定起重力矩，力矩限制器损坏、拆除、没有调整或没有定期校核造成力矩限位失灵引发事故。

　　② 力矩限制器失灵，夜晚起吊，吊重物或起升钢丝绳挂住建筑物或不明物体，造成塔机瞬间超负荷或塔机突然卸载引发事故。

　　（5）塔机疲劳、使用保养不当造成事故。

　　① 钢结构疲劳造成关键部位母材、关键焊缝产生裂纹。

　　② 容易发生疲劳的部位主要有：基础节与底梁的连接处、斜撑杆以上的加强节或标准节的主肢或连接套处焊缝、塔身变截面处、上下支座、回转塔身、塔顶下部主肢或耳板等。

　　（6）钢丝绳断裂引发事故。

　　① 钢丝绳断裂、断股未及时发现、更换。

　　② 吊钩突然落地、吊钩、小车等处滑轮防脱绳没有或损坏，引发钢丝绳脱槽，从而挤断钢丝绳；高度限位不起作用，吊钩碰小车横梁拉断钢丝绳。

　　（7）其他安全装置损坏、拆除或失灵引发事故。

　　如制动器、重量限制器、高度限位、回转限位、变幅限位、大车行走限位等。

1-243　业主项目部所需的工程规程规范有哪些？

　　答：（1）《电力安全工作规程　变电站电气部分》；

　　（2）《电力建设安全工作规程　第2部分：电力线路》；

　　（3）《国网输变电工程建设强制性条文实施管理规程》；

　　（4）《国家电网公司变电工程落地式钢管脚手架搭设安全技术规范》；

　　（5）《国网电力建设安全工作工程（变电站部分）》；

　　（6）《国网基建安全管理规定》；

　　（7）《国网输变电工程安全文明施工标准化管理办法》；

　　（8）《国家电网公司关于进一步提高工程建设安全质量和工艺水平的决定》；

　　（9）《强化输变电工程施工过程质量控制数码照片采集与管理的工作要求》；

　　（10）《关于开展输变电工程施工安全通病防治工作的通知》；

　　（11）《国网利用数码照片资料加强输变电工程安全质量过程控制的通知》；

　　（12）《国网业主项目部标准化管理手册》；

　　（13）《架空送电线路跨越架施工规程》；

　　（14）《架空线路跨越架施工安全管理》；

　　（15）《基建通用管理制度》。

1-244　电网工程安全有哪些管理内容？

　　答：有7项内容。即项目安全策划管理、项目安全风险管理、安全文明施工管理、项目安全性评价管理、项目分包安全管理、项目安全应急管理、项目安全检查管理。

　　相关安全规定：勘察设计企业职责增加与设计相关的安全风险因素交底内容以及设置设计代表解决与设计相关的安全问题；增调试承包商的资质能力及现场调试过程中应开展

的安全活动和应履行的安全责任。

1-245 业主项目部有哪些常规检查内容?

答:即安全/质量的月度检查,会议纪要、月报,安全/质量数码照片的检查,活动活动的整改闭环的督查,以及项目部的安全评定工作。

1-246 业主安全质量检查有哪些管理程序?

答:(1)业主项目经理组织安全/质量专责,根据工程项目实际情况,提前策划,编制检查提纲或检查表开展例行安全质量检查、专项检查、随机检查和安全质量巡查等活动;按计划组织监理/施工项目部,定期开展现场安全质量检查工作,分别下发安全检查问题整改通知单和质量检查问题整改通知单,要求责任单位进行整改。

(2)业主项目经理组织对参建项目部整改情况进行复核,对没有完成整改的问题,督促其继续整改;并针对安全质量检查中发现的问题进行通报和专题分析,督促责任单位制定针对性措施,对存在的安全质量通病提出根治举措。

(3)业主项目经理针对通报批评安全质量检查中发现的重大隐患以及安全质量隐患未及时整改的项目部及责任人,按照工程项目合同中关于违反安全文明施工、管理违章、行为违章、装置违章、质量缺陷及未遂安全质量事故/件的考核条款进行处罚,评价考核结果上报建设管理单位进行处罚(工程合同中的安全质量保证金作为现场考核资金来源之一)。

(4)业主项目部质量专责根据工程项目实施情况,开展现场随机质量检查,按要求组织强制性条文执行、质量通病防治和标准工艺应用实施等各类质量专项检查,及时通报检查情况,督促闭环整改。

(5)业主项目部安全专责根据工程项目实施情况,结合季节性施工特点,对施工机械管理、分包管理、临近带电体作业、冬季施工等开展专项检查活动,及时通报检查情况,督促闭环整改。

(6)业主、监理/施工项目部的安全/质量专责按要求组织问题整改,对因故不能整改的问题,责任单位应采取临时措施,制定整改措施计划报业主项目经理批准,分阶段实施。

1-247 业主项目部安全策划有哪些管理内容?

答:(1)开工前,根据省级公司及建设管理单位年度基建安全工作策划方案要求,结合承建工程建设的实际特点,编制输变电工程安全管理总体规划,经建设管理中心批准后执行。并填写项目管理策划文件(安全管理总体策划)管控表。

(2)开工前,现场建立业主项目部安全管理台账。及时审批三个文件,即一是工程监理项目部编制的安全监理工作方案,填写项目管理策划文件审查(安全监理工作方案)管控表(经理批准);二是施工项目编制的输变电工程施工安全管理及风险控制方案,填写项目管理策划文件审查(施工安全管理及风险控制方案)管控表;三是施工编制的工程施工安全强制性条文执行计划,填写项目管理策划文件审查(施工前执行条文执行计划)管控表(经理批准)。

（3）对符合要求成立安委会的项目，开工前参加或组织第一次项目安委会会议。工程建设过程中，参加或组织每季度的项目安委会会议，负责落实安委会会议纪要提出的相关要求。

（4）新变电站竣工投产后，将项目安全管理总体策划的实施情况纳入工程建设管理总结，并按上级公司要求在基建管理信息系统中填报和审批项目安全策划管理相关内容。

1-248　业主安全文明施工有哪些管理内容？

答：（1）落实国家级上级有关工程安全文明施工标准及文件要求，负责工程项目安全文明施工的组织、策划和监督实施工作，核查现场安全文明施工开工条件，重点做好参建项目部相关人员的安全资格审查、安全管理人员到岗到位情况检查。

（2）全过程监督检查输/变电工程安全管理总体策划、安全监理工作方案和输变电工程施工安全管理及风险控制方案执行情况。分阶段审批施工项目部编制的安全文明施工标准化设施报审计划，对进场的安全文明施工标准化设施的审查验收进行确认。

（3）审批施工项目部安全文明施工费使用计划。在工程建设过程中，通过专项整治、隐患曝光、奖励处罚等手段，促进参建项目部做好现场安全文明施工管理，填写安全文明施工奖励记录；由业主项目经理对重大隐患及安全质量隐患未及时整改的项目部及责任人，按工程合同中关于违反安全文明施工考核条款进行处罚。

（4）组织项目参加安全管理流动红旗竞赛等活动，按要求开展自查整改。按照要求在基建管理信息中填报和审批项目安全文明施工管理相关内容。定期总结分析，及时提出改进安全文明施工工作的建议。

（5）项目竣工时，检查环保、水土保措施落实情况，按照档案管理要求，组织收集、归档施工过程安全及环境等方面的相关资料。

1-249　电网工程安全隐患分为几个等级？

答：根据可能造成的事故后果，安全隐患分为：重大事故隐患，一般事故隐患，安全事件隐患。

1-250　工程安全风险管理有哪些内容？

答：《工程施工安全风险识别、评估及预控措施管理办法》适度提高了部分工序的固有风险等级，现场作业风险多限定在三级风险（项目层控制即可，与国网基建安全管理现状不符），原有3级固有风险80个（其中变电35个、送电45个），4级固有风险14个（其中变电12个、送电2个）；经修改后3级固有风险116个（其中变电52个、送电63个、共用部分1个），4级固有风险25个（其中变电20个、送电5个），同时增加了未覆盖的施工作业61个工序。

1-251　施工现场的安全风险控制内容是什么？

答：人身风险、作业风险、电网风险、设备风险，为此要狠抓施工组织措施、技术措施、安全措施，将施工安全管控落实到位。同时还应抓认识、抓措施、抓检查和落实，抓现场、抓流程、抓机制，开展全面的安全质量风控工作。

1-252　什么是现场人员风险？

答：在电网建设作业过程中，施工人员因自身技能不足，违章违纪，疲劳作业及精神状态等因素或因施工机械、环境和管理方面存在的危险源可能造成人员伤害的风险，以及施工人员作业失误可能引发的电网、设备故障及不安全风险。

1-253　业主安全风险有哪些控制内容？

答：（1）负责组织参建项目部落实施工安全风险管理要求。编制"项目建设管理纲要及输/变电工程安全总体策划"时，明确安全风险管理要求。

（2）在工程开工前，负责组织项目设计承包商对施工/监理项目部进行项目作业风险交底，组织开展风险点的初勘工作。审批施工项目部编制的《三级及以上施工安全固有风险识别、评估和预控清册》及通过计算列入三级及以上风险作业的动态结果。

（3）负责对四级及以上风险作业的控制工作进行现场监督检查，并对四级及以上风险作业输变电工程安全施工作业 B 票进行签字确认。对出现五级风险作业工序时，由业主组织专家论证施工项目部编制的专项施工方案（含安全技术措施），并报省公司建设部备案。

（4）每月在基建管理信息系统中审批施工、监理项目部填报的重大风险项目信息，并汇总上报到建设管理单位。

1-254　业主的安全评价内容有哪些？

答：贯彻落实《国家电网公司输变电工程安全文明施工标准化管理办法》相关内容和评价要求；建设管理单位/业主项目部组织有关专家、工程参建各方，按评价时段要求做好安全文明施工标准化管理评价工作，并填报输/变电工程项目安全文明施工标准化管理评价报告，以及监督责任单位进行问题整改闭环。

1-255　现场业主有哪些应急管理内容？

答：（1）开工前，在建设管理单位组织下，成立工程项目应急工作组，业主项目部经理担任组长，并指导施工项目组建现场应急救援队伍。由项目应急工作组组织中的项目总工负责编制现场应急编制方案，经施工项目经理、项目总监师、业主经理审查签字，报建管单位批准后发布实施。

（2）工程项目应急工作组及其组成人员应报建设管理单位备案（包括通信方式）；建立现场应急值班制度，并在其管理范围内公布值班人员及其通信方式，并确保通信畅通；地处地质灾害频发区的项目，必要时可将项目应急联系人及联系方式向当地应急管理部门备案。

（3）项目应急工作组在工程开工后或每年组织一次应急救援知识培训和应急演练，制定并落实经费保障、医疗保障、交通运输保障、物资保障、治安保障和后勤保障等措施，并针对演练情况进行评审，必要时组织修订。

（4）当接到应急信息后，项目应急工作组组长立即按规定启动现场应急处置方案，组织救援工作，同时上报建管单位应急管理机构。并按照要求在基建管理信息系统中填报和审批项目安全应急管理相关内容。

1-256　现场安全监督有哪些检查内容？

答：（1）业主项目部应根据工程项目实际情况，开展例行/专项检查、安全巡视和隐患排查等活动。项目安委会每季度组织不少于一次安全检查，业主项目部每月至少组织监理/施工项目部开展一次安全检查。

（2）对于各类安全检查工作，应事先编制检查提纲或检查表，明确检查重点。

（3）针对现场各类安全检查中发现的安全通病/隐患和安全文明施工/环境管理问题，及时下发安全检查问题整改通知单，要求责任单位整改并填写安全检查问题整改反馈单，对整改结果进行确认；同时业主项目部填写工程安全检查管控表（经理批准）对重大问题提交建管单位或项目安委会研究解决；对因故不能立即整改的问题，责任单位应采取临时措施，并制定整改措施计划报业主项目部批准，分阶段实施。

（4）参加工程月度例会，针对安全检查中发现的问题进行通报和专题分析，督促责任项目部制定针对性措施，保证现场安全受控。配合上级部门开展各类安全检查，按要求组织自查，读错责任单位落实整改要求。按要求在基建管理信息系统中填报安全检查管理有关内容，并且配合项目安全事件/故是调查分析与处理，监督责任单位按要求整改。

1-257　如何使用国家电网北京市电力公司的"三色"违章通知单？

答：施工现场发现1～3项一般违章行为的，下发蓝色单；现场发现3—5项违章行为的，或者情节较严重的违章行为的，下发黄色单；现场发现大于5项的违章行为或发现直接危及人身安全的严重违章行为，立即停止现场一切工作，并下发红色违章通知单，同时给予"亮牌"警告。

1-258　分包审查中业主经理有哪些责任？

答：（1）组织施工、监理项目部对分包商进行考核评级，必要时进行现场处罚或清理分包队伍；负责对施工、监理项目部分包管理工作进行考核评价。

（2）对施工、监理单位施工分包管理工作负检查监督责任，对施工、监理单位的分包管理负考核评价责任。

1-259　业主项目部如何管理分包工作？

答：（1）负责审批分包计划及分包商资格申请，严格控制工程分包范围；对拟签订的分包合同、安全协议进行审批；负责核查拟进场分包商主要人员（项目经理/负责人、技术人员、质量人员、安全人员和主要班组长、特种作业人员）资格、施工技术能力、特殊工种证件等入场条件；对在建工程项目分包情况进行备案，定期分析上报工程分包管理信息；由业主项目经理对施工、监理项目部分包管理工作进行考核评价。

（2）对分包计划、分包资质报审、分包合同及安全协议负审批管理责任。对进场分包单位主要人员人证相符等情况负核查责任，对施工项目部报送分包信息的完整性、正确性、及时性负责。

1-260 业主项目部有哪些分包管理内容？

答：（1）工程项目开工报审前，施工项目经理根据施工承包合同的约定向监理项目部提出项目施工拟分包计划申请，明确总承包合同金额、分包工作内容（部位）、分包形式、工程量、拟分包金额。在分包合同签订同时，监督工程承包商按照《国家电网公司电力建设工程分包安全协议范本》要求签订分包安全协议。对于协议范本中有关安全目标、引用标准等内容要根据最新管理要求进行更新；正常情况下该合同只可由工程承包商有权签订，现场项目部经理只有在得到企业法人授权的情况下，方可行使签订权利。

（2）监理项目部安全监理工程师审核项目施工拟分包计划申请，重点审查分包工作内容是否在施工总承包合同有约定、是否和分包形式对应，分包工程量和分包额是否合理，分包比例是否超过 50%。对分包计划申请中的不符合项提出修改意见，直至符合相关要求，在分包计划申请表中详细阐述审核结果，签署监理审核意见后将其分包计划申请报业主项目部，业主项目部安全管理专职核查施工项目部的分包计划申请和监理审核结果，批准项目施工拟分包计划申请并备案，填报"分包计划一览表"，报送建设管理单位每月汇总上报省公司级单位基建管理部门备案。

（3）分包事项在施工承包合同中有约定的，应在合同允许范围内进行分包。分包事项在施工承包合同中无约定的，施工承包商必须经建设管理单位同意后方可进行分包。

（4）所有的专业分包与劳务分包金额之和与施工承包合同金额的比例应严格控制在50%以内。

1-261 专业分包商有哪些资格审查内容？

答：（1）申请报告（含上年末企业基本情况）；

（2）具有法人资格的营业执照、施工资质证书、组织代码证、税务登记证、安全生产许可证复印件（扫描或影印）。审查时提供原件；

（3）法定代表人证明书（原件或者影印件）及有效法人的授权委托书（给项目经理的）；

（4）分包商及项目经理（项目负责人）近三年施工业绩；

（5）政府行政管理部门开具的近三年安全生产无事故证明和施工质量记录；

（6）确保施工安全和工程质量的施工技术素质（包括项目负责人、技术负责人、质量安全管理人员等）取证情况；

（7）保证施工安全和质量的机械、工器具、计量器具、安全防护设施、用具的配备；

（8）施工管理机构、安全文明施工和质量管理制度；

（9）国家能源局颁发的承装电力设施许可证（从事输变电工程安装作业的专业分包商

须提供)。

1-262　劳务分包商资格审查的内容有哪些?

答：(1) 申请报告 (含上年末企业基本情况)。

(2) 具有法人资格的营业执照、施工资质证书、组织代码证、税务登记证、安全生产许可证复印 (扫描或影印) 件，审查时提供原件 (总承包或者专业资质时须提供)。具有法人资格的营业执照和施工资质证书复印/扫描、影印件，审查时提供原件 (劳务资质时须提供)。

(3) 法定代表人证明书 (原件或者影印件) 及有效法定代表人授权委托书。

(4) 分包商及项目负责人 (班组长) 近三年施工业绩。

(5) 近三年安全生产无事故证明和施工质量记录。

(6) 国家能源部门颁发的承装电力设施许可证 (参与输变电工程安装作业的劳务分包商须提供)。

1-263　工程分包哪些现象是属于违法违规?

答：(1) 施工承包商未在施工现场设立施工项目部和派驻相应人员对分包工程的施工活动实施有效管理;

(2) 施工承包商将工程分包给不具备相应资质的施工企业或者个人;

(3) 分包商以他人名义承揽分包工程;

(4) 施工承包商将合同文件中明确不得分包的专业工程进行分包;

(5) 施工承包商未与分包商依法签订分包合同或者分包合同未遵循承包合同的各项原则，不满足承包合同中相应要求;

(6) 分包合同未报建设管理单位或业主项目部备案;

(7) 专业分包商将分包工程再次进行专业分包，劳务分包商再次进行分包;

(8) 法律、法规规定的其他违法分包行为;

(9) 分包价格超过施工合同总价的 50%。

1-264　基础施工中基准面多少米以上为登高作业?

答：基准面 2m 以上为登高作业。登高作业分 4 个等级：一级登高作业 2～5m；二级登高作业 5～15m；三级登高作业 15～30m；特级登高作业 30m 以上。

1-265　金属机壳上为何要装接地线?

答：当设备内的电线外层的绝缘磨损，灯头开关等救援外壳破裂，或电动机绕组漏电时，都会造成该设备的金属外壳带电。当外壳地电压超过安全电压 (不大于 36V) 时，人体接触后就会危及生命安全。如在金属外壳接入可靠地线，就能使机壳与大地保持等电位 (即零电位) 人体接触后则不会发生触电事故，从而保证人身安全。所以安装保护接地是一项安全用电措施。

1-266　现场物体打击事故的原因有哪些？

答：主要有失手坠落打击伤害；堆放不稳坠落伤人；违章抛投物料伤人；吊运物体坠落伤人；高空物体坠落伤人。

1-267　现场脚手架坠落事故的原因有哪些？

答：（1）身体失稳坠落；

（2）架子失稳坠落；

（3）杆件脱开坠落；

（4）维护残缺坠落；

（5）操作失误坠落；

（6）违章操作坠落；

（7）架子塌垮坠落；

（8）"口、边"失足坠落；

（9）梯子作业坠落；

（10）人在梯子上时、有人移动，梯头上多人工作。

1-268　防护栏杆应满足哪些使用要求？

答：（1）在陡坡、悬崖、杆塔、屋顶及其它危险边缘进行工作时，临空一面应安装防护栏杆，其上杆离底面高 1～1.2m，下杆离底面 0.5～0.6m。横杆大于 2.0m 时，必须加设立杆。

（2）沿地面设防护栏时，立杆应埋入土中 0.5～0.7m，立杆距坑槽边的距离应不小于 500mm；防护栏杆自上而下用密目安全网（2000 目/100cm²）封闭或在栏杆下边加设挡脚板。

（3）防护栏杆的结构，整体应牢固，能经受任何方向的 1000N 的外力。

（4）当临边外侧靠近于道路或人行通道时，除设置防护栏杆外还要沿建筑物脚手架外侧，满挂密目安全网作全封闭。

1-269　什么叫临边作业？范围包括哪些？

答：在建筑安装施工中，由于高处作业面的边缘没有围护设施或虽有围护设施，但其高度低于 800mm 时，在这样的工作面上的作业统称临边作业。范围包括：沟边、阳台、平台、楼梯段、楼层周边、屋顶边、坑槽边及深基础边等作业。

1-270　检查施工场地的"四口、五临边"内容有哪些？

答：（1）查施工场地的楼梯口、通道口、预留洞口、电梯井口及是否装设不低于 1050mm 高的栏杆和 100mm 高的护板；

（2）未安装栏杆的阳台周边、框架工程的楼层/板周边、无外加防护的屋面周边、卸料平台的外侧边及上下跑道、斜道的两侧边和高处作业等危险部位的安全防护和安全警示牌，现场入口、出入通道口、防滑坡、防坠落物等控制措施，施工用电以及消防设施等管理（楼层周边、楼梯侧边、平/阳台边、房屋周边、沟坑槽深基础周边）。

1-271　基建系统施工现场一类违章内容有哪些?

答：（1）作业人员擅自穿越、移动围栏或超越安全警戒绳，随意损坏、拆除安全设施或移作他用；

（2）高处作业未按规定使用安全带及防坠装置；

（3）在高处平台作业无安全防护措施跨越栏杆；

（4）高处作业不按规定搭设或使用脚手架；

（5）在带电设备附近进行吊装作业，安全距离不够且未采取有效措施；

（6）大型脚手架无安/拆方案或不按方案施工；

（7）立/撤杆塔过程中基坑内有人工作；

（8）采用突然剪断导、地线的做法松线；

（9）杆塔上有人时，调整或拆除拉线；

（10）重大特殊作业无施工方案、安全措施；

（11）六级及以上强风等恶劣天气进行高空露天作业；

（12）停电作业前不验电、不按规定和顺序装拆接地线；

（13）在具有火灾、爆炸危险的场所吸烟或使用明火；

（14）动火作业未使用动火作业票，未严格执行动火工作票制度；

（15）酒后驾驶、无证驾驶；

（16）无派车单私自驾驶本企业机动车辆；

（17）超载、超员驾驶车辆；

（18）驾驶机动车辆时不打安全带。

1-272　基建系统施工现场二类违章内容有哪些?

答：有 25 条。

（1）起重作业时，无专人指挥或多人指挥；

（2）在起吊、牵引过程中，受力钢丝绳的周围、上下方、转向滑车内角侧、吊臂和起吊物的下面，有人逗留和通过；

（3）吊物上站人，作业人员利用吊钩来上升或下降；

（4）吊装工器具超负荷使用或带缺陷使用；

（5）雷雨天进行露天起重作业；

（6）在带电区域内或临近带电线路处使用金属梯子；

（7）登杆前不检查基础、杆根、爬梯和拉线；

（8）立/撤杆塔过程中，除指挥人及指定人员外，其他人员处于杆塔高度的 1.2 倍距离以内；

(9) 装运电杆等物件无防止散堆伤人措施；

(10) 临时拉线固定在移动的物体上或其他不牢固的物体上；

(11) 管道沟、基坑等四周无安全警戒线，夜间无警告红灯；

(12) 交叉作业无安全防范措施；

(13) 使用钻床时戴手套或用手直接清除铁屑；

(14) 安全网布置不到位、绑扎不牢固；

(15) 擅自拆除孔洞盖板、栏杆、隔离层；

(16) 重点防火区无防火设施；

(17) 在油漆未干的结构或其他物体上进行焊接；

(18) 把氧气瓶及乙炔瓶放在一起运送；

(19) 在带有压力的设备上或带电的设备上进行焊接未采取安全措施；

(20) 施工前未对作业人员进行安全、技术交底；

(21) 擅自更改已审批的作业指导书/施工方案、安全措施；

(22) 驾驶机动车辆时接打手机；

(23) 未经主管部门同意，擅自拆除、移动车辆 GPS 监控终端设备；

(24) 在危险的冰雪路段行车未绑打车辆防滑链；

(25) 行驶速度超过法律法规规定行驶路段速度上限。

1-273　基建系统施工现场三类违章内容有哪些？

答：有 26 条。

(1) 安排未经安全教育或安全考核不合格的人员进行现场施工；

(2) 监护人不认真履行监护职责；

(3) 排查出的隐患未及时整改；

(4) 临时电源布置不规范，私拉乱接；

(5) 操作人员不按规程操作，非操作人员操作施工机械；

(6) 易燃、易爆物品或各种气瓶不按规定储运、存放、使用；

(7) 高处作业人员随手上下抛掷器具、材料；

(8) 电动工具未做到"一机一闸一保护"，电线直接钩挂在闸刀或直接插入插座内使用，两相三孔插座代替三相插座；

(9) 电源箱的支路开关未装设剩余电流动作保护器（漏电保护器）；

(10) 消防设施、器材或者消防安全标志的配置、设置不符合国家标准、行业标准，或者未保持完好有效；

(11) 所有升降口、大小孔洞、楼梯和平台，未装设不低于 1050mm 高的栏杆和不低于 100mm 高的护板；

(12) 机器的转动部分无防护罩或其他防护设备（如栅栏），露出的轴端无护盖；

(13) 电气设备的金属外壳未接地；

(14) 电动的工具、机具未接地或接零；

(15) 超高/限的设备、物资堆放无固定措施；

（16）起吊电杆等长物件选择吊点不当，未采取防止突然倾倒措施；

（17）使用未安装牢固手柄的锉刀、手锯、木钻、螺丝刀等工具；

（18）使用金属外壳的电气工具时未戴绝缘手套；

（19）人在梯子上时，移动梯子；

（20）在户外变电站和高压室内搬动梯子、管子等长物，未按规定由两人放倒搬运；

（21）在使用电气工具工作中，因故离开工作场所或暂时停止工作以及遇到临时停电时，未立即切断电源；

（22）使用电气工具时，提着电气工具的导线或转动部分；

（23）工作人员进入 SF_6 配电装置室前不对运行的 SF_6 气体含量进行检测；

（24）电缆隧道工作，未做防火、防水、通风措施，未检查井内或隧道内的易燃易爆及有毒气体含量；

（25）在打开的 SF_6 电气设备上工作的人员，未使用必要的安全防护用具；

（26）制作环氧树脂电缆头和调配环氧树脂工作过程中，未采取有效的防毒和防火措施。

1-274　目前施工现场存在哪些问题现象？

答：（1）施工现场配电箱使用要求：

① 按规定安装漏电保护器，每月至少检验一次，并做好记录；

② 应由专人管理，并加锁；

③ 箱体内应配有接线示意图，并标明出线回路名称；

④ 箱门标注"有电危险"警告标志；

⑤ 配电箱内母线不能有裸露现象。

（2）脚手架搭设问题：（通道安全标志）

作业层端部脚手板探头长度不大于 150mm，其板长两端均应与支承杆可靠地固定。立杆底端必须设有垫板，底层步距不得大于 2m。整个架体从立杆根部引设两处（对角）防雷接地。

剪刀撑：必须在脚手架外侧里面纵向的两端各设置一道由底至顶连续的剪刀撑；两剪刀撑内边之间距离应小于等于 15m。每道剪刀撑宽度不小于 4 跨，且不应小于 6m，斜杆与地面的倾角宜为 45°～60°之间。立杆的横距：变电工程施工宜采用 1.05m；纵距：变电工程施工最大不超过 2m。

（3）安全防护问题：安全围栏和临时提示栏：用于安全通道、重要设备保护、带电区分界、高压试验等危险区域的区划。

（4）门形组装式安全围栏：适用于相对固定的安全通道、设备保护、危险场所等区域的划分和警戒。

（5）管扣件组装式安全围栏：适用于相对固定的施工区域（材料站、加工区等）的划定、临空作业面（包括坠落高度 1.5m 及以上的基坑）的护栏及 ϕ 大于 1m 无盖板孔洞的围护。

（6）提示遮拦：适用施工区域的划分与提示（如变电站内施工作业区、吊装作业区、电缆沟道及设备临时堆放区，以及线路施工作业区等围护）。

（7）安全隔离网：适用于施工区与带电设备区域的隔离。

（8）孔洞及沟道临时盖板使用 4～5mm 厚花纹钢板，或其他强度满足要求的材料，制作并涂以黑黄相间的警告标志和禁止挪用标识。

（9）执行国网北京公司安全施工反违章管规操作一类违章，即无工作票工作，工作负责人擅离工作现场；二类违章，即一个工作负责人同时执行多张工作票。

（10）执行国家电网公司《电建起重机械安全监督管理办法》存在租赁起重机械在签订合同前应进行资质审查。资质审查的内容主要有：制造许可证、起重机械产品安全性能监督检验证书、产品合格证、备案证明、自检合格证明、安装使用说明书。起重机械操作人员每天作业前应对起重机械及其作业环境进行检查，起重机械运行维护人员每周应对起重机械进行保养性检查，确保安全保护装置、吊具、索具等重要部件完好。机械专业化公司、项目部每月、施工企业的机械管理部门每季应按照《国家电网公司电力建设起重机械安全管理重点措施》中的检查内容对起重机械组织一次全面检查。

（11）临时工棚及机具防雨棚等应为装配式构架、上铺瓦楞板。施工现场禁用石棉瓦、脚手板、模板、彩条布、油毛毡、竹芭等材料搭建工棚。

（12）钢丝绳端部用绳卡固定连接时，绳卡压板应在钢丝绳主要受力的一边，且绳卡不得正反交叉设置；绳卡间距不应小于钢丝绳直径的 6 倍；绳卡数量应符合规定。

（13）项目部安全三级控制：企业控制死亡，项目控制重伤、班组控制异常和未遂与新规定不相符，未能及时修订。

1-275 审计发现的较隐蔽的问题有哪些？

答：2015 年度有属于过去审计及分包管理中发现过的问题类型的（如结算不规范、资质不满足要求等）；有以往发现不多或暴露不明显的问题类型的（如向个人付款、分包合同无总价和工程量、超企业注册资金法定倍数承接工程等）。具体表现是：

（1）财务管理方面，存在将分包工程款打入个人账户、打入非合同签订单位账户、超限额支付费用等问题。如一是分包合同签订单位为水利水电第一工程局，转款单位为北佳工贸有限公司，虽然分包单位也对此情况进行了授权说明。但易引起纠纷或转包嫌疑。

（2）向个人支付工程借款时，无支付依据或提供的支付依据不清，如某 500kV 线路工程多次向马某某个人支付工程借款，分包商提供了一份"借款及工程款结算授权委托书"，要求将马某某借款打入指定账户，且授权委托书未经法定代表人签字，而由一个温姓人员签字（未明确温姓在企业的任职）。

（3）收款单位与合同不一致，如：

① 某项目临设地坪分包合同签订单位是"××省第九建筑工程公司"，财务凭证收款单位是"××省第九建筑工程公司第三直属项目部"。

② 某合同主体分别是"SC 广安智丰建设有限公司""SC 岳池送变电公司""GS 星河电力工程公司"，但收款单位均为其下属分公司，分别为"SC 广安智丰建设公司振阳送变电分公司""SC 岳池送变电公司直属九处""GS 星河电力工程公司第四项目部"，收款单位与合同签订单位不一致。

（4）未按规定预留质保金。如某送变电与哈尔滨龙北电气安装公司和江苏空间新盛建设工程有限公司均未按合同约定预留质保金。并存在挂账和借款问题。如现场检查发现分包人员大额借款、财务资料反映用款情况与现场实际了解不一致等问题。

（5）结算管理方面，存在结算手续不全、重复结算、超合同约定范围结算等。其中：

检查的 19 个完工项目中，有 15 个项目存在分包结算金额超合同金额的情况，占比近80％；还有的补充协议变更单价及费用，是原合同的三倍。

分包合同中约定综合单价包括因施工需要排除水和流沙、接地等工作内容，分包结算增加了降水措施费，与合同条款矛盾；分包合同中约定综合单价包括因施工需要排除水和流沙、接地等工作内容，分包结算增加了降水措施费，与合同条款矛盾。

劳务分包合同结算中有租赁牵张设备的费用 233 万元，有专业分包之嫌；结算时增加或调整的事项在分包合同中查无依据。例子如下：

某送变电公司与分包商安徽中友电力工程公司进行三次分包费用结算，结算价分别为33 万元、70 万元、80 万元，其中 2013 年 3 月 27 日和 4 月 14 日两次结算中均增加了一项"冬施补贴"，该项单价 850 元和 600 元均高出分包合同单价 700 元和 300 元，第三次结算中又将单价提高至 1095 元/立方米，同样问题在与分包商 SC 广安陵江送变电安装公司的结算中也存在，调整费用高达 70％～95％。

1-276 工程分包存在哪些问题？

答：（1）分包单位超金额承揽工程；部分合同签订人身份经不起推敲（总承包合同约定分包工程总造价不超过合同价 30％，但目前已结算分包费用为 64％）。

（2）分包合同管理方面，存在分包比例过高、非法人签订合同、无效授权、合同内容不完整、总承包和分包合同约定不一致、分包形式和内容不一致等问题。

（3）合同签订主体不规范，某工程分包合同由施工项目部同分包商直接签订了分包合同，该工程同 5 个分包商签订了分包合同 9 份，其中 4 个分包商为个人，签订分包合同8 份。

（4）分包合同为单价合同，无虚拟工程量和暂定总价，没有暂定合同总价使得送变电公司对分包工程的缺乏总体资金管理控制（严格说，形成无效合同）。

（5）签订的分包合同内容同分包招标文件不一致，如同川建电力有限公司、华静建筑工程有限公司签订的基础开挖合同中比招标文件多"导引绳展放"等内容。同时分包合同内容重复。如某工程铁塔 N14-21 运输工作内容在两个分包合同重复，其中一个是铁塔分包合同一个是材料运输合同。

（6）总包合同规定本工程不允许分包，不契合实际，工程实际有分包。而且使用早已废止的《国家电网公司电力建设工程分包、劳务分包及临时用工管理规定》条文；存在劳务分包合同进行了专业分包，劳务分包合同中有材料采购内容，配置施工机械等现象。

1-277 工程建设事故按其性质和严重程度可分为几种？

答：《国家电网公司安全事故调查规程》中规定：根据生产安全事故造成的人员伤亡或

者直接经济损失，将其分为特别重大、重大、较大和一般事故等四种。即：

（1）特别重大事故（一级人身事件），是指造成30人以上亡故，或者100人以上重伤（包括急性工业中毒），或者1亿元以上直接经济损失的事故；

（2）重大事故（二级人身事件），是指造成10人以上30人以下亡故，或者50人以上100人以下重伤，或者5000万元以上1亿元以下直接经济损失的事故；

（3）较大事故（三级人身事件），是指造成3人以上10人以下亡故，或者10人以上50人以下重伤，或者1000万元以上5000万元以下直接经济损失的事故；

（4）一般事故（四级人身事件），是指造成3人以下亡故，或者10人以下重伤，或者1000万元以下直接经济损失的事故；

（5）五级人身事件，是指现场无亡故和重伤，但造成了10人以上轻伤者；

（6）六级人身事件，是指现场无亡故和重伤，但造成了5～10人以下轻伤者。

🔍 1-278 **简述五级施工安全风险的内容。**

答：一级风险：作业过程存在较低的安全风险，不加控制可能发生轻伤及以下事件的施工作业；

二级风险：作业过程存在一定的安全风险，不加控制可能发生人身轻伤事故的施工作业；

三级风险：作业过程存在较高的安全风险，不加控制可能发生人身重伤或人身死亡事故的施工作业；

四级风险：作业过程中存在高的安全风险，不加控制容易发生人身死亡事故的施工作业；

五级风险：作业过程存在很高的安全风险，不加控制可能发生群死群伤事故的施工作业。

🔍 1-279 **如何理解"违章就是事故之源、违章就是伤亡之源"要点？**

答：结合自己的岗位实际和事故案例，从思想根源、认识水平、安全意识、履职尽责和制度执行等方面分析违章的危害，认识到隐患不除、违章不禁，事故终究要发生。

🔍 1-280 **"三个就是"的安全理念是什么？**

答：违章责任就是管理、漠视违章就是漠视生命、不制止违章就是"见死抢救"。

🔍 1-281 **出现哪些危及人身安全的情况时监理商必须书面要求施工商停工整改？**

答：（1）无安全保证措施施工或安措不落实；未经安全资质审查的分包商进入现场施工；

（2）发生安全质量事件/故及危及人身重大隐患时；

（3）作业者未经安全教育或技术交底施工，特殊工种无证上岗；安全文明施工管理混乱，危及人身安全。

1-282 业主项目部基建安全工作的"两化"及对工程安全管理人员的"四有"要求是什么？

答：(1)大力推进安全管理标准化,大力推进现场管理精益化;

(2)有一种锲而不舍的精神,有一股豪气冲天的力量,有一个永生不灭的信念,有一种胜券在握的结果。

1-283 业主项目部如何确保安全责任落实到位?

答：因责任是安全生产的灵魂。层层落实安全管理责任，是加强安全工作的一项重要举措，也是实现工程安全的一个有效手段。加强安全生产责任制的有效落实，在于：

(1) 要建立项目各层次的安全生产责任制。

(2) 要健全各岗位安全生产责任制。

(3) 要建立领导干部安全生产责任制。

(4) 把安全责任量化到各个环节，用制度来规范行为，形成一级抓一级，层层抓落实的局面，把安全生产各项工作认真落实到工程建设过程中的各个环节，通过重心下移，立足基层，以安全责任为纽带，逐步建立自我约束，自我完善的责任落实机制，有效规范安全生产行为，提高事故防范能力。要坚持落实安全生产"谁主管、谁负责，谁检查、谁负责，谁签字、谁负责"的原则，不断完善安全生产责任制和安全考核机制，实行责任目标考核，切实把安全责任落实到位。

1-284 业主如何管理现场监理项目部?

答：首先业主与监理二者是委托与被委托关系，为做好工程的安全质量工作，业主要正确处理这个问题。工程进度与安全、质量的关系是电网工程建设必须面对和解决的问题，建管中心必须树立"高严细实抓基建，精雕细雕刻创精品"的理念。画好安全、质量"红线"，明确工程标准，严格管理。

正确处理好甲乙方关系。掌握好原则性与灵活性的尺度，积极构建和谐、绿色工地，积极发挥工程监理项目部作用，避免绕开现场监理管理工程，既做"强业主"，又要"强监理"。调动施工项目部认真执行规程的积极性，坚持"我对你负责、就是对我负责，我为你服务、就是为我服务"的理念。如何单位、如何施工都不得触及或逾越"安全"这个红线。

业主项目部要将创优目标贯穿到工程建设全过程中：从源头把关，坚持"谁签字谁负责"，保障设备质量；强化过程控制，要求监理认真督查施工项目部按照样板间标准施工，达不到标准的一律返工。并加大惩处力度，对触犯质量红线的行为严肃处理。

1-285 业主项目部如何确保基础保障工作落实到位?

答：夯实基础是安全生产的有效保障。要加强安全生产标准化、规范化建设。全面规范各参建项目部在安全管理、现场作业、设施设备、人员培训等方面的工作。要加强安全生产规章制度建设，健全和完善安全生产例会、专项督查以及隐患排查治理、重大危险点监控、重大隐患和事故责任追究等基本制度，强化制度约束力，实现安全生产制度化、规范化管理。要切实加强劳动保护，规范配备劳保用品，并加强监督使用。大力发展实用应急救援体系建设，建立健全安全生产保障和突发事件的应急机制，确保应急响应，提高对突发事件的应对处置能力。

1-286 如何注意季节中施工防汛及防止次生灾害风险？

答：夏季部分作业已进入汛期。因连续降雨，地质条件发生变化，易发生人员中暑、雷击以及滑坡、泥石流、洪水、塌陷等次生灾害的风险增大。为做好防汛及防止次生灾害方面的风险，应关注：

（1）安全措施监护责任不落实。现场会存在管理弱化、层层衰减、打折扣现象，安全责任和压力没有传递下去，同类性质事故重复发生，反映出安全管理不完善，吸取教训不深刻，教育培训不到位。部分单位安全事故信息报告不及时、不准确、不主动、给企业安全工作带来了被动的现象。

（2）风险识别、评估不严谨。承包商对工程施工安全风险识别、评估工作仍会在不足，防灾避险排查不全面、针对性差，对固有风险定位不准确、动态评估不全面不深入，因风险定位不准确、疏漏重大风险，导致安全措施不当或不落实，发生安全事故的风险仍然较大。

（3）安全工程、制度学习不深入，执行不到位。存在基建管理人员对基建安全制度的学习掌握不够，对安全管理工作流程和要求不熟悉，在施工方案编制、分包管理、安全文明施工标准化要求落实等方面存在不足。存在照搬、套用、在作业条件发生变化时不能及时更新施工方案以及劳务分包队伍作业时施工单位未能进行全过程监督管理等问题。

（4）施工总承包商对分包商的管理重视不够。分包管理、监护人员不到位，导致风险较大的线路立塔放线劳务分包形成事实上的专业分包，对业主的规定、制度、要求执行打折扣，分包作业存在放任自流现象。

（5）加强施工方案及安全措施管理。工程建设项目要加强施工方案、施工组织、安全措施编制环节的审查，施工、监理管理人员要切实掌握作业现场环境特点、作业难点和工序流程关键点，认真审核把关，保证方案可行、措施有针对性；切实加强方案措施执行管理，施工、监理管理人员要加强现场方案措施落实检查，施工安全风险较大的作业，相关管理人员必须履行现场到岗检查责任。

（6）高度重视工程建设防灾避险工作。随着全国将陆续进入汛期，强降雨导致的地质灾害风险加大，各单位要严格按照国家相关的"关于做好工程建设防灾避险工作"的通知，认真排查工程项目受灾害影响风险。要区分灾害风险与施工作业安全风险的差别，避免混淆造成主题不清晰，管理资源浪费。

（7）高度重视变电站改扩建时的带电作业安全及工作票的办理。业主/监理应加强、跨越运行线路等带电作业安全管理。对停电过度频繁的作业要认真研究，汇集各方智慧，切实从降低安全风险的角度出发优化施工方案。严格执行方案已明确的安全措施，现场条件发生变化时要及时通报、调整作业方案，重新办理作业票等审批手续，确保各方人员知晓变化、有对应变化的控制措施、各控制措施有落实检查记录，保证电网运行安全。

1-287　业主如何督促监理/施工项目部如何确保教育培训落实到位?

答:由于人是安全工作行为的主体。员工的安全意识和安全技能,是安全工作的决定性因素之一。监理/施工项目部应加强对项目员工的安全教育,结合国网系统安全文化建设,广泛深入地开展安全生产宣传教育活动,借助各类学习场所,大力宣传上级有关方针政策、法律法规和安全生产重大举措。树立"以人为本"理念,把强化员工安全培训作为加强安全工作的重要一环,加强落实。项目安全第一责任人、安全管理人员、特种作业人员和工程建设从业人员都要不断参加安全培训,不但要学习安全知识,而且要学习安全生产的法律法规,通过培训全面提高各类从业人员的安全素质和安全技能,让大家充分了解自己在工作中应该享有的权利和在安全生产中应负的责任,增强自我安全保护意识和对事故的防范能力,营造"人人讲安全、人人要安全、人人要安全、人人关心安全"的安全文化氛围。

1-288　业主项目部现场安全管理存在哪些薄弱环节和整改措施?

答:在安全管理、队伍素质等方面仍然存在很大差距,安全基础还很不牢固(注);需要通过不断加强管理,来进一步夯实安全基础。需不断加大反违章工作力度,进一步增强管理员工的安全意识,增强对现场管理、防范安全风险的能力。业主项目部员工必须充分认识到电网工程安全的严峻性和紧迫感,认真督促增强监理项目部做好安全监理的责任感和使命感。实他们时刻坚持安全工作方针,绷紧安全施工这根弦,做到稳中思险,稳中识患,不断增强安全工作的前瞻性和预见性,把安全充分落实到现场活动过程中,逐步形成一整套行之有效的管理制度和管理措施,以认真负责的态度,求真务实的精神,真抓实干的作风,把安全管理工作提高到一个新的水平。

注:据近期的文献说,通过对现场反违章督查统计,违章现象主要出现在基建外协、外包队伍中,如在 2013 年查处各类违章 315 人次,其中外包/协队伍违章占总数的 94%,在 74 人次的一类违章中,主业 6 人次,占 8%,外协、外包队伍 68 人次,占 92%;这说明外协/包队伍安全管理亟待加强,故千万不可大意。电力企业近 10 当年的不安全事故中,一是人的因素为主的占 77%,二是物的因素为主的占 21%,三是偶然事故占 2;但是在人的因素里面,违章行为引发的事故占 95%,非违章行为引发的事故占 5%。

1-289　业主项目部如何强化现场安全管理?

答:安全细节无小事,疏忽贻大患。现场发生的每期不幸事件看似偶然,甚至瞬间发生,猝不及防。在日常一些看似无关紧要的细节问题,往往就是酿成事故的"罪魁祸首"。事故隐患的喷发,就在于你平时的疏忽,且是有征兆的(祸之作,不作于作之日,亦必有所由兆),必然的。所以业主团队要将工程的安全管理放在重中之重的位置,就是要全面落实国家安全生产"12"字方针。督促现场管理者做到制度保证上严密有效、技术支撑上坚强有力、监督检查上严格细致、事件处理上严肃认真,坚决遏制六级及以上事件的发生。不断提高现场人员的责任意识,还要狠抓电建安规及工作制度、施工措施的落实;深入排查安全隐患,全面落实《国网基建安全管规 15 版》要求的责任,使之细化到每一个项目部、每一个岗位、每一名员工、每一个工作环节上。当然也含各项目部日常对员工的教育培训，思想情绪和生活小节，作业时的头脑清醒、精力集中，才是我们要求的在细小环节上提前做得的"防患于未然"的目的。同时按照明确责任、踏实履职，严格执行"谁管理，谁负责""谁组织，谁负责""谁实施，谁负责"安全工作原则做好现场督查工作。

1-290 业主项目部全面夯实安全管理基本工作应该注意哪些方面？

答：认真开展隐患排查治理"树典型，传经验"活动。加大安全督查的频率和广度，严肃查纠各类违章。深化安全风险管控体系，推行现场安全措施标准化，加强对现场外协单位安全管理，建立外协单位违章档案。推动应急管理常态化，加强应急管理体系和应急装备建设，启动安全文化育人行动，提高员工队伍整体安全素质。

1-291 业主项目部如何履行企业安全生产主体责任？

答：（1）确保思想认识到位。要尊重生命。要坚持以人为本，把他人的生命看的与自己的生命同样珍贵，把安全生产责任看的比泰山还重，任何时候都要自觉坚持安全第一，做到施工必须安全，不安全不施工。

（2）遵从客观规律。安全生产是有规律的，规律是不能违背的。公司发展必须以安全生产为基础和前提。任何时候不能头脑发热，盲目超越安全保障能力和客观现实条件，片面追求生产和经济效益提高。

（3）遵守国家法规和公司各项管理制度。工程项目各级管理人员必须强化安全施工的法制意识，任何时候都不能视国家安全生产法律法规和国网系统的规章制度为儿戏。总之，一定要牢固树立安全发展理念，牢记安全生产方针，意志坚定、头脑清醒、作风过硬，扎实做好安全生产工作。

1-292 业主施工阶段有哪些重点工作？

答：（1）风险管理。

① 编制业主项目"安全管理总体策划"时，明确安全风险管理要求；

② 工程开工前，负责组织项目设计单位对施工、监理单位进行项目作业风险交底及初勘工作；

③ 批准施工项目部编制并经监理部审核的《三级及以上施工安全固有风险识别、评估和预控清册》；

④ 审批通过计算列入三级及以上风险作业的动态结果；

⑤ 对施工项目部《三级及以上施工安全固有风险识别、评估和预控清册》、施工前中对固有三级及以上作业风险进行复测，及《作业风险现场复测单》，且施工单位审核后报监理项目部审核后报，业主项目部批准；

⑥《风险评估审核及备案》，施工项目部应将项目的《三级及以上施工安全固有风险识别、评估和预控清册》和施工作业前经计算得出的三级及以上动态风险成果，通过基建管理信息系统，报监理项目部审核、业主项目部批准；

⑦ 现场四级及以上风险等级作业时，业主项目部必须进行现场监督，并对"输变电工程安全施工作业票 B"的执行进行签字确认。

（2）文件审核工作内容。

① 审批监理项目部的《监理规划》，监理审核的施工承包商《项目管理实施规划》（封面上落企业名称及盖其公章；由施工项目部编制，企业技术部门审核、总工批准），设计承包商的《设计创优实施细则》《输变电工程设计强制性条文执行计划》；

② 审批工程项目各参建单位的《质量通病防治设计措施》《质量通病施工防治措施》《质量通病防治控制措施》等文件；

③ 审批工程各参建单位的编制的《工程施工强制性条文执行计划》，施工项目部的计划封面上落企业名称及盖其公章；由施工项目部编制，企业技术部门审核、总工批准经监理项目部审查、业主项目部批准后执行；监理项目部的《工程建设标准强制性条文执行汇总表》；

④ 监理项目对开工应具备的条件审查合格后，签署开工报审意见，报业主项目部批准；

⑤ 业主项目部督查工程建设标准强制性条文执行工作落实情况。

（3）其他工作。

① 协助项目法人或省级公司负责成立工程启动验收委员会杂项工作。

② 完成工程总结及业主相关资料的收集，及时归档移交。

③ 负责组织工程参加项目部移交工程软件《资料》及达标创优工作。

1-293 业主如何要求施工项目部进一步加强安全基础管理？

答： 确保反违章工作持续深入的措施：

（1）必须完善反违章管理制度，细化违章行为分类，重点查纠管理随意、粗放，工作安排不合理、管理缺失等问题。

（2）改变违章曝光方式，在对违章者进行曝光的同时，将所在项目领导、承包商分管领导一起进行曝光。

（3）采取不定期、不通知、不定点的方式，对工程建设的施工、验收、调试各环节进行安全监督检查，并进行经济处罚和发布反违章通报。

（4）开展"无违章班组"创建活动和"三方约定"行动，提高了作业现场各级人员的诚信、责任意识，安全生产执行力得到提升。

（5）同时业主项目部要认真履行监督职能，把各项监管措施落实到位，真正做到防微杜渐、防患于未然。每个岗位、每个员工及工程参建者要切实增强安全意识，本着对自己、对家庭、对企业负责的态度，把精力放在工作上、安全上，严格按电建安全制度和规程办事。

1-294 业主项目部应从哪几方面落实安全责任？

答： 在落实责任，确保安全责任和措施落实到位。

（1）项目经理要亲力亲为。因安全工作的关键在领导层，核心在主要负责人。为此各项目安全第一责任人要带头履行责任，集中精力，扑下身子，认真研究安全管理工作，坚持重要工作亲自部署、重大问题亲自过问、重点环节亲自协调，切实加强安全生产组织领导。

（2）严格考核监理人员及施工主要管理人员要到岗到位、认真履职。要加强对工作过程的细化布置、检查指导和监督考核，着力抓好"三基"工作；要经常深入现场一线，检查规章制度、规范要求的落实情况，促进层层落实到位；要善于发现问题，及时解决问题，堵塞管理漏洞，提高各类管理的穿透力。

（3）认真按照国家电网公司基建安全管理规督查现场监理尽职尽责，使其严格遵守安全规章制度、技术规程和劳动纪律；认真开展标准化作业，确保"四不伤害"。

（4）监督考核要敢抓敢管。安全监察人员要坚持原则，"从严要求、从严管理、从严考核"。重点是加强对各项目总监/经理的履行安全职责的日常监督检查，严格问责。对责任不落实、安全施工重点工作推进不力的项目总监/经理进行"约谈"；对发生安全事故/件的单位，主管领导要到业主和各自企业"说清楚"，并依据上级公司有关规定，严格考核，严肃处理。

1-295 业主项目部在施工现场如何开展"三控制"？

答： 为确保业主项目部所管建设工程杜绝死角，确保质量安全可控、能控、在控。

（1）加强基建安全管理。细化电网建设工程安全质量管理制度标准，加强施工安全量化评价与考核。推行施工现场安全设施和作业行为标准化，保障施工安全生产费用投入，推行安全设施标准化。加强基建安全重要环节管控，落实施工安全风险防控责任，强化施工安全方案管理，严格施工机械和工器具的安全管理，加强施工分包安全管理，严防有责任的安全事故/件。

（2）加强消防、保卫和交通（特别是特殊跨越和穿越）等应急安全管理。深化施工现场消防安全隐患排查治理，落实要害部位安全防护措施，加强交通安全管理，大力开展工程平安创建和治安综合治理工作，确保消防、保卫和交通安全。

1-296 业主在施工安全管理方面需注意的内容有哪些？

答：（1）基建施工安全策划、施工安全方案编审、安全施工作业票编制执行是否按要求开展，对存在重大施工安全风险的作业是否制定落实针对性措施。业主/监理项目部及施工项目部安全职责是否落实。

（2）基建施工外包、分包安全管理是否合法合规，总包单位对分包施工队伍的现场安全管理责任是否落实。施工分包申请流程、合同和安全协议签订是否规范。

（3）工程开/复工时，施工机械、工器具的入场审核、健康状态检查及保养情况，新型施工装备、安全防护设施、施工机具安全管理是否符合要求。大型机械、起重机械和脚手架安装、使用和拆除是否符合规定要求。

（4）安全文明施工标准化、标准工艺应用及计划执行情况，强制性条文、安全质量通病治理计划及执行情况，工程现场实体质量和标准化安全防护措施是否落实。

（5）现场防汛组织体系是否健全，防汛责任制是否落实，防汛值班制度是否建立，防汛应急预案是否有效，防汛物资和设备是否充足可用。

（6）现场突发事件应急预案和处置方案是否符合实际，是否按照计划开展了事故预想和应急演练。应急队伍和应急装备是否满足突发事件应急处置需要。

（7）交通、消防安全管理制度是否完善，夏季恶劣天气和应急抢险行车安全保障措施是否制定落实，车辆工况是否满足安全出行要求；电缆沟道、设备油系统、易燃易爆危险品仓库等部位是否落实消防规定，火灾报警装置运行是否正常，消防设施是否配足配齐。

1-297 业主项目部在春节后施工应注意哪些风险？

答：（1）春季复工存在安全风险增大现象，故做好节后复工前的各项准备工作非常重要。针对节后各现场的陆续复工，在施工人员方面，会可能出现人员变化大、新进场人员多、熟练工减少等情况；在施工条件方面，会出现因冬季停工引起的现场安全防护设施、施工作业环境的变化，可能出现教育交底不到位、人员不到位而仓促复工的现象。因此开展复工前安全督查，重点是对施工现场安全措施、"人、机、物"状态进行排查和整治，开展全员安全教育培训，上好"复工第一课"。

（2）存在工程施工机具、大型施工机械工况不良的风险。经过春节长假及冬季停工后，现场施工机具、机械的状况可能发生变化，存在使用报废机械和机械"带病"运行的现象，导致工程现场机械伤害风险系数增大。

（3）节后工程开/复工现场安全管理尚不到位。个别新开/复工工程存在作业人员信息台账、入场安全考试记录、施工机具和安全工器具检测记录不全；现场人员未按要求着装佩戴上岗证、作业指导书交底签字不全等安全管理问题。

（4）工程受冬季施工季节影响的质量通病和管理问题时有发生。个别冬季施工工程的土建质量及管理存在问题，如墙面抹灰裂缝、道路裂纹、成品保护质量欠佳；标准工艺策划和执行不到位，未严格按照策划方案执行，过程管控存在漏洞的问题。

（5）工程现场基础管理工作有待加强。部分项目部数码照片管理不规范、质量文件编制依据引用错误及过期规章制度、工程前期策划文件存在套用其他工程的现象；工程现场材料堆放不整齐、未对临时用电、消防器材进行日常检查导致消防器材过期现象时有发生。

（6）低电压等级工程安全质量管理水平较低。个别承包商对低电压等级工程的安全质量管理的有效手段不足，导致低电压等级工程现场安全质量管理环节薄弱，通病问题频发，重要工序关键部位的施工缺少必要的管控与监督。

（7）存在工程现场安全设施标准化配送执行不到位。部分现场工程安全设施标准化工作不完善，现场使用的成品保护条不符合安全文明施工标准要求、基坑围栏规格及设置不规范；施工单位安全设施标准化配送制度中缺少安全设施的回收、保管等细节管理内容。

（8）安全质量策划方案的编制依然存在不完善和不全面的问题。会出现个别项目部对安全质量管理薄弱环节的主观和客观因素分析深度不够，缺乏相应的数据和实例支撑；部分单位重点工作措施欠具体、针对性不强，有些措施多为工作要求，缺乏行之有效、可操作工作安排，工程安全管理目标制定不够准确的现象。

1-298　业主项目部要求参建单位在春节后做好哪些工作?

答:(1)加强新开工和复工项目安全管理。严格审查开工条件,加强入场人员、机械审核,加大作业现场施工方案安全控制措施落实检查力度,监督发现问题整改闭环,确保现场基建安全局面稳定。

(2)督促监理/施工项目部针对新进场的队伍、人员多。新/复工项目施工人员数量大幅增加,部分人员对上级的安全质量管理要求不熟悉,培训教育任务重,落实进场人员审核要求、确保分包人员素质的难度大加强督察。

(3)要求实行数码照片日汇报审核制,变电的监理、施工人员汇总每天安全、质量照片报业主审核,充分发挥数码照片对安全、质量的跟踪监控作用。

(4)针对土建施工风险相对集中和恶劣气候下施工安全风险增加。新开工项目多处于土建施工阶段,要关注深基坑开挖、高大模板支护、电缆隧道施工、桩基施工等方面的风险作业数量较多,风险等级较大等事情;同时做好大风、沙尘暴天气频发预警;及施工条件艰苦,发生高处坠落、交通运输意外、火灾等风险增大的预控。

(5)随着工程建设中施工机械、施工装备数量的持续增加,租赁社会机械的情况较为普遍,社会上的机械检验、保养存在一定漏洞,进场审查把关不严、合同和安全协议签订不规范,存在发生安全事故和法律纠纷的风险,业主/监理给予重视。

1-299　基建安全质量管理目前存在哪些薄弱环节?

答:(1)在安全质量管理文件编写不规范和制度标准执行方面存在不足。在策划方案、管理文件编写方面,及冬季施工方案针对性、可操作性不强,特别对现场存在的潜在的风险,未针对冬季施工安全防护和预控措施进行编制,急救措施如中毒、冻伤、火灾等情况的具体处理方式描述不充分等问题。

(2)特殊施工方案的编审批流程掌握不清,存在由技术员编制、交底的情况,安全技术交底流于形式,缺少必要的针对性。项目部安全目标不符合安全管理规定要求,部分安全质量管理文件编写不规范,未按标准要求编制,不能及时更新工程规程规范目次。

(3)业主、监理/施工三个项目部策划文件存在相互脱节现象,创优策划、强制性条文执行、标准工艺应用及质量通病防治策划质量管理目标和策划内容不一致,标准工艺应用策划缺乏针对性和操作性,对实施过程的检查记录欠细化,可追溯性较差,创优管理策划中无"典型工法"应用计划。

(4)现场执行安全标准化工作有欠缺。工程独立避雷针接地仍采用焊接,孔洞或电缆沟盖板使用不规范,不符合安全文明施工标准,无安全警示标识,安全工器具合格证超期。

(5)施工设备及区域未明确责任人,施工机械台账不够齐全或出场未报审,租赁吊车没有安全准用证,氧气/乙炔瓶存放未设置防震圈,危险品混放且未有警示标识、户外架构爬梯未按照国标要求设置、搅拌站未设置沉淀池,立塔抱杆存在变形、地锚埋设防水措施未落实,牵张机械未明确责任人,展放导线接地不规范,张力场葫芦保险扣用铁丝代替,设备机具存在漏油及垃圾、白色污染环境等现象。

(6)风险防控措施落实不到位。存在施工项目部未建立三级及以上风险控制清册,施工重大风险识别、评估、预控措施清册编写不认真，个别工程项目风险定级简单、粗糙，把关不严，部分工程风险动态调整过程人为操纵痕迹明显，部分施工作业风险值变化后，未增加新的预控措施，施工项目部未能认真开展现场复测。

（7）特殊跨越（如带电跨越、江河跨越）架搭设风险控制措施不够具体，未按《国网输变电工程安全文明施工标准化管理办法》设置挂牌督查责任人，高风险作业设置风险控制牌，未开展有针对性的预控工作等，安全风险管理工作"放手"给分包单位。在防灾避险方面，还存在排查不全面，施工驻地存在遭受灾害影响风险等问题。

（8）针对进度，督促参建项目部开展起重机械、牵张设备、滑车等小型施工机具以及速差自控器等安全防护设施的现场检查工作，杜绝带病和超期服役工机具对现场安全管理造成隐患。同时检查了施工现场施工方案、安全技术措施、安全大检查整改等工作落实情况。

（9）项目层面的安全质量检查验收有不到位现象。施工项目部三级自检不规范，项目部复检和施工企业专检记录过于简单，查出问题较少，存在走过程现象，问题未整改闭环。部分质量通病防治、强制性条文执行检查表、质量验评记录填写不规范，填写针对性不强、漏签字，检查结论和意见签署不规范等问题依然存在。

（10）存在项目管理力量不足现象。如建管单位存在所管项目数量多、任务量大，业主项目部人员不足现象；施工企业工程建设与管理能力需加强。个别施工单位超能力承揽任务，施工项目部层面管理人员配备严重不足，对施工现场安全质量管控难以达到要求，对工程分包队伍管理存在"以包带管"和审核不严的现象。集体企业存在设备资源和一线管理人员不足、人员结构老化、技术职称较低、掌握标准能力差等现象。

（11）现场落实安全管理工作主观能动性不强。业主项目部主要管理人员安全意识仍然不强，现场三个项目部对施工文件存在编制（存在大块内容被照搬照抄、有错误用语、使用作废规程，线路与变电工程混谈）、审核不严肃、不细致现象。作业现场监护人员离岗，危险区域无可靠的物理隔离措施，特殊作业者人证不符，作业交底和演练走过场工作票签字人与实际人不符，凭感觉经验不计算受力情况，租赁机械协议不规范，对提出的问题不闭环，安全活动内容形式主义味道浓厚等现象。

（12）基层设计承包商对强制性条文和质量通病治理工作理解不深刻，设计方案存在漏洞。有的集体承包商工程建设缺少核心作业人员，由于施工承载能力不够，存在过分依靠分包队伍倾向，造成对作业人员掌控较差，管理意识缺位，安全质量隐患大。

（13）监理人员安全质量管理能力存在不足现象。监理项目部存在外聘人员的管理水平、责任心无法胜任电网建设安全管理要求；安全质量管理人员不能真正为业主负责，掌控现场安全质量状况。监理工作管理不规范，监理人员配备不足，部分监理人员没有相应资格，未能做到持证上岗。部分监理旁站和监理实施细则大部分照抄规程、规范，没有针对具体工程进行策划；部分工程监理旁站记录不全，未能全面反映监理在现场的旁站工作过程，对施工过程中存在的问题不能及时发现，监理纠偏作用未充分发挥，对违章现象未及时指出等现象。

（14）现场各参建工程的项目技术管理人员对国家电网公司近期和近年颁发的相关安全质量文件和规范，真正给予重视，认真贯彻落实。工作不能仅仅让上级和企业公司级层面

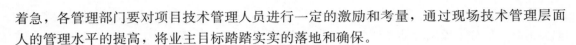

着急，各管理部门要对项目技术管理人员进行一定的激励和考量，通过现场技术管理层面人的管理水平的提高，将业主目标踏踏实实的落地和确保。

1-300 在春节后的工程安全质量管理可能存在的薄弱环节有哪些？

答：（1）节后工程开/复工后，现场安全管理尚不到位。个别新开/复工工程存在作业人员信息台账、入场安全考试记录、施工机具和安全工器具检测记录不全；现场作业人员未按要求着装及佩戴上岗证、作业指导书交底签字不全等安全管理问题。

（2）工程受冬季施工季节影响的质量通病和管理问题时有发生。个别冬季施工工程的土建质量及管理存在问题，如墙面抹灰裂缝、道路裂纹、成品保护质量欠佳；标准工艺策划和执行不到位，未严格按照策划方案执行，过程管控存在漏洞等。

（3）工程现场基础管理工作有待加强。部分项目部数码照片管理不规范、质量文件编制依据引用错误及过期规章制度、工程前期策划文件存在套用其他工程的现象；工程现场材料堆放不整齐、未对临时用电、消防器材进行日常检查导致消防器材过期现象时有发生。

（4）低电压等级工程的安全质量管理水平较低。个别项目部对低电压等级工程的安全质量管理的有效手段不足，导致低电压等级工程现场安全质量管理环节薄弱，通病问题频发，重要工序关键部位的施工缺少必要的管控与监督。

（5）线路工程现场安全设施标准化配送执行不到位。其安全设施标准化工作不完善，现场使用的成品保护条不符合安全文明施工标准要求、基坑围栏规格及设置不规范；线路工程施工项目部安全设施标准化配送制度中缺少安全设施的回收、保管等细节管理内容。

（6）安全质量策划方案的编制依然存在不完善和不全面的问题。个别项目部对安全质量管理薄弱环节的主观和客观因素分析深度不够，缺乏相应的数据和实例支撑；部分单位重点工作措施欠具体、针对性不强，有些措施多为工作要求，缺乏行之有效、可操作工作安排；部分项目部缺少对上年度的基建工作总体形势分析、年度基建安全质量管理思路不全面，安全质量管理目标制定不够准确。

（7）在开/复工后，业主/监理应加大检查力度，积极督促施工项目部严格按照《电力建设安全工作规程》要求进行施工机具的安装、拆卸、运输等工作；做好承力线/绳维护保养，严禁"带病"使用和"以小代大"。同时对项目管理实施规划、专项/特殊施工方案、作业指导书安全措施的编、审、批、交底、执行五个环节的管理进行查验，确保在现场落实到位。

（8）严格执行国家关于高温期间暂停野外作业的规定，优化调整施工作息时间，足量配备必要的防暑用品。组织排查临时驻地、作业现场等人员密集场所防灾避险安全隐患，落实防洪水、山洪、泥石流、滚滑坡、特大风、雷击、冰雪及冰雪路面上的运输等措施，坚决防范群伤群亡事故，认真做好现场"同进同出"管理及监督检查工作。

1-301 针对国网月度、年度互查出的主要问题，在工程中可汲取哪些教训？

答：（1）通用制度执行有待进一步加强，部分项目管理文件中内容沿用旧制度，未根据新通用制度进行修订和报审；施工安全固有风险识别、评估、预控清册未根据新的通用制度进行修订和报审。

（2）分包管理工作仍存在较多问题，部分项目劳务分包合同含有专业分包内容，分包人员花名册、体检表、教育培训考试、考勤表等台账不对应，分包管理中"同进同出"落实还不够到位，部分项目存在无培训合格进场记录，或者只有进场记录，无出场记录的现象。

（3）部分检查项目安全风险管控缺少系统、有效的识别和管控机制，安全监理工作方案缺少分包及风险控制等重点工作内容。部分施工项目部的三级及以上固有风险清册，未报业主项目部审批，存在复测单结束时间在作业开工之后、复测单时间早于作业开工时间等管理逻辑错误。

（4）部分检查项目设计文件局限于对施工提出"标准工艺"应用，结合自身应用内容少；土建、电气专业接口工作不细致，部分电气设备安装位置与土建基础位置冲突，基础与设备尺寸不匹配，电缆竖井开门后与灯管架碰撞，土建穿墙管道、空调管道设计不到位、随意开孔。

（5）设备安装质量工艺管控需要加强，部分项目存在接地连板未装弹簧垫片，电缆支架安装过低，刀闸支架局部楔形垫片安装不规范，软母线引下线制作不美观，主变铁芯、夹件接地未与本体绝缘，GIS汇控柜未留设接地块等问题。

（6）验收工作有待加强，部分项目三级验收只有缺陷单，没有自检报告，施工单位三级验收缺少复检部门盖章，主变压器检查签证缺少建设单位验收意见；业主项目部中间验收、质量监督检查发现问题整改落实情况无记录。

🔍 1-302　什么是"同进同出"？

答：（1）指施工企业为加强现场劳务分包作业安全管理，指派本单位安全监督人员与分包作业班组人员一起，同时进出施工作业现场，落实现场安全工作要求，对分包施工作业过程进行全时段、全方位的安全管理。"先进后出"是指施工项目部为加强现场劳务分包作业安全管理，指派本单位安全监督人员与分包作业班组人员一起，提前进出施工作业现场，落实现场安全工作要求，对分包施工作业过程进行全时段、全方位的安全管理。

（2）安全监督人员是指具备施工项目部或上级单位安全专业资格考核要求、由施工企业派驻现场与分包作业班组人员一起"同进同出"的现场施工管理人员，是指施工企业正式在编和劳务派遣人员。

（3）"同进同出"安全监督人员配备原则，按每班组或每作业面平均15人配备1名安全监督人员的比例进行设置，同时应保证配备的安全监督人员数量能满足本班组所有作业风险点的有效管控，现场监理项目部每天按同进同出作业面8%的量报审"同进同出"检查照片等情况。现场负责人是指分包队伍承担某项施工的班组作业指挥人员。

（4）参照上海市《建筑施工企业及项目负责人施工现场带班制度通知》，就是将带班制度的执行情况作为总包对分包；监理对总包、分包；建设主管部门对监理、总包、分包单位安全标准化达标的评判依据，进行季度考评及年度考核挂钩，作为安全生产许可证审核的必审内容。对个人凡是未按规定带班的按上海市建设工程安全生产动态考核管理办法进行扣分、行政处罚等。

1-303 "同进同出"实施细则试行的内容是什么？

答：（1）业主项目部职责。

① 负责现场"同进同出"安全管控的全面管理，确保该项工作扎实推进。

② 负责对施工项目部、监理项目部"同进同出"制度执行情况进行日常管控和监督检查，结合工程阶段性考核对相关单位执行情况进行考核。

（2）工程监理项目部职责。

① 依据细则要求，制定现场监理"同进同出"管理办法，负责现场监理工作要求。

② 负责审查施工项目部"同进同出"管理实施办法，结合现场实际，提出监理意见。

③ 负责审查施工项目部现场施工组织及施工外包计划，提出监理意见。

④ 负责监督检查施工项目部安全技术交底和班组安全活动，对施工单位拟派出的"同进同出"安全监督人员技能情况和投入提出监理意见。

⑤ 负责施工项目部"同进同出"管理的日常监督；定期组织对施工项目部"同进同出"管理情况按细则规定进行监督检查，并上报业主项目部。

⑥ 督促施工项目部及时完成现场"同进同出"管理情况的报表，按规定及时完成报表的汇总和上报。

（3）工程施工项目部职责。

① 根据施工进度计划要求，分部工程开工前，应明确现场施工组织及施工劳务外包投入计划，并将外包计划报监理项目部和业主项目部审查。

② 按照本细则要求，结合现场安全风险分析管控，具体细化、制定"同进同出"管理办法，开工前报现场监理项目部审查和业主项目部审定。

③ 对拟投入现场的安全监督人员制定详细的培训计划，派出符合本细则资格要求的安全监督人员进行"同进同出"现场管理，用打卡机或刷卡呈现人名记录LED屏。

④ 实行分包队伍入场动态管理，明确"同进同出"安全管理工作要求，落实"同进同出"安全监督人员现场投入和工作要求，进行动态分析、评价，定期上报监理/业主项目部备案。严格执行现场"站班会"制度，并要求现场质安员每日在工作票空白处及时签名及对应时间，从而体现出在施工现场的真实性。本单位内部管控的质安员日志，不得弄虚作假。加大现场对质安员的奖惩力度，如施工项目部日常巡查中发现质安员不在现场，给予处罚。

⑤ 施工项目部认真负责施工全过程的"同进同出"日常管理；负责现场执行情况的监督检查。管理人员务必做到"先进后出"日常管理，优先于施工人员进入现场，首先对现场风险进行动态分析，及时组织"站班会"，对分包人员进行考核和考勤管理，晚于施工人员离开施工现场，对每天施工完毕的作业现场隐患进行排查，清点下班离开现场人数，对施工人员进行动态管理，排查完毕后离开现场。

⑥ 加强对本单位项目队管理人员进行教育培训，讲解人工挖孔基础、索道运输、组塔作业、爆破作业等危险性，要求大家同进同出，严禁施工现场在施工时，无本单位人员在场。

（4）信息管理。

① 土建基础、电器安装分部工程开工前，施工项目部根据施工进度计划分别编制"分

部工程劳务分包施工班组投入情况表"，上报监理/业主项目部备案。按照"同进同出"安全监督人员配备原则，配备足够数量和能力的安全监督人员，并建立"同进同出"安全监督人员管理台账。

② 根据施工进度计划，分包商每月填报"劳务分包月度工作计划表"，每月25日前汇总下月作业计划，提交施工项目部备案。如作业计划调整，及时通知施工项目部。

③ 施工项目部根据施工分包商月度作业计划安排，每月30日前填写月度"同进同出"工作计划表，明确下月劳务分包作业班组具体的"同进同出"安全监督人员安排，报监理、业主项目部备案。

（5）现场管理。

① "同进同出"安全监督人员应与劳务分包施工班组同地居住，必须和分包班组同进同出施工现场，参加班组日常工作，对班组施工活动明确安全工作要求。

② "同进同出"安全监督人员应做好以下日常工作：

对施工现场进行安全管控。

对所派驻的劳务分包班组作业点本体施工实施安全监控，应对分包商施工班组的人员安全质量活动情况、作业安排、主要工作衔接是否合理、材料及人员运输安全、驻地安全、工地进出等安全风险进行全面管控，落实施工项目部安全管控要求。

参加班组每天作业前站班会，监督当天安全工作要求的落实。下班后参加班组碰头会，梳理当天工作进展情况及存在问题。

认真履行现场监督检查义务，发现违章及时纠正。分包人员不服从管理或可能造成严重后果时及时向施工项目部上报。

发生安全、质量事故/件及时上报施工项目部，并配合调查工作。

③ 高危、重要施工方案的现场劳务作业时，施工承包商应指派本单位责任心强、技术熟练、经验丰富的人员担任现场施工负责人、技术员和安全监督人员，对现场作业组织、工器具配备、现场布置和劳务分包人员实际操作进行统一组织指挥和有效监督。

（6）检查监督。

① 施工、监理项目部应将"同进同出"落实情况全面纳入现场日常安全工作和现场巡查内容，落实日常工作要求。

② 施工、监理对"同进同出"工作情况执行分级检查。

各施工队每天对"同进同出"管理履责进行检查。施工项目部所辖施工队，每天由队长组织对本队所辖劳务分包施工班组"同进同出"安全监督人员的履责情况进行检查，并做好相关记录，每周定期将本周检查表上报施工项目部。

施工项目部每周对本标段进行"同进同出"安全履责定期检查。施工项目部主要负责人（必要时可委托专职安全员），每周组织一次对本标段所有分包商施工班组"同进同出"安全监督人员的履责情况检查，并做好相关记录，结合施工队上报检查情况，每周定期上报监理项目部和业主项目部。

监理项目部组织每周进行"同进同出"安全管理检查。由驻施工项目部监理工程师具体牵头，每周组织对所辖标段内"同进同出"安全监督人员履责情况进行检查，并做好相关记录，检查情况每周定期上报监理项目部/业主项目部。监理项目部每月安全检查应结合同进同出工作情况进行全面检查。

业主项目部应每月组织对分包商同进同出制度落实情况进行抽查。

监理项目部将各标段同进同出工作执行情况汇总后，与现场周报一并上报业主项目部。

业主项目部每周负责汇总现场情况，于每周四发建设管理单位汇总后报交流建设部。

③ 施工/监理、业主项目部检查发现"同进同出"安全监督人员不能满足工作需要或不能胜任岗位工作的，应立即整改、更换。

（7）考核。

① 承建国网北京市电力公司工程的施工承包商应认真执行同进同出实施细则要求，现场第一责任人为各单位现场负责人。

② 经研院建管中心应依托合同有关安全、质量保证金，设置工程安全、质量管理基金，建立现场安全、质量奖惩办法。

③ 业主项目部应加大施工过程动态考核，施工单位配备的人员，一个月内累计三人次及以上不能满足同进同出工作要求，应按考核办法进行处罚。

④ 本细则工作要求全面纳入国网北京公司电力经济技术研究院建设管理中心所管工程《业主、监理、施工项目部考核评价办法》。工程建设过程中阶段性考核和总体考核的成绩，将作为国家电网北京市公司对工程有关表彰和后续交流工程招标的重要依据。

⑤ "同进同出"安全监督人员施工现场重点安全管控要求，为确保施工现场安全管控到位，"同进同出"安全监督人员要做好以下重点安全管控。

对分包施工人员的身体状况进行管控，以满足当日作业需求。

对分包施工人员的安全教育、技术培训、质量交底情况及当天站班会进行管控，确保全体施工人员参加。

对特殊工种人员进行管控，确保持证上岗，证件有效。

对分包商的安全员到位进行管控，确保人员称职，证件有效。

负责该班组劳务人员动态监管，及时将劳务人员动态信息上报施工项目部。

对作业人员安全防护用品进行管控，确保符合规定、正确使用。

对作业点的施工机具配备进行管控，使之满足施工方案要求，使用工况在规定范围内。

对危险性较大的分部分项工程进行管控，上报施工项目部按照《国家电网公司基建安全管理规定》要求编制专项施工方案及安全技术措施。

对现场作业进行管控，确保按批准的作业指导书实施，杜绝施工人员擅自更改施工方案。

对当日作业风险辨识和预控措施进行管控，使之具有针对性、可操作性。风险辨识及预控包括并不限于对环境、气候、施工转场、交通、生活等各类安全风险，如工地交通、现场出入、工地汽车运输、人力运输、索道运输、土石方施工、基础施工、铁塔组立、架线施工、重要跨越（110kV以上带电线路、铁路、高速公路、通航河流）、水上作业（运输）、盾构、电缆隧道、检修消缺、班组驻地、劳务人员进出场等风险的辨识和采取控制措施。

开展应急培训与教育，使施工人员了解防坍塌、防起重伤害、防高处坠落、防火灾、防物体打击等有针对性内容的应急救援专项处置方案。

落实施工现场设置重大危险源公示牌；各种安全标志牌子和安全防护措施满足作业要求。

检查现场布置符合《施工方案》平面布置要求。

落实施工作业符合强条的规定。

对现场安全文明施工进行管控，满足国家电网北京市公司总体要求。

及时了解天气信息，采取针对性预控措施。遇到大风、暴雨、大雾及沙尘暴等灾害天气，必要时暂停施工。

1-304 什么是企业文化？

答： 企业文化是以人本思想为宗旨，以企业价值观为核心，以企业精神为支柱，确立企业行为、员工行为以及员工和企业、企业和社会相互协调的关系准则，形成一致的群体意识和利益共同体的企业生存和发展的新的管理理论。

1-305 对施工队伍的安全有哪些要求？

答： 在北京地区施工中，现场各级项目安全第一责任人应结合本地区如冬季寒冷，有特大雪，道路时常有冰，山高路窄、坡陡雨雪；夏季气候干燥炎热，蚊虫叮咬，且时有大风、沙尘暴和冰雹；草原、湿地和原始森林多或少数民族地区；环保要求高等实际环境特点，要求现场施工队伍一定要把好以下五个安全关口。

（1）行车安全关。要注意行车安全，决不允许发生交通事故。山区道路崎岖，经常下雨，路面很滑，防止交通事故的发生，是本工程安全管理工作的重中之重。

（2）出工安全关。要防止施工人员上下山滚山。由于山路陡峭，山区经常下雨，施工人员上下山一定要注意安全，严防施工人员滚山；同时针对少数民族，不许发生违反民俗和影响民族团结的事件，不许发生少数民族投诉事件。

（3）运输安全关。各施工项目部在施工中，为了完成塔材运输任务，要架设索道运输施工器材。我们要严格禁止、决不允许施工人员乘坐索道上下山。防患未然，把一切事故苗头杜绝在萌芽状态。

（4）防火安全关。如管理线路都在林区通过，应要求各施工项目部严格做好防火工作，决不允许施工人员随意抽烟，乱扔烟头。在塔位周围扎临时驻点时，一定注意做好火源管制工作，严防草原/森林区发生火灾。

（5）各施工项目部要严格按照安全操作规程进行施工，决不允许违章操作。在工程施工中做到四不发生，即不伤害自己、不伤害他人、不被他人伤害、不让他人被伤害。在我们管理的工程施工中，要求其做到绝不发生任何事故，彻底杜绝各类安全事件/故地发生。

1-306 对业主项目部基本工作有哪些要求？

答： 严、细、实。严指严格的要求、严谨的服务态度、严密的工作部署、严明的纪律和严肃的考量；细指关注每一个细节，做好每指个细节；实指说实话，干实事，务实质，求实效。对业主的承诺是把国家电网公司的品质和信义熔铸到—自己所管工程/产品中。

1-307 对工程现场安全文明施工有哪些要求？

答：（1）所有作业人进入工地前，都必须遵照《电力建设安全工作规程》并经过安全教育培训，未经培训者或考试不合格者严禁上岗；

（2）严禁违章指挥、严禁作业及酒后上岗，严禁特殊作业者无证上岗；

（3）使用安全劳保防护用品不安全、不合格的严禁上岗；

（4）无安全技术工作票不得进入现场施工；

（5）班组必须认真做好每天工作前的站班会，施工项目部和施工队应进行不定期的安全指导及督查；

（6）无安全措施或安全措施未进行交底时不得施工，不得进行"三违"作业。

1-308 电网工程业主项目部安全工作规定原则是什么？

答："谁主管，谁负责""谁组织，谁负责""谁实施，谁负责"和管业务必须管生产、管安全的原则和加强民族团结的原则。

1-309 项目经理有哪些思想行为规范？

答：（1）项目经理的行为角色是一个组织机构的头领、领路人、协调者、精神依赖人。

（2）价值取向是对企业要忠、对员工要仁、对管理要严、对行为要慎。

（3）工作策略是用智慧育人、用智慧管理、用智慧为企业创造财富。

（4）岗位责任是营造一种环境、打造一种文化；历史使命是：培育"青送"精品。

（5）在政治上成熟、素质上要全面、作风上要过硬。

（6）在项目管理中，宽容不纵容、信任不放纵、善良不软弱。同时要干就必须负责，要做就必须到位。

1-310 基建工程的参建负责人在管理应注意什么事项？

答：（1）以人为本，尊重每一名员工（含少数民族）。少说多做，用自己的人格魅力去感染大家。同时要求管理人员要贯彻人本主义的思想，无论是谁，首先要充分尊重对方的人格，虽岗位不同，但人格是平等的。

（2）按章工作。作业现场靠人治是无法成功地，所以要依靠管理制度。同时等待员工的不足和问题绝不能一棍棒打杀，要循循善诱、倾听他们的声音，给予其人文的关怀和帮助、鼓励。使其有认同感，认真、努力地工作。

1-311 如何抓精益化管理？

答：首先业主经理要重视，要督查项目总监/经理及项目部管理者要将"精益化"管理贯穿于变电工程施工的全过程中。抓住项目的关键点和难点、以推行标准化为抓手，建立"纵到底、横到边，人人有事做、事事有人管、人人有责任"的操作标准，使"精益化"渗透到管理的"缝隙"，重点把好"五道关"。即：

（1）现场作业安全关。不断地加强新知识的学习，准确辨识评价危险源，严格控制现场风险和事件苗头；最大限度地杜绝和减少职业健康安全事故的发生，确保线路工程"双零"目标。确保现场的环保内容及有毒/害物质的排放达标。

（2）编制项目管理实施规划关。要求技术人员认真仔细审查图纸、项目管理实施方案，做好图纸交底、施工技术交底、安全技术交底，使全体施工技术人员和作业者对图纸和施工方案/措施清晰明了、心中有数。

（3）现场施工质量/安全关。加强质量安全的监督检查及"三级质检"工作，确保质量/安全体系有效运行，在整个电网线路施工过程中，力求不发生工程安全质量事件。

（4）材料管理关。针对现场实际，制定出多项的物资管理及配套流程，按质或量，按期地供应，并管/用好作业现场的物资材料，做到物尽其用，确保施工正常进行。

（5）教育员工的竞争意识关。项目部要积极引导全体参建者领悟到，电网线路精益化施工及管理不仅是一种理念，更是一种助推项目建设的动力；这不仅成为项目追求完美和实现的过程，更是决定项目成为精品或企业竞争成败的关键。

1-312　业主项目部存在哪些不足？

答：（1）在实际工作中因人员的工作经验、能力和专业水平参差不齐的问题，因此存在对项目管理随意性大，标准化、规范化程度要求不高现象，加之一人多职，学习积极性不高，或者为救火队员，无法高质量的完成项目部分配的工作。

（2）一些年轻的阅历尚浅的业主对自己的专业学习要求不严、标准不高；专业知识掌握不全面，使得工程技术管理不能够得心应手；有的人对工程管理标准、方法及流程不熟悉，期间推诿和管理缺位现象；现场督查发现不了问题，或者对问题找不出发生的原因、提不出解决办法，或者轻描淡写，不能深究和暴露问题后面的问题，客观上存在弱化专业管理的效果；闭环管理机制不健全，对管理决策、会议议定事项落实不到位，执行上存在偏差的问题时有发生。

（3）对软件资料管理重视不够。首先是思想不重视，在管理上就不规范；如管理策划文件的编审批不认真、不严谨、不严格。策划内容缺乏针对性、指导性，生拉硬搬和操作性差。且有的项目工程资料与建设进度实际脱节，不能合理使用时间，未能同步或及时形成工程资料；也因工作忙碌，未能够及时记录现场情况，依靠回忆录、事后补编甚至弄虚作假现象时有发生。

（4）部分业主经理及人员没有做到持证上岗，业主兼管项目较多，国网基建安全管规要求的工作细致性不够，大事干的不利索、小事不想干现象；同时业主项目部欠缺工程必须的纸质安全管理规程规范，业主对相应的规程内容未能及时的了解。

（5）存在"老好人思想""吃熟人（指参建项目部的）"等问题。有时会认为部分参建单位是同系统的，抹不开面子，发现的问题（如监理/施工负责人、技术负责人身兼多职，到岗率不高，安全管理者不到岗，整改问题重复出现，安全生产费投入不多等）说了也不会得到处理。因此管理上缩手缩脚，吃哑巴亏或代人受过的现象时有发生。对"谁管理，谁负责""谁组织，谁负责""谁实施，谁负责"安全工作原则执行的不到位。

（6）电网工程管理者要"知不足而躬身改进""心中有责、心中有戒"，因安全工作只有起点无终点，没有如何捷径可以走。为此，本着对企业、对工程、对自己负责的原则，理清思路、瞄准目标、掌握管理技术、夯实管理基础、狠抓现场项目部的落实责任和施工安全的关键点，用纪律、职责管监理/施工项目部，最大限度地力求现场安全质量工作做到"三控制"。

1-313　什么是"特种作业"及范围和管理？

答：（1）指作业中容易发生人员伤亡事故，对操作者本人、他人及周围设施的安全有重大危险因素的作业。涉及的范围包括：电工、爆破、金属焊切、蹬高架设、起重机械等作业。

（2）直接从事特种作业的人员应具备相应工种的安全技术知识，并持有证明其能力的，并由地方政府安生监督局（专业施工）、建设住房局（房屋施工）颁发的合法有效的特种作业操作上岗证，该证每两年复审 1 次，无故不参加复审的证件过期自动无效。离开本岗位 6 个月以上者上岗，需重新进行考核、合格后方可上岗工作。

1-314　对工程管理者现场风险把关有哪些要求？

答：（1）35kV 及以上的新变电站带电投运时，或新 110/1000kV 输电线路启动时，单位分管领导，总工把关时间不少于 90/120min，部门负责人或管理者全过程把关。

（2）110kV 及以上的输电线路跨越高速路、铁路、带电线路交叉作业现场，110kV 以上电缆接头施工的，单位分管领导把关时间不少于 90min，部门负责人或管理者全过程把关。

（3）三级风险施工现场，各项目经理、总监（不含专业管理者）把关时间不少于 120min。

（4）在现场时，遇到不安全事件发生，现场相关人员应在 30min 内（指正常施工现场）立即向主管报告。

1-315　什么是电网工程安全文明施工费？

答：（1）指安全生产费用、文明施工费和环境保护费三部分费用的总称（摘自国网业主项目部标准化手册附录 A）。

（2）安全生产费用是指企业按照规定标准提取在成本中列支，专门用于完善和改进企业或者项目安全生产条件的资金。安全生产费用按照"企业提取、政府监管、确保需要、规范使用"的原则进行管理。该费用在工程项目招投标中予以单独明确，不列入竞争性报价，在合同中按规定单独计列。

（3）文明施工费是指施工现场按照文明施工、绿色施工要求采取的文明保障措施所发生的费用。是依据《国家能源局关于颁布 2013 版电力建设工程定额和费用计算规定的通知》（国能电力〔2013〕289 号）文件要求，在电力建设工程概预算中计列的费用中，临时实施费包括员工办公宿舍、生活文化及福利等公用房屋、仓库、加工厂、工棚、围墙等建/构筑物，站区围墙范围内的临时施工道路及水电（含 380V 降压变压器）、通信的分支管线，以及建设期间的临时隔墙。

（4）环境保护费是指施工现场为达到环境保护部门要求所需要的各项费用。

1-316 工程措施费包括哪些内容？

答：措施费包含冬雨季施工增加费、夜间施工增加费、施工工器具使用费、特殊地区施工增加费、临时设施费、施工机构迁移费及安全文明施工费。其中安全文明施工费＝直接工程费×2.9%

各社会保险费计算公式如下。

建筑工程社会保险费＝直接工程费×0.18×缴费费率（含工伤保险费）；

安装工程社会保险费＝人工费×1.6×缴费费率（含工伤保险费）；

架空线路工程社会保险费＝人工费×1.12×缴费费率（含工伤保险费）；

电缆/光缆线路工程社会保险费＝人工费×1.2×缴费费率（含工伤保险费）；

危险作业意外伤害保险费＝取费基数×费率（建筑工程为0.15；安装工程为2.31；架空线路工程为2.53；电缆/光缆线路工程为2.31/2.53）。

1-317 最新的安全费使用范围是什么？

答：（1）为提高施工本质安全水平，推广应用与工程安全生产直接相关更为先进、可靠、机械化程度更高的新技术、新工艺、新装备、新材料、新流程，较工程概算批复的常规做法所增加的相关费用支出（不含机械、机具采购费用）。

① 基础施工人工挖孔基础、掏挖基础等深基坑采用旋挖钻机等新型专用机械开挖。

② 货运索道动力装置采用专用索道牵引机。

③ 铁塔组立应用具有安全自动控制装置的落地抱杆（双平臂抱杆、单动臂塔机、摇臂抱杆等）。

④ 采用液压式或双筒式牵引机械等牵引装置施工，以及双滚筒绞磨、液压绞磨等机械施工。

⑤ 施工机械增加配置安全自动控制装置，如采用视频监控系统、受力工器具监测等提高安全性能的辅助系统。

⑥ 提高工效、降低人工作业强度所采用的作业工具，如：法兰及其它高扭矩螺栓紧固应用电动扭矩扳手等。

⑦ 高处作业应用具有视频传输、语音交流等功能的指挥系统与单兵通信系统。

（2）提高安全生产标准增加的费用，以及为满足建设管理单位在工程建设实施阶段提出的高于施工招标要求及现行标准要求而增加的费用的支出，如使用专业队伍进行工程货运索道、跨越架、脚手架等搭设与拆除专项工作，对施工分包管理人员配置提出的特殊要求等。

（3）采取施工合同中约定或经建设管理单位认可的特殊技术措施，降低安全风险或环境保护措施所增加的费用支出，如掏挖基础、人工挖孔等深基坑人工开挖采取通风设施、专用爬梯、电动提土装置、安全逃生笼及自密实混凝土等特殊措施，特殊地形条件下搭设的专用作业平台、钢板桩支护、贝雷桥架设，高处作业采取的防坠落特殊措施等。

（4）完善、改造和维护安全防护设施设备支出（不含"三同时"要求初期投入的安全设施）。

① 钢管扣件组装式安全围栏、门形组装式安全围栏、绝缘围栏、安全隔离网提示遮栏、安全通道等安全隔离设施购置、租赁、运转费用。

② 钢制盖板等施工孔洞防护设施购置、租赁、运转费用。

③ 直埋电缆方位标志、过路电缆保护套管、漏电保护器、应急照明，在满足正常使用外，用于提高安全防护等级的施工用电配电箱、便携式电源卷线盘等设施购置、租赁、运转费用。

④ 易燃、易爆液体或气体（油料、O_2 瓶、C_2H_2 气瓶、SF_6 气瓶等）危险品专用仓库建设费用，防碰撞、倾倒设施购置、租赁、运转费用。

⑤ 高处作业平台临边防护、绝缘梯子等防护设施购置、租赁、运转、检测、维护保养费用。

⑥ 灭火器、沙箱、水桶、斧、锹等消防器材（含架箱）购置、租赁、运转、检测、维护保养费用。

⑦ 绝缘安全网和绝缘绳购置、租赁、运转、检测、维护保养费用。

⑧ 验电器、绝缘棒、工作接地线和保安接地线等预防雷击和近电作业防护设施购置、租赁、运转、检测、维护保养费用。

⑨ 有害气室内或地下工程装设的强制通风装置或有害气体监测装置购置、租赁、运转、检测、维护保养费用。

⑩ 施工机械上的各种保护及保险装置购置、检测、维护保养费用，小型起重工器具检测、维护、保养费用，配合施工方案、作业指导书安全控制措施采用的临时设施（如纤维吊带、全方向转身盘、承托绳夹具、转向耳铁、混凝土边角保护框等）采购、租赁、运转费用。

⑪ 为施工作业配备的防风、防腐、防尘、防水浸、防雷击等设施、设备购置、运转费用，防治边帮滑坡的设施及与之相关的配合费用。

（5）配备、维护、保养应急救援器材、设备、物资支出和应急演练支出，包括应急救援设备器材、急救药品购置、租赁、运转、维护费用，施工现场防暑降温费用。

（6）开展重大危险源和事故隐患评估、监控和整改费用。

（7）安全生产检查、评价（不包括新建、改建、扩建项目立项阶段的安全评价）、咨询和施工安全标准化建设支出。

① 安全标志牌、限速指示牌、设施设备状态标示牌、操作规程牌、施工现场风险管控公示牌、应急救援路线公示牌等《输变电工程安全文明施工标准化管理办法》中为满足施工安全标准化建设所投入设施购置、租赁、运转费用。

② 提醒警示和人员的考勤等进出施工现场管理设施物品采购、租赁费用。

③ 施工人员食堂用于卫生防疫设施购置费用，高海拔地区防高原病、疫区防传染等配套设施、措施及运转费用。

④ 工程施工高峰期，委托第三方对安全管理工作进行阶段性评价费用，参加国家优质工程评选项目的竣工安全性评价等专项评价费用。

⑤ 施工项目部组织开展安全生产检查、咨询、评比、安全施工方案专家论证、配合职

业健康体系认证所发生的相关费用。

（8）配备和更新现场作业人员（含劳务分包人员）安全防护用品支出，包括安全帽、安全带、安全网、全方位防冲击安全带、攀登自锁器、速差自控器、二道防护绳、水平安全绳、绝缘手套、防护手套、防护眼镜、防毒面具、防护面具、防尘口罩、防静电服（屏蔽服）、雨衣、救生衣、绝缘鞋、雨靴、防寒类等个人防护用品购置、租赁及保养、更换费用。

（9）配备和提高现场作业人员安全防护措施所使用的相关设施，如：语音提示器、酒精测试仪、风温检测仪，血压检测仪、高处作业站位板、体能测试台等的购置、租赁、运转、检测、维护保养费用。

（10）安全生产宣传、教育、培训支出，包括安全宣传类标牌制作、租赁、运转费用，安全生产有关的书籍（法律、法规、标准、规范等）购置费用。

（11）安全设施及特种设备检测检验支出，包括安全环境检测检验费用，对电力安全工器具和安全设施进行检测、试验所用的设备、仪器、仪表等。

（12）安全生产适用的新技术、新标准、新工艺、新装备的推广应用费用。其他与安全生产直接相关的费用。

1-318 最新的文明施工费使用范围是什么？

答：（1）工程项目安全文明施工组织机构图、工程施工进度横道图、设备材料状态标示牌等。《输变电工程安全文明施工标准化管理办法》中为满足文明施工标准化建设，所投入设施购置、租赁、运转费用。

（2）现场出入口、施工操作场地、现场临时道路硬化费用。

（3）土石方、砂石、水泥、机械设备等定置区域摆放，施工材料堆放铺垫隔离费用。

（4）现场清理、拆除、清运及弃渣，配备保洁用具等费用。

（5）现场设置操作指挥台、临时休息室、厕所费用。

1-319 最新的环境保护费使用范围是什么？

答：（1）落实工程环境影响报告书、水土保持方案报告书及其批复要求，为达到项目所在地环保等部门要求发生的费用支出。

（2）针对施工引起的环保、水保问题制定的保护措施费用支出，包括防止大气污染、防止水污染、防止噪声污染、废弃物（如山区弃土弃渣、灌柱桩泥浆排放、盐碱地等特殊地质保护等）处理，以及材料运输保护、基坑开挖植被保护和植被恢复、放线通道保护等措施费用支出。

（3）根据绿色施工需要，制定经建设管理单位批准的绿色施工方案所采取措施的费用支出，如采用水平定向钻敷设接地线、多旋翼无人遥控飞机展放导引绳、履带式运输车运输施工材料、混凝土输送泵车、泥浆沉淀外运等。

备注：临时设施不得占用工程项目安全文明施工费。包括：职工宿舍、办公、生活、文化等公用房屋和构筑物及其附属物，生产用车间、工棚、加工厂，设备材料仓库、棚库，围墙、水源（支管）、电源（380/220V）、道路（支线）及施工现场内的通信设施费用。

1-320 安全文明施工费使用计划的编制与审批有哪些内容？

答：（1）施工项目部在工程项目开工前，用单独章节结合工程实际在安全文明施工费使用范围内，编制的工程项目施工安全管理及风险控制方案，按照合理、合规、科学配备的原则，制定项目安全文明施工费使用计划，经施工承包商审批后，提交监理项目部审核，报业主项目部批准，作为整个工程项目安全文明施工设施配置的依据。

（2）施工项目部安全员根据工程进度，分阶段填报安全文明施工设施配置计划申报单，经监理项目部审核，业主项目部批准后，按计划严格组织实施。

（3）施工项目部购置、制作、统一配送的安全文明施工设施进场投入使用后，由施工项目部安全员填写安全文明施工设施进场验收单，业主和监理项目部参照已批准的《安全文明施工设施配置计划申报单》进行审查验收，以此作为安全文明施工费使用到位的依据。

（4）安全文明施工费用不足的工程项目，施工承包商应补充资金，满足安全文明施工标准化要求，超出部分从成本费用渠道列支，确保安全文明施工所需经费的开支。

（5）未包含在安全文明施工费使用范围内的安全文明施工标准化所需费用，经建设管理单位（或业主）批准同意，履行签证手续纳入工程结算，在总体施工费用中予以落实。

（6）施工项目部应及时在基建管理信息系统录入工程项目施工安全管理及风险控制方案、安全文明施工设施配置计划申报单、安全文明施工设施进场验收单。

（7）施工项目部将安全文费的使用明施工情况，纳入在日常安全检查，做好安全文明施工设施试验、检验和日常维修、保管等工作。

1-321 为什么要宣扬绿色理念？

答：绿色理念存在于人们日常生活的每一个细节，是指引居民积极参与环保、打造低碳生活的重要源泉。国网北京市电力公司不断丰富宣传载体，创新宣传方式，加大对内、对外的宣传培训力度，营造全社会共同节能的氛围。

1-322 什么是环保"三同时"管理？

答：环保工作应同时设计、同时施工、同时投入。并在施工中按照国家和当地夜间施工作业时间的规定，合理安排施工时间，尽量采用低噪音、低振动的机具，保证项目施工中不发生"扰邻事件"。

1-323 什么是依托工程基建新技术研究的项目？

答：就是指解决工程建设过程中的技术难点，研究成果具有普及推广应用价值，依托输变电工程开展的专题研究项目。

1-324 什么是规章制度？

答：指凡是按规定程序制定和发布，用以规范本单位组织、生产、经营、管理等活动的文件，包括通则、办法、规定、规则、准则、细则等。

1-325 国家电网公司规章制度的格式要求是什么？

答： 国家电网公司的规章制度统一设置为六章。各章依次为总则、机构职责、管理内容和管理流程、支撑保障、检查考核、附则。确有必要或确实无法按此要求设置的，经公司法律法规部门同意后确定。

（1）总则部分对指定规章制度的目的、原则、依据等进行规定。

（2）机构职责部分对规章制度涉及的组织、领导、管理等机构及其职责进行规定。

（3）管理内容和管理流程部分对规章制度所规范的业务、管理内容及相应的管理或操作流程等事项进行具体规范。

（4）支撑保障部分对规章制度内容的执行、操作所要求的技术、系统支撑和保障需求等进行规定。

（5）检查考核部分对规章制度执行过程中的考核事项、标准、违反规章制度的处罚等事项进行规定。

（6）附则部分对规章制度的有权解释部门（单位）、印发和施行日期、对现行有关规章制度的废止、正文中定义以外的重要术语或名词解释等事项进行规定。

1-326 什么是通用制度？

答： 是指由国家电网公司总部制定并在国网系统内统一执行的规章制度。省级公司可根据客观实际制定差异条款，但必须按规定程序报批。

1-327 什么是非通用制度？

答： 是指由国家电网公司总部制定，允许所属各级单位结合本单位实际按规定程序进一步制定实施细则的规章制度，其适用于各地区、各层级差异性较大或尚无成熟经验的管理事项，或者国家有权机构要求各级单位必须建立的规章制度。具备条件的非通用制度应及时转化为通用制度。

1-328 如何识别通用制度还是非通用制度？

答： 2014 年、2015 年国家电网公司连续下发了第一、第二批制度均为通用制度，同时也单独行文下发了个别非通用制度。今后国家电网公司和北京市电力公司下发的各项规章制度将纳入统一编码规则。

国家电网公司下发的通用制度和非通用制度编码规则不一样，非通用制度增加了（F）编码，示例如下：

通用制度编码：《国家电网公司规章制度管理办法》国网（法/2）99—2014；

非通用制度编码：《国家电网公司直属单位岗位管理暂行办法》国网（人资/4）219—2014（F）（注：该制度发文文件名及文号《国家电网公司关于印发〈国家电网公司直属单位岗位管理暂行办法〉的通知》国家电网人资〔2014〕167 号）。

1-329　什么是"一级规范"？

答：一级规范是指对一级业务、管理流程进行规范的规章制度。一级规范统一命名格式为对应的一级业务流程名后缀以"制度"或"办法"。

1-330　什么是"二级规范"？

答：二级规范是指对二级业务、管理流程进行规范的规章制度。二级规范统一命名格式为对应的二级业务流程名后缀以"规范"或"规定"。

1-331　什么是"三级规范"？

答：三级规范是指对三级及三级以下的业务、管理流程进行规范的规章制度。三级规范统一命名格式为对应级别业务流程名后缀以"细则"或"规程"。

1-332　风险管理类规章制度包括哪些？

答：风险管理类规章制度包括以风险防控机制、风险分类管理、法律合规管理、稽核审计、纪检监察等为规范内容和对象的规范性文件。

1-333　什么是"落实到位"？

答：落实到位，树立依靠制度管人、管财、管物、管事的合规理念，强化制度学习，增进遵章守制意识。逐步完善制度执行检查与考核机制，通过信息化系统实现对制度执行情况的反馈与管控，多措并举增进制度刚性。

1-334　授权委托包含几种，含义分别是什么？

答：（1）包含固定授权和专项授权两种方式；

（2）固定授权是指各级单位及法定代表人（或负责人）按年度授予本单位分管领导/部门主要负责人在一定期限内以本单位名义从事特定事务、签署合同的行为。签署符合下列全部条件的合同，可以申请固定授权：

① 属于本单位/部门职责范围内的经常性业务；

② 合同支付事项已列入年度财务预算；

③ 合同标的额原则上在一定限额以内；

（3）专项授权是指挥除固定授权外，单位及法定代表人根据实际需要，专项授权相关人员以本单位名义从事头顶事务、签署合同的又一种行为。

1-335　授权委托书应载明哪些内容？

答：（1）授权委托书编号。

（2）被授权人的姓名、职务。

（3）授权委托事项。

（4）被授权人权利义务。

（5）是否可转授权。

（6）授权委托期限。

（7）单位印章及法定代表人（或转授权人）签字。

（8）签发日期。

（9）其他需要载明的事项。固定授权的有效期间，一般自授权委托书签发之日起至当年的 12 月 31 日截止；授权委托书原则上一式两份，由合同归口管理部门统一编号。授权委托书签发以后，被授权人与合同归口管理部门各持一份。

1-336　注册建造师任职有哪些要求?

答: 国家建设部 2008 年的《注册建造师执业管理办法．试行》第 5 条规定:

（1）大中型工程施工项目负责人必须由本专业注册建造师（简称注建师）担任。一级注册建造师可担任大/中、小型工程施工项目负责人，二级注册建造师可以承担中小型工程施工项目负责人。

（2）不得同时担任两个及以上建设工程施工项目负责人（经建设单位同意的除外）。

第 10 条规定，注建师担任施工项目负责人期间原则上不得更换。如需更换时，应当办理书面交接手续后更换施工项目负责人。

1-337　注册建造师如何使用执业印章任职?

答:（1）国家建设部 2008 年的《注册建造师执业管理办法（试行）》第 12 条规定，担任建设工程施工项目负责人的注建师应当按《关于印发注册建造师施工管理签章文件目录（试行）的通知》（建市〔2008〕42 号）和配套表格要求，在建设工程施工管理相关文件上签字并加盖执业印章，签章文件作为工程竣工备案的依据。

（2）担任建设工程施工项目负责人的注建师对其签署的工程管理文件承担相应责任，注建师签章完整的工程施工管理文件方为有效。

（3）分包工程施工管理文件应当由分包商注建师签章。分包企业签署质量合格的文件上，必须由担任总包项目负责人的注建师签章。

1-338　国家对注册监理师管理有哪些要求?

答: 国家《注册监理工程师管理规定》第 9 条规定，注册证书和执业印章是注册监理工程师的执业凭证，由其本人保管、使用。注册证书和执业印章的有效期为 3 年。

第 11 条规定，注册监理师每一注册一次有效期为 3 年，期满需继续执业的应当在注册有效期满 30 日前申请延续注册。延续注册有效期 3 年；规定工程监理活动中形成的监理文件由注册监理师按照规定签字盖章后方可生效。

1-339　国家对总监理师有哪些要求?

答: GB/T 50319—2013《建设工程监理规范》第 3.1.3～5 条款规定，工程监理单位在工程建设监理合同签订后，对总监师的任命书面通知建设单位。

如调换总监师时，应征得建设单位书面同意；一名注册监理师可担任一项建设工程监理合同的总监师；当需要同时担任多项（超过 3 项）建设工程监理合同的总监师时，应经建设单位书面同意。

1-340 电建工程现场对总监理师有哪些要求？

答： DL/T 5434—2009《电力建设工程监理规范》第 5.1.4 和 1.9 条款规定，监理单位应在委托监理合同约定的时间内将项目监理机构及对总监师的任命书面通知建设单位。

当总监师需要调整时，监理单位应征得建设单位同意，并书面报建设单位；当专业监理工程师需要调整时，总监理工程师应书面通知建设单位和承包单位。

一名总监理工程师宜担任一项委托监理合同的项目总监。当需要同时担任多项委托监理合同的项目总监理工程师工作时，需经建设单位同意，且最多不得超过两项。

1-341 电网工程现场对总监理师有何规定？

答： 当总监理工程师需同时兼任多个监理项目部总监理工程师时，应经建设单位同意，且 220kV 新建项目不应超过两项。

1-342 电网工程安全中的"防"是指什么？

答： "防"就是防止"人"的不安全因素和"物"的不安全状态。要求参建项目部遵循"相互关爱、共保平安"安全理念，引导、警示、激励员工认识违章、远离违章。不定期开展安全基础知识教育，强化现场安全隐患排查和安全质量巡查力度、专项整治"回头看"，全面彻底消除装置性违章。

1-343 电网工程安全如何查？

答： "落实"就是落实全员安全责任、行为管控和防范措施。督促现场参建项目部开展多领域的作业风险辨识，推行安全作业自我行为管控，以"三铁反三违"严肃查处各类习惯性违章。加强事故应急管理，有针对性地开展反事故应急演练、应急培训、事故预想等日常、专项活动，着力提升员工的应急技能和意识。

1-344 现场使用的安全施工作业票有哪些规定？

答： 施工作业需办理作业票，由工作负责人填写，经施工项目部技术员和安全员审查，风险等级较低的作业由施工队长签发，风险等级较高的作业项目，由施工项目经理签发。工作负责人通过宣读作业票的方式向全体作业人员交底，作业人员签名后实施。

作业地点、作业内容、安全措施、主要作业人员（安全监护人、工作负责人及特种作业人员）不变时，原则上可使用同一张作业票，并可连续使用至该项作业任务完成。作业人员有变化时，应对新进人员进行交底。

施工周期超过一个月或重复施工的施工项目，应重新组织方案交底；如施工方法、机械/具、环境等条件发生变化，应完善措施，重新报批，重新办理作业票，重新交底。

1-345 **电网工程应急工作组组长由谁担任?**

答:(1)由建设管理单位负责组建工程项目应急工作组,组长由业主经理担任,副组长由总监理工程师、施工项目经理担任。工作组成员由工程项目业主、监理/施工项目部的安全、技术人员组成;施工项目部负责组建现场应急救援队伍。且项目应急工作组在工程开工后或每年至少要组织一次应急救援知识培训和应急演练,制定并落实经费保障、医疗保障、交通运输保障、物资保障、治安保障和后勤保障等措施,确保应急救援工作的顺利进行。

(2)项目应急工作组及其组成人员应报上级应急管理机构备案(包括通讯方式),项目应急工作组应建立值班机制;值班人员及通信方式在其管理范围内公布,并确保通信畅通。

(3)项目应急工作组负责组织制定现场应急处置方案,监督施工项目部建立应急救援队伍,配备应急救援物资和器具,开展应急救援培训,组织开展应急处置方案演练。负责在应急状态下启动应急处置方案,组织应急救援,服从上级应急管理机构的指挥。

1-346 **什么是基建项目"五制"?**

答:就是要求电网工程按照"项目法人责任制、资本金制、招投标制、工程监理制、合同制",实行基建安全目标管理、逐层签订安全责任书,依法组织开展项目建设、依法依规落实工程参建单位的工程建设安全责任。

1-347 **电网工程质量督查有哪些项目?**

答:工程质量督查接受上级公司组织开展的,工程质量巡查、专项检查、互查等检查以及质量管理流动红旗竞赛、达标投产考核、优质工程评选。各参建项目部和单位按照职责分工,组织开展施工质量三级自检、隐蔽工程验收、监理初检、中间验收、竣工预验收、启动验收以及工程移交后的质量管理。

1-348 **业主项目质量通病防治管理工作内容有哪些?**

答:根据国网《输变电工程项目安全健康和质量管理程序文件》项目质量通病防治管理制度第5.2条款规定:

(1)业主项目部质量管理专责在工程建设管理纲要中明确质量通病防治的目标和要求,编写质量通病防治任务书并作为建设管理纲要附件,任务书内容应包括国家电网公司重点整治的实体质量通病防治、工程设备安装环境通病防治与工程档案资料真实性通病防治。

(2)业主项目部在施工图编制前由业主项目经理下达工程质量通病防治任务书。

(3)业主项目部项目经理组织图纸会检,设计单位专业设计人员核实监理、施工预检中提出的质量通病问题,监理项目总监师在图纸会检纪要中记录设计质量通病审查意见,并跟踪设计质量通病防治审查意见闭环整改。

(4)在工程开工后,业主项目部项目经理组织施工/监理项目部及设计单位开展质量通病防治培训。

（5）业主项目部质量管理专责结合日常质量管理巡查开展质量通病防治实施情况检查。业主项目部质量管理专职结合过程检查、中间验收等环节对质量通病防治实施情况进行检查，并在《过程检查记录》《中间验收报告》中具体反映。

（6）业主项目经理组织，项目总监师定期主持质量通病防治实施分析会，及时进行纠偏、跟踪整改。

1-349 工程参建单位的质量检验责任有哪些？

答：（1）由施工班组自检100%，项目部复检100%，工程承包商专检30%，均由工程承包商负责。

（2）监理项目部负责监理初检。变电站是全检或覆盖所有检验批；线路是30%。

中间验收：变电站是全检或覆盖所有检验批；线路是基础、杆塔20%，架线100%（与竣工验收同步）。

（3）由业主项目部负责竣工验收。

① 变电站是覆盖全部单位工程。

② 架线工程。导线高空检查≥10%，直线塔附件安装≥10%，耐张塔附件安装≥20%，导地线弧垂检查≥耐张塔总数的10%，导线对地距离（含风偏对地距离）检查≥检查记录的20%，不允许接续档的跨越净距测量100%。

③ 线路接地工程。接地电阻测量平丘≥5%，山地≥15%，接地槽埋深检查≥3%；线路防护工程及附属设施≥10%。

1-350 什么是"绿色施工"的新含义？

答：（1）北京地方标准《绿色施工管规》指出，工程现场的资源节约和环保仅局限于选用环保型施工机具和实施降噪、降尘等环节；而绿色施工则是要求从《工程项目实施管理规划》开始对施工全过程进行严格控制与管理，实现节地、节水、节能、节材以及保护环境和施工者的健康与安全。

（2）当前的绿色施工不再是传统施工过程使要求的质量优良、安全保障、施工文明、企业形象等内容，也不再是被动的去适应传统施工技术的要求。

而是从生产的全过程出发，依据"四节一环保"的理念去统筹规划施工全过程，在保证质量、安全的前提下，最大限度地节约资源与减少对环境负面影响的施工活动，努力实现施工过程中的降耗、增效和环境保护效果的最大化。因此在工程总体策划时，必须对新技术和绿色施工相关技术具体内容和工作要点统筹策划。

1-351 工程参建单位绿色施工责任有哪些？

答：北京地方标准《绿色施工管规》第3章基本规定：工程监理承包商应对建设工程的绿色施工管理承担监理责任。监理项目部应审查《工程项目实施管理规划》中的绿色施工技术措施或专项施工方案，并在实施过程中做好监督检查工作；施工项目部应建立以项目经理为第一责任人的绿色施工管理体系，制定绿色施工管理责任制度。根据《工程项目实施管理规划》编制绿色施工技术措施或专项施工方案，并确保绿色施工费用的有效使用。

1-352　电网工程质量目标是什么？

答：根据《输变电工程施工合同》（SGTYHT/14-GC-015）合同协议书第 4 条款规定：

（1）质量总体要求严格执行国家、行业、国家电网公司有关工程建设质量管理的法律、法规和规章制度，贯彻实施工程设计技术原则，满足国家和行业施工验收规范的要求。

（2）输变电工程"标准工艺"应用率≥95％；工程"零缺陷"投运；实现工程达标投产及优质工程目标；工程使用寿命满足国家电网公司质量要求；不发生因工程建设原因造成的六级及以上工程质量事件。

1-353　电网工程的专项工程目标有哪些？

答：根据《输变电工程施工合同》（SGTYHT/14-GC-015）合同协议书第 1.2 条款规定，220kV 及以上项目工程质量总评为优良，分项工程（变电：合格率；线路：优良率）100％、单位工程优良率 100％，观感得分率（土建）≥95％；创建标准工艺应用示范工地，达到规模要求的项目创建省级公司输变电工程流动红旗，500kV 及以上项目应创建国家电网公司输变电工程流动红旗。

1-354　电网工程的创优目标是什么？

答：根据《输变电工程施工合同》（SGTYHT/14-GC-015）合同协议书第 8 款规定：
220kV 及以上项目确保达标投产，确保国家电网公司优质工程；
500kV 及以上项目争创国家级优质工程。

1-355　电网工程的档案软件管理目标是什么？

答：根据《输变电工程施工合同》（SGTYHT/14-GC-015）合同协议书第 7 款规定：
严格按照国家、行业、国家电网公司和项目建设管理单位的有关档案管理规定进行档案管理，将档案管理纳入整个现场管理程序，坚持归档与工程同步进行。

确保实现档案归档率 100％、资料准确率 100％、案卷合格率 100％，保证档案资料的齐全、准确、规范、真实、系统、完整；同时保证在合同规定的时间移交竣工档案。

基建管理信息系统应用目标：完整性、及时性、准确性 100％。

1-356　《输变电工程施工合同》对监理人有哪些要求？

答：根据《输变电工程施工合同》通用合同条款第 3 节规定：发包人应在发出开工通知前将总监理工程师的任命通知承包人。总监师更换时，应在调离 14 天前通知承包人。

总监师短期离开施工场地的，应委派代表代行其职责，并通知承包人；总监师应将被授权监理人员的姓名及其授权范围通知承包人。总监师撤销监理人员某项授权时，应将撤销授权的决定及时通知承包人。

1-357 《输变电工程施工合同》中对施工项目经理有哪些要求？

答：根据《输变电工程施工合同》通用合同条款第 4.5 规定，承包人应按合同约定指派项目经理，并在约定的期限内到职。承包人更换项目经理应事先征得发包人同意并应在更换 14 天前通知发包人和监理人。

施工项目经理短期离开施工场地，应事先征得现场总监师同意，并委派代表代行其职责。

1-358 承包人遇到不利物质条件如何处理？

答：根据《输变电工程施工合同》通用合同条款第 4.11.2 规定：

承包人遇到不利物质条件时，应采取适应不利物质条件的合理措施继续施工，并及时通知监理人。监理人应当及时发出指示，指示构成变更的，按本合同第 15 条约定办理。

监理人没有发出指示的，承包人因采取合理措施而增加的费用和（或）工期延误，由发包人承担。

1-359 现场遇到事故/件如何处理？

答：根据《输变电工程施工合同》通用合同条款第 9.5 规定：

工程施工过程中发生事故的，承包人应立即通知监理人，监理人应立即通知发包人。

发包人和承包人应立即组织人员和设备进行紧急抢救和抢修，减少人员伤亡和财产损失，防止事故扩大，并保护事故现场。需要移动现场物品时，应作出标记和书面记录，妥善保管有关证据。

发包人和承包人应按国家有关规定，及时如实地向有关部门报告事故发生的情况，以及正在采取的紧急措施等。

1-360 如何处理现场的设计错误？

答：根据《输变电工程施工合同》专用合同条款第 4.1.10.9 规定：

承包人应将其在审阅合同文件及施工过程中发现的工程设计或技术规范中的任何错误、遗漏、误差和缺陷及时通知监理人，并将任何有可能造成工程返工、建设投资浪费或影响工程建设顺利实施的因素及时通知监理人和发包人，监理人和发包人应及时处理此种通知。

在施工过程中，因承包人发现设计问题但未及时报告而造成损失的，承包人应承担损失费用的 25%。

1-361 《输变电工程施工合同》对工程分包有何规定？

答：根据《输变电工程施工合同》专用合同条款第 4.3 分包条款指出：

（1）工程建设全过程，执行国家电网公司输变电工程施工分包管理相关规定以及国家电网公司现行相关规定要求，承包人可实施工程分包许可范围，在开工前必须先提出具体分包项目，在施工前按照国家电网公司建设工程安全分包协议范本与分包商签订安全协议。

（2）工程建设过程中，建设管理单位负责审查承包人有关分包情况，负责审查分包项目负责人资质情况，对承包人的工程分包出具评价意见。

（3）承包人不得将工程主体、关键性工作专业分包给第三人。除合同另有约定外，未经发包人同意，承包人不得将工程的其他部分或工作专业分包给第三人。

（4）变电（含开关站）工程的构支架组立和一次、二次等电气设备安装工程。

（5）送电线路（包括直流换流站的接地极线路）工程的组塔、架线和附件安装。

（6）电缆线路工程的电缆安装（含敷设、连接）。承包人应严格执行投标文件承诺的施工分包计划（见附件3），承包人拟对分包计划外的工程开展施工分包时，需经发包人同意，否则，承包人不得实施分包。

（7）专业分包商的资质资格能力应符合以下要求：专业分包商应具有国家住建部及所属部门颁发的相应资质，委派的项目经理（负责人）具有相应资格和同类工程的施工业绩。其中：

① 500kV 及以上变电站一般土建工程具有房屋建筑工程施工总承包二级及以上资质或同类工程的专业承包二级及以上资质；

② 特高压工程、跨区直流工程的变电（换流）站内的桩基工程、送电线路大跨越灌注桩基础工程具有地基与基础工程专业承包一级及以上资质；

③ 变电站桩基工程具有地基与基础工程专业承包三级及以上或房屋建筑工程施工总承包三级及以上资质；

④ 送电线路基础工程具有地基与基础专业承包三级及以上资质或房屋建筑工程施工总承包三级及以上资质；

⑤ 变电工程的脚手架（高度 24m 及以上）搭拆具备附着升降脚手架专业承包二级及以上资质；

⑥ 变电站消防工程具有消防设施工程专业承包三级及以上资质；

⑦ 爆破施工具有爆破与拆除工程专业承包三级及以上资质；

⑧ 电力隧道（盾构法）工程专业分包商具有隧道工程专业承包二级及以上资质。

（8）劳务分包商的资质资格能力应符合以下要求：

① 参与土建（含线路基础）工程应具有相应的国家及所属部门颁发的房屋建筑类企业资质或相应的劳务资质；

② 参与 500kV 及以上输变电工程安装施工应具有电力工程施工总承包或送变电工程专业承包二级及以上资质；

③ 参与其他输变电工程安装施工应具有电力工程施工总承包或送变电工程专业承包三级及以上资质或者相应的劳务资质；

④ 从事输变电工程安装作业的分包商须同时取得国家能源局颁发的《承装（修、试）电力设施许可证》相应的许可资质。

（9）按合同约定分包工程的，承包人应向发包人和监理人提交分包合同副本。专业分包合同中应加入与本合同相同的有关承包人设备、临时工程的条款。

（10）除合同已有约定外，承包人进行分包须遵循以下约定：

① 承包人须对分包工程的施工全过程进行有效控制，确保工程建设满足合同要求，安

全处于受控状态。承包人不得将本合同下的质量、安全等责任以签订分包合同、安全协议等方式转移给分包商。

② 国家电网公司基建安全管理规定中明确的危险性较大的分部分项工程，超过一定规模的危险性较大的分部分项工程，重要临时设施、重要施工工序、特殊作业、危险作业项目以及需要施工项目部经理签发安全施工作业票的作业项目等具有危险性大、专业性强的劳务分包作业，承包人必须进行监督、指导，不得由劳务分包商独立进行。在合同履行期内，国家电网公司管理基建安全规定发生变化，以新的为准。

（11）分包管理：

① 分包合同中必须明确承包人、分包商双方的安全施工责任，强化分包商的责任意识。承包人应加强对分包商施工过程的监督和管理，抓好施工安全、质量工作。危险性较大的作业，承包人应事先进行安全技术交底，严格审查分包商的施工组织设计、技术措施、安全措施并备案，监督其严格实施。

② 承包人对劳务分包商的施工安全、质量行为等负责。劳务分包商的施工班组负责人、技术员、安全监督员等关键岗位必须由承包人人员担任。施工方案/措施等技术文件必须由承包人负责编制，并严格执行施工方案/措施编制、审核、批准和交底的程序，技术交底要求全员参加并履行签字手续。劳务分包商应在承包人的直接指挥和管理下进行施工作业。

③ 承包人必须依据国家规定，为从事危险作业的所有人员办理意外伤害保险，或以合同形式约定分包商办理；承包人应确保分包商与进场施工的每一位分包商人员签有书面劳动合同并报发包人备案，严禁未签订劳动合同的分包商人员进场作业。

④ 其他：承包人对劳务分包商的管理措施应符合国家电网公司电网建设工程施工分包管理相关规定、国家电网公司施工分包安全管理相关规定及国家电网公司其他相关规定。具体要求如下：

施工承包商必须将劳务分包人员纳入施工班组、实行与本单位员工"无差别"的安全管理，建立劳务分包人员三级安全教育、安全教育培训、意外伤害保险、员工体检等信息的劳务作业人员名册。

劳务分包作业的施工方案、作业指导书（含安全技术措施）等施工安全方案和安全施工作业票必须由施工项目部负责，施工承包商负责在作业前对全体劳务分包作业人员进行安全技术交底。

劳务分包人员在参与三级及以上危险性大、专业性强的风险作业时，施工承包商应指派本单位责任心强、技术熟练、经验丰富的人员担任现场施工班组负责人、技术员和安全员，对作业组织、工器具配置、现场布置和人员操作进行统一组织指挥和有效监督。

禁止劳务分包人员在没有施工承包商组织、指挥及带领的情况下独立承担拆除工程、土石方爆破、设备材料吊装、高处作业、临近带电体作业，大型基坑支护与降水工程、围堰工程、隧道工程、沉井工程、大型模板工程与脚手架（跨越架）搭设、大体积混凝土浇筑、钢结构吊装、铁塔组立、导线展放等施工作业或国家有关部门规定的、建设管理单位明确的其它危险性大、专业性强的施工作业。

劳务分包人员参与的其他施工作业，施工班组的关键岗位（现场负责人、现场指挥、安全监护）原则上应为施工承包商人员，由劳务分包商人员担任时必须经施工承包商（公司级）培训发证，并由监理项目部审核认可后持证上岗。

1-362　按照《输变电工程施工合同》现场需哪些遵守施工场地规则？

答：根据《输变电工程施工合同》专用合同条款第 4.6.5 条款指出，承包人应与监理人共同制定施工场地规则，订立在工程实施过程中应遵守的规章制度。施工场地规则应包括下列内容：

安全防卫、工程安全、环境卫生、防火措施、施工场地出入管理制度、周围及近邻环境保护的附加规则。

1-363　电网工程如何管理保留金质量保证金？

答：根据《输变电工程施工合同》专用合同条款第 17.4.1 条款指出，合同价格的 9% 作为保留金（暂按签约合同价计算，最终合同价确定后，以最终合同价调整），由发包人从进度款中按合同约定的比例分期扣留，直至达规定金额。

保留金包括：质量保证金和优质工程保证金以及质量、安全、信息化应用、档案等考核金，具体计算方法如下：

质量保证金为合同总价的 3%；质量考核金为合同总价的 1%；质工程保证金为合同总价的 1%；安全考核金为合同总价的 2%；信息化应用考核金合同总价的 1%；竣工资料移交、档案考核金合同总价的 1%。

1-364　电网工程对质量保修期有哪些要求？

答：根据《输变电工程施工合同》工程签订质量保修书第 2 条款规定：约定本工程的质量保修期如下：

（1）地基基础工程和主体结构工程为设计文件规定的该工程合理使用年限；

（2）屋面防水工程、有防水要求的卫生间、房间和外墙面的防渗漏为 5 年；

（3）变电站土建装修工程、电气管线、给排水管道、设备安装为 2 年；

（4）供热与供冷系统为二个采暖期、供冷期；

（5）接地极工程保修期为 2 年；

（6）电气安装、输电线路工程为 1 年；

（7）给排水设施、道路等配套工程为 2 年。

注：工程质量保留金为合同价金额 5%，支付方式执行专用条款。

1-365　电网工程安全生产费使用的范围有哪些？

答：（1）为提高施工本质安全水平，推广应用与工程安全生产直接相关更为先进、可靠、机械化程度更高的新技术、新工艺、新装备、新材料，新流程等工程概算批复的常规做法所增加的相关费用支出（不含机械、机具采购费用）。

① 基础施工人工挖孔基础、掏挖基础等深基坑采用旋挖钻机等新型专用机械开挖；

② 货运索道动力装置采用专用索道牵引机；

③ 铁塔组立应用具有安全自动控制装置的落地抱杆（双平臂抱杆、单动臂塔机、摇臂抱杆等）；

④ 采用液压式或双筒式牵引机械等牵引装置施工，以及双滚筒绞磨、液压绞磨等机械施工；

⑤ 施工机械增加配置安全自动控制装置，如采用视频监控系统、受力工器具监测等提高安全性能的辅助系统；

⑥ 提高工效、降低人工作业强度所采用的作业工具，如：法兰及其他高扭矩螺栓紧固应用电动扭矩扳手等；

⑦ 高处作业应用具有视频传输、语音交流等功能的指挥系统与单兵通信系统。

（2）如使用专业队伍进行工程货运索道、跨越架、脚手架等搭设与拆除专项工作，对施工分包管理人员配置提出的特殊要求等。

（3）采取施工合同中约定或经建设管理单位认可的特殊技术措施降低安全风险或环境保护措施所增加的费用支出，如掏挖基础、人工挖孔等深基坑人工开挖采取通风设施、专用爬梯、电动提土装置、安全逃生笼及自密实混凝土等特殊措施，特殊地形条件下搭设的专用作业平台、钢板桩支护、贝雷桥架设，高处作业采取的防坠落特殊措施等。

（4）完善、改造和维护安全防护设施设备支出（不含"三同时"要求初期投入的安全设施），包括：

① 钢管扣件组装式安全围栏、门形组装式安全围栏、绝缘围栏、安全隔离网提示遮栏、安全通道等安全隔离设施购置、租赁、运转费用；

② 钢制盖板等施工孔洞防护设施购置、租赁、运转费用；

③ 直埋电缆方位标志、过路电缆保护套管、漏电保护器、应急照明，在满足正常使用外，用于提高安全防护等级的施工用电配电箱、便携式电源卷线盘等设施购置、租赁、运转费用；

④ 易燃、易爆液体或气体（油料、O_2 瓶、乙炔气瓶、SF_6 气瓶等）危险品专用仓库建设费用，防碰撞、倾倒设施购置、租赁、运转费用；

⑤ 高处作业平台临边防护、绝缘梯子等防护设施购置、租赁、运转、检测、维护保养费用；

⑥ 灭火器、沙箱、水桶、斧、锹等消防器材（含架箱）购置、租赁、运转、检测、维护保养费用；

⑦ 绝缘安全网和绝缘绳购置、租赁、运转、检测、维护保养费用；

⑧ 验电器、绝缘棒、工作接地线和保安接地线等预防雷击和近电作业防护设施购置、租赁、运转、检测、维护保养费用；

⑨ 有害气室内或地下工程装设的强制通风装置或有害气体监测装置购置、租赁、运转、检测、维护保养费用；

⑩ 施工机械上的各种保护及保险装置购置、检测、维护保养费用，小型起重工器具检测、维护、保养费用，配合施工方案、作业指导书安全控制措施采用的临时设施（如纤维吊带、全方向转身盘、承托绳夹具、转向耳铁、混凝土边角保护框等）采购租赁、运转费用；

⑪ 为施工作业配备的防风、防腐、防尘、防水浸、防雷击等设施、设备购置、运转费用，防治边帮滑坡的设施及与之相关的配合费用。

（5）配备、维护、保养应急救援器材、设备、物资支出和应急演练支出，包括应急救援设备器材、急救药品购置、租赁、运转、维护费用，施工现场防暑降温费用。

（6）开展重大危险源和事故隐患评估、监控和整改费用。

（7）安全生产检查、评价（不包括新建、改建、扩建项目立项阶段的安全评价）、咨询和施工安全标准化建设支出，包括：

① 安全标志牌、限速指示牌、设施设备状态标示牌、操作规程牌、施工现场风险管控公示牌、应急救援路线公示牌等《输变电工程安全文明施工标准化管理办法》中为满足施工安全标准化建设所投入设施购置、租赁、运转费用；

② 提醒警示和人员的考勤等进出施工现场管理设施物品采购、租赁费用；

③ 施工人员食堂用于卫生防疫设施购置费用，高海拔地区防高原病、疫区防传染等配套设施、措施及运转费用；

④ 工程施工高峰期，委托第三方对安全管理工作进行阶段性评价费用，参加国家优质工程评选项目的竣工安全性评价等专项评价费用；

⑤ 施工项目部组织开展安全生产检查、咨询、评比、安全施工方案专家论证、配合职业健康体系认证所发生的相关费用。

（8）配备和更新现场作业人员（含劳务分包人员）安全防护用品支出，包括安全帽、安全带、安全网、全方位防冲击安全带、攀登自锁器、速差自控器、二道防护绳、水平安全绳、绝缘手套、防护手套、防护眼镜、防毒面具、防护面具、防尘口罩、防静电服（屏蔽服）、雨衣、救生衣、绝缘鞋、雨靴、防寒类等个人防护用品购置、租赁及保养、更换费用。

（9）配备和提高现场作业人员安全防护措施所使用的相关设施，如：语音提示器、酒精测试仪、风温检测仪、血压检测仪、高处作业站位板、体能测试台等的购置、租赁、运转、检测、维护保养费用。

（10）安全生产宣传、教育、培训支出，包括安全宣传类标牌制作、租赁、运转费用，安全生产有关的书籍（法律、法规、标准、规范等）购置费用。

（11）安全设施及特种设备检测检验支出，包括安全环境检测检验费用，对电力安全工器具和安全设施进行检测、试验所用的设备、仪器、仪表等。

（12）安全生产适用的新技术、新标准、新工艺、新装备的推广应用费用。其他与安全生产直接相关的费用。

1-366 电网工程文明施工费使用范围是什么？

答：（1）工程项目安全文明施工组织机构图、工程施工进度横道图、设备材料状态标示牌等《输变电工程安全文明施工标准化管理办法》中为满足文明施工标准化建设，所投入设施购置、租赁、运转费用；

（2）现场出入口、施工操作场地、现场临时道路硬化费用；

（3）土石方、砂石、水泥、机械设备等定置区域摆放，施工材料堆放铺垫隔离费用；

（4）现场清理、拆除、清运及弃渣，配备保洁用具等费用；

（5）现场设置操作指挥台、临时休息室、厕所费用。

🔍 1-367　电网工程环境保护费使用范围是什么？

答：（1）落实工程环境影响报告书、水土保持方案报告书及其批复要求，为达到项目所在地环保等部门要求发生的费用支出。

（2）针对施工引起的环保、水保问题制定的保护措施费用支出，包括防止大气污染、防止水污染、防止噪声污染、废弃物（如山区弃土弃渣、灌柱桩泥浆排放、盐碱地等特殊地质保护等）处理，以及材料运输保护、基坑开挖植被保护和植被恢复、放线通道保护等措施费用支出。

（3）根据绿色施工需要，制定经建设管理单位批准的绿色施工方案所采取措施的费用支出，如：采用水平定向钻敷设接地线、多旋翼无人遥控飞机展放导引绳、履带式运输车运输施工材料、混凝土输送泵车、泥浆沉淀外运等。备注：临时设施不得占用工程项目安全文明施工费。包括：职工宿舍、办公、生活、文化等公用房屋和构筑物及其附属物，生产用车间、工棚、加工厂，设备材料仓库、棚库，围墙、水源（支管）、电源（380/220V）、道路（支线）及施工现场内的通信设施费用。

🔍 1-368　使用工程安全文明施工费需要走哪些程序？

答：安全文明施工费使用计划编制与审批方面，由施工项目部在工程项目开工前，编制的工程项目施工安全管理及风险控制方案，用单独章节结合工程实际在安全文明施工费使用范围内，按照合理、合规、科学配备的原则，制定项目安全文明施工费使用计划，经施工企业审批后，提交监理项目部审核，报业主项目部批准，作为整个工程项目安全文明施工设施配置的依据。

🔍 1-369　电网建设施工安规对参建人员有哪些要求？

答：《电力安全工作规程》规定：相关的施工项目经理、项目总工程师、技术员、安全员、施工负责人、安全监护人、作业人员、特种作业人员、机械操作人员监理人员等应经安全培训合格并到岗到位。

🔍 1-370　电网建设施工安规在有限空间作业情况下对参建人员有哪些要求？

答：《电力安全工作规程》第 7.3 有限空间作业规定：

（1）进入井、箱、柜、深坑、隧道、电缆夹层内等有限空间作业，应在作业入口处设专职监护人。作业人员与监护人员应事先规定明确的联络信号，并与作业人员保持联系，作业和离开时应准确清点人数。

（2）有限空间出入口应保持畅通并设置明显的安全警示标志。

（3）有限空间作业现场的氧气含量应在 18％以上、23.5％以下。有害有毒气体、可燃气体粉尘容许浓度应符合国家标准的安全要求，不符合时应采取清洗或置换等措施。

（4）在氧气浓度、有害气体、可燃性气体、粉尘的浓度可能发生变化的作业中应保持必要的测定次数或连续检测。作业中断超过 30min，应当重新通风、检测合格后方可进入。

（5）在有限空间危险作业场所，应配备抢救器具，如：防毒面罩、呼吸器具、通信设备梯子、绳缆以及其他必要的器具和设备。

（6）有限空间作业场所应使用安全矿灯或 36V 以下的安全灯，潮湿环境下应使用 12V 的安全电压，使用超过安全电压的手持电动工具，应按规定配备剩余电流动作断路器。在金容器等导电场所，剩余电流动作断路器、电源连接器和控制箱等应放在容器、导电场所外面电动工具的开关应设在监护人伸手可及的地方。

1-371　施工承包商的分包管理责任有哪些？

答：（1）落实施工承包商的分包管理主体责任。作为电网建设工程施工分包管理的责任主体，对分包商资质审查、现场准入等负主体责任。

（2）施工项目部应严格管理分包队伍，强化分包作业现场监督管控、动态监督分包工程实施情况、及时上报工程分包管理信息，确保分包安全受控。

1-372　监理承包商的分包管理责任有哪些？

答：落实监理承包商对施工分包的监理责任。认真开展施工分包全过程监督管理工作，把好施工分包计划、分包商资质、分包合同、安全协议的审查及入场验证关，杜绝不合格分包商进入现场。强化分包安全监理工作，配备足额合格的监理人员，把分包作业安全技术文件的审查、高风险分包作业的安全旁站、分包作业安全检查等工作落到实处，动态掌握分包队伍的施工情况。

第 3.13 条规定，监理项目部要利用政府部门网上信息和名录公布的分包商法人、资质、资信、账号等信息，核对分包商授权书和相关文件，防止资质冒用和挂靠，确保分包合法合规。

1-373　国家住建部对分包商资质能力管理有哪些要求？

答：在《建筑业企业资质管理规定和资质标准实施意见》建市〔2015〕20 号：确定的过渡期内，承接变电建筑和线路基础工程劳务分包的分包商应具有相应劳务资质或房屋建筑类企业资质或者送变电类企业资质；过渡期后，承接变电建筑和线路基础工程劳务分包的分包商必须具有劳务资质。

承接变电电气安装、线路组塔、放线劳务分包的分包商应具有送变电类企业资质及国家电力监管部门颁发的承装电力设施许可证。推进分包商的能力评价，将分包商的人力资源、作业能力、履约情况等纳入合格分包商管理范畴。

1-374　国家电网公司对合格分包商名录管理有哪些规定？

答：对上报的合格分包商的正确性负责，监督施工承包商正确使用《合格分包商名录》，对使用禁用分包商和禁入人员的，将严肃追究相关人员的责任。

施工企业应严格执行公司关于专业分包劳务分包的企业资质、工程项目、作业范围等要求，从公司发布的《合格分包商名录》中择优选用符合分包内容与方式的分包商。

1-375 国家电网公司对分包管理有哪些规定？

答： 严禁签订转包合同和对主体、关键性工程进行专业分包的合同，禁止与资质不符合要求的企业、无资质企业或个人签订分包合同。严格将劳务分包内容限定在劳务作业范围内，严格以人工费计价方式确定劳务分包费用，不得计取主要建筑材料费、周转材料费和大中型施工机械设备费用，杜绝在劳务分包合同、安全协议中出现专业分包的条款和内容。

1-376 国家电网公司对分包合同签订有何规定？

答： 分包合同必须经施工企业相关职能部门审核会签后以公司名义签署，禁止施工项目部单独与分包商签订分包合同；合同文本必须通过公司基建信息系统生成。

所有工程分包合同金额不得大于50%。

1-377 分包付款六个"严禁"是什么？

答： 分包合同约定的付款账户必须为分包商的基本账户，合同必须是通过公司基建信息系统生成的合同。工程实施过程中，按照工程进展由发包单位财务部门及时支付分包工程款。

(1) 严禁超出合同约定付款；
(2) 严禁向合同约定外的账户付款；
(3) 严禁向个人账户付款；
(4) 严禁施工项目部直接对分包商付款；
(5) 严禁以现金方式支付工程款；
(6) 严禁与分包商账户有合同约定范围外的资金往来。

1-378 什么是"同进同出"？

答： 施工承包商确保管理人员与分包人员同进同出作业现场，严格根据项目现场一线管理人员情况配置。

采取一般管理人员作业现场跟班管理与高级管理人员分片、分段巡查管理相结合，以及由经过施工承包商培训发证后的分包商主要管理人员配合进行现场管理，提高施工现场分包管理水平。在抱杆起立、临近带电区域作业时，必须有施工承包商人员到场指挥、监护。

1-379 哪些工作严禁劳务工独立作业？

答： 劳务分包人员参与以下施工作业，必须在施工承包商的组织指挥下进行：拆除工程、土石方爆破、起重吊装作业、高处作业、临近带电体作业、大型基坑支护与降水工程、围堰工程、隧道工程、沉井工程、大型模板工程与脚手架（跨越架）工程、大体积混凝土浇筑、铁塔组立、起重机具安装拆卸等危险性大、专业性强的施工作业。

1-380　安全文明施工费用如何管理？

答：由施工承包商将安全施工费用按比例直接支付专业分包商，并监督其严格按规定使用；劳务分包环节的安全施工费用，由施工承包商统筹管理、代管代用，并确保相关费用全部用于分包人员和分包现场的安全生产。

1-381　哪些物质由承包商配置管理？

答：劳务分包人员的安全帽、安全绳/带等个人安全防护用品，劳务分包作业现场安全防护设施和作业所用的施工机械机具由施工承包商负责配置、提供；专业分包作业分包队伍自带机械、工机具，施工承包商须严格进行进场检查，确保质量规格符合要求。

1-382　工程分包商现场需提供哪些材料？

答：（1）分包商应在人员入场前，提供入场人员的基本信息、职业资格、健康情况等信息；

（2）分包人员报到后，施工承包商对进场人员结合上报信息进行核对，开展培训、进行身体健康检查、人身意外伤害保险办理情况检查，发放工作服、证卡、个人安全防护用品；并对实际进场分包队伍的资质以及进场分包人员的数量及能力、特种作业人员资格进行认真审核，禁止未成年人、超龄、职业病禁忌人员进入现场。

1-383　工程承包商如何"双准入"？

答：企业准入通过双准入系统实施和管理。未经公司安监部审核批准的双准入系统安全准入资格审核的外包单位不得在公司所属生产、经营区域内施工作业。

外包单位的准入信息审核包括：企业基本信息，相关资质证照，工作负责人信息，安全管理人员信息，安全工器具信息，特种设备信息和特种作业人员信息等。

工程项目准入由工程建设单位的工程组织部门发起，在双准入系统中录入项目概况，施工地点，工程时间等信息；同时上传安全协议、安全技术交底的实证资料，经安监部门审核、对口专业主管领导审批后为完成。

1-384　发生事故如何处理？

答：公司结合外包单位工作负责人的现场安全情况、日常违章情况等，对其安全技能等级进行调整。

（1）发生八级及以上人身安全事件或带有人员责任的电网、设备安全事件，自事件发生之日起，取消直接责任者的年度安全技能等级；

（2）以年度外包单位工作负责人安全技能考试成绩为基础，发生一次一般违章扣减 5 分，发生一次严重违章扣减 10 分，发生一次特别严重违章行为扣减 15 分，直至取消准入资格。

1-385 隧道盾构工程有哪些术语?

答:盾构隧道施工法(采用盾构掘进机在土砂等地层中推进,一边防止土砂崩塌,一边在其内部进行开挖、衬砌作业的修建隧道的一种方法),管片(圆弧形板状钢筋混凝土、钢、铸铁或多种材料复合的预制构件),管片拼装,管片解封密封条(防水的橡胶类条带),管片密封条沟槽,管片螺丝密封圈,壁厚注浆(初衬背后注浆)管片一般缺陷、管片严重缺陷。

1-386 电缆沟道安全施工需注意的事项有哪些?

答:(1)首先进行 DL5009《电力建设安全工作规程》考试并合格后上岗,进洞前先做好洞口工程,稳定好洞口的边坡和仰坡,做好天沟、边沟的排水设施和围挡工作,防止地表水渗透危、隧道及人员误坠等人身安全及工程安全;

(2)建立、做好交接班制度(该记录应详细记载人员、施工、安全质量及气体流畅等情况),有限空间气体检测(含设备尾气)工作,作业通风、安监巡查检查等要求;

(3)作业按照"先治水、短开挖、弱爆破;先护顶、强支护、早衬砌"原则稳步作业;

(4)进入竖井、盾构隧道时,先由安监员协同质量员检查工作面,机具实施的安全状态,详细检查围岩及初期支护,顶板和两帮稳定情况,发现问题或隐患即刻报告领导。在不良地质地段施工发现测试数据有突然变化或异常变化,及时通知监理、经理并启动应急方案。

1-387 如何使用《电力建设安全工作规程》?

答:由于电网基建工程是从零(或空白)考试建设,一般来说现场应学习、使用行业标准《电力建设安全工作规程》。

对于输变电改扩建工程,由于许多设备、实施是带电的,稍有疏忽会造成设备停电事故。为此承担这些工程则必须在《电力建设安全工作规程》基础上认真学习。

1-388 电建安规对业主项目部有哪些要求?

答:《电力建设安全工作规程》规定:工程建设,施工、监理等承包商的各级管理人员、工程技术人员应熟知并严格遵守本规程;施工人员应熟知并严格遵守本规程,并经考试合格后上岗;工程设计人员应按本规程的有关规定,从设计上为安全施工创造条件。

1-389 工程分包合同金额比例是多少?

答:所有的专业分包与劳务分包金额之和与施工承包合同金额的比例应严格控制在50%以内。

1-390 电网现场需要设计工代驻现场吗?

答:按规定派驻工地代表,提供现场设计服务,及时解决与质量相关的设计问题;

1-391　哪些部门/人可以撤换现场不称职人员？

答： 建设管理单位对工程项目安全管理工作不称职的施工项目经理、安全管理人员或安全监理人员，要求相关单位予以撤换；业主项目部对工程项目安全管理工作不称职的施工项目经理、安全管理人员或安全监理人员，提出撤换要求。

1-392　如何管理项目经理/总监？

答： 项目经理/总监长期不在施工现场，或者超出规定承担多个工程的相关工作。监理、施工单位投标时控制项目经理/总监承担工程的数目，业主项目部建立主要管理人员离开工程现场的请假制度。

1-393　什么是重大设计变更？

答： 在实际施工中，重大设计变更指改变了初步设计审定的设计方案、主要设备选型、工程规模及建设标准等原则意见，或者单项设计变更投资超过 20 万元的设计变更。

1-394　电网现场对安监师有哪些要求？

答： 安全监理工程师定期组织安全检查，进行日常的安全巡视检查；在旁站或巡视过程中，对现场落实文明施工标准化管理要求进行检查，并填写安全旁站监理记录（JAQ2）。

《项目安全质量数码照片管理的职责》要求：安全监理工程师结合工程建设实际，制定安全数码照片分阶段拍摄计划，并按要求分层建立文件夹；主要采集由监理自身组织的有关安全检查、施工阶段影响安全的关键部位、关键工序、重要及危险作业环节数码照片；且当天采集当天整理，最长不得超过一周；竣工后填写数码照片采集说明，二周内移交业主项目部安全质量专责统一汇总。

1-395　国网对现场安监师批准有何规定？

答： 工程监理承包商在工程建设期间，结合工程实际，合理调整资源配备，满足监理工作需要；监理项目部人员配置基本要求一览表规定：

（1）220kV 变电站总监师 1 名，总代按需配置；土建专业 1 名，电气专业 1 名，安监师 1 名；监理员按专业需要配置；造价人员 1 人可兼，信息资料人员 1 名；

（2）220kV 输电线路工程或各电压等级的电缆工程总监师 1 名，总代按需配置；专业监理师 1 名，安监师 1 名；监理员按专业需要配置，原则上平地每 12km，山地每 8km 配备 1 名监理员（电缆隧道工程按照每 2km 配备 1～2 名监理员需配置，其他按需配备）；造价人员 1 人可兼，信息资料人员 1 名。

1-396　国家电网公司对工程价款支付有何规定？

答： 工程价款支付应严格执行合同约定。工程预付款比例原则上不低于合同金额的 10%，不高于合同金额的 30%；工程进度款根据确定的工程计量结果，承包人向发包人提出支付工程进度款申请，并按约定抵扣相应的预付款，进度款总额不得高于合同金额的85%。

1-397 国家电网公司对发生工程事件的管理有何规定？

答：在工程招标与合同签订工作中，明确项目安全工作目标要求和安全考核奖惩措施，与中标单位签订安全协议。

业主项目部管理职责规定：组织实施工程项目安全考核奖惩措施。

建设管理单位在工程项目合同中明确对安全文明施工、违章及未遂事故（事件）的考核要求，依据合同有关条款及本规定要求，对监理、设计、施工等参建方进行安全考核及评价（合同中应明确安全保证金金额，并作为现场考核资金来源之一）。

业主项目部应对管理评价不合格的项目部及责任人进行通报批评，并依据有关制度及工程合同进行处罚。

业主项目部应通报批评安全检查中发现的重大隐患以及安全隐患未及时整改的项目部及责任人，并依据有关制度进行处罚。

违章与事故（事件）考核罚款应纳入安全管理专项基金，用于奖励安全管理先进单位或个人，并予以公示，专款专用，不得挪作他用。

1-398 发生工程安全事件时总包需要负担哪些责任？

答：分包工程发生安全质量事故和不稳定事件，按照国家有关法律法规和公司有关事故/件调查处理规定执行。业主依据安全质量奖惩有关规章制度，严肃追究相关责任单位和人员责任；施工承包商和分包商对分包工程的安全生产承担连带责任。

1-399 发生工程质量事件时总包需要负担哪些责任？

答：质量事件调查组要核实质量事件情况，分析质量事件发生原因，认定质量事件性质和责任，提出对责任单位及有关人员的处理建议，总结质量事件教训，提出整改和防范措施。

公司依据考核结果对有关单位和人员进行表彰、奖励或处罚。表彰和奖励的形式有通报表扬、物质奖励等；处罚的形式有通报批评、经济处罚、评标扣分或不予授标、资信评价扣分、行政处罚等。

1-400 汇报中如何描述工程实际形象？

答：（1）工程问题。

① 沟道施工（开工、围挡、竖井、隧道一衬、防水、二衬、隧道附属设施、井盖监控、竣工验收、具备投运条件、工程资料移交）；

② 线路施工（开工、基础开挖、杆塔组立、跨越架搭拆、接地、架线、附件安装、竣工验收、具备投运条件、工程资料移交）；

③ 变电站节点（开工、主体结构完成、二次结构、交安，电气一次、二次进场、调

试、验收、竣工投运节点、工程资料移交)。

(2) 需领导协调解决的问题（中心层面、院层面）。

① 中心层面：变更、签证审批进度、设计、施工招投标配合；

② 院、建设部层面：前期难点、初步设计审核问题、节点延迟会被上级建设部考量。

1-401　业主项目部公文文字处理需要注意哪些?

答：公文的标题为2号方正小标宋体字。章节为3号黑体字，正文内容为仿GB2312-3号字。

1-402　地方住房部门对"五方"责任人有哪些要求?

答：2016年元旦实施的《北京市建设工程质量条例》规定建设单位在工程竣工验收前，通过设置永久性标识，对建设、勘测、设计、施工及监理责任主体和项目负责人进行公告公示；同时建设，施工及监理项目部发现重大质量问题必须在发现之日起3日内报告行政主管部门，检测单位在发现检测结果不合格时，应在出具报告之日起2日内报告行政主管部门。

地基基础、主体结构的保险期为10年，防水工程的保险期为5年。

1-403　工程所需规划部门的合规性证书有哪些?

答：根据《北京市城乡规划条例》第23条，本市依法实行规划许可制度，各项建设用地和建设工程应符合城乡规划，依法取得规划许可。规划许可证件包括"一书两证"，选址意见书、建设用地规划许可证、建设工程规划许可证。

1-404　规划部门出具的"一书两证"有有效期吗?

答：根据《北京市城乡规划条例》第34、38、40条规定：建设单位应在取得选址意见书后2年内取得建设用地规划许可证；建设单位应在取得建设用地规划许可证后2年内取得土地行政主管部门批准用地文件；建设单位应在取得建设工程规划许可证后2年内取得建筑工程施工许可证。

1-405　国家的标准、规范对条文用词有何规定?

答：(1) 为便于在执行××标准条文时区别对待，对要求严格程度不同的用词说明如：

① 表示很严格，非这样做不可的用词：正面词采用"必须"，反面词采用"严禁"；

② 表示严格，在正常情况下均应这样做的用词：正面词采用"应"，反面词采用"不应"或"不得"；

③ 表示允许稍有选择，在条件许可时首先应这样做的用词：正面词采用"宜"，反面词采用"不宜"；表示有选择，在一定条件下可以这样做的用词，则采用"可"。

(2) ××规范条文中指明应按其他有关标准、规范执行的写法为"应符合的规定'或'应按执行"；同时在标准、规范中的强制性条文，均采用黑体字。

1-406　现场安全管理应敬畏和注意什么?

答：不要拉抽屉，违章其实就是害己害人。只有全体重视，大家都来监督和互控，违章才能无处觅，安全才会有保障。认真切实履行自己的安全职责，时刻绷紧安全这根，坚决不去触碰"红线"，树立"敬畏生命、敬畏职责，敬畏规程、敬畏纪律"安全意识，我们就会习惯成自然，就会处处事事抓安全。依法依规从严管理工程。

1-407　达标投产与创优工作程序有哪些?

答：工程项目最后一台机组投产后，基建项目单位即应开展达标投产自查和问题整治工作，自查符合达标投产要求后，经省级公司向国家电网公司申请达标投产验收，取得项目"达标投产"命名，然后开展工程创优申报工作。首先按照国家电网公司优质工程评选标准，申报取得"国网优质工程"称号；之后基建项目单位根据条件选择是否申报"中国电力行业优质工程"；如取得"中国电力行业优质工程"称号，基建项目单位根据条件再选择是否申报"国家优质工程"或"鲁班奖"。

1-408　现场哪些表现属于环保?

答：《中国建筑业绿色施工示范工程验收评价指标》第1节环境保护提出：

（1）现场施工标牌（应含工程概况牌、人员组织机构图牌、入场须知牌、安全警示牌、安全生产牌、文明施工牌、消防保卫制度牌，现场施工平面图、消防平面布置图及环境保护内容牌子）；

（2）生活垃圾设施的设置。

（3）现场污水排放。

（4）噪声控制措施及据测点地设置。

（5）基坑及现场直接裸露土体的施工绿化措施等5大项。

1-409　前期建场工作职责有哪些?

答：（1）负责启动工程前期建场工作，提出工程前期建场工作进度和要求，并组织属地公司编制前期建场工作实施计划；

（2）负责在 ERP 中对相关子项的利润中心、负责成本中心进行调整；

（3）负责组织审核施工临时占地方案和拆迁范围；

（4）负责协调工程前期建场工作中存在的争议；

（5）负责工程所涉及的与公路、河湖、铁路、地铁等市属或中央所属市政基础设施单位穿跨越审批手续的具体办理工作；

（6）负责在北京市属相关委办局办理工程的土地批复、环评验收、规划许可证、开工证等相关行政许可手续；

（7）负责定期调度工程前期建场工作，并根据施工进度及时组织开展前期建场验收工作；

（8）负责将属地公司提供的前期建场费结算书汇总至工程总结算书；

(9) 负责组织属地公司汇总前期工作资料，并统一归档；

(10) 负责组织开展对属地公司的前期建场工作考核评价，并将考核结果报公司建设部。

1-410 我国的安全生产方针是什么？

答：安全生产工作应当以人为本，坚持安全发展，坚持"安全第一、预防为主、综合治理"的方针，强化和落实生产经营单位的主体责任。

1-411 我国对生产经营单位的特殊作业人员有哪些特殊要求？

答：生产经营单位的特种作业人员必须按照国家有关规定经专门的安全作业培训，取得相应资格，方可上岗作业。

1-412 谁应当对安全设施设计负责？

答：设计人，设计单位。

1-413 什么是安全生产法提出的"三个必须"？

答：管行业必须管安全、管业务必须管安全、管生产经营必须管安全。

1-414 施工单位采购、租赁的安全防护用具、机械设备、施工机具及配件，应当具有哪"三证"？

答：生产/制造许可证、产品合格证。

1-415 施工单位的 "哪三种人" 人员应当经建设行政主管部门或者其他有关部门考核合格后方可任职？

答：主要负责人、项目负责人、专职安全生产管理。

1-416 电网建设工程如何成立安全委员会？

答：对同时满足"有三个及以上施工企业（不含分包单位）参与施工、建设工地施工人员总数超过 300 人、项目工期超过 12 个月"条款件的单项工程（针对输变电工程，变电站工程和输电线路工程可视为两个单项工程），负责（或委托建设管理单位）组建项目安全生产委员会（简称安委会）。

1-417 国务院第 393 号令规定施工现场什么人应培训后上岗？

答：施工单位应当对管理人员和作业人员每年至少进行一次安全生产教育培训，其教育培训情况记入个人工作档案。安全生产教育培训考核不合格的人员，不得上岗。

1-418 电网什么人需遵守《安规》？

答：工程建设、施工、监理等单位的各级管理人员、工程技术人员应熟知并严格遵守本规程，并经考试合格后上岗。

1-419　《安规》要求什么人每年考试一次？

答：施工作业人员及管理人员、工程技术人员应具备所从事作业的基本知识和技能，熟知并严格遵守本规程的有关规定，经安全知识教育和安全技能培训，并每年考试一次，考试合格方可上岗。

1-420　《建设工程安全生产管理条款例》对安全施工交底有哪些要求？

答：建设工程施工前，施工单位负责项目管理的技术人员应当对有关安全施工的技术要求向施工作业班组、作业人员作出详细说明，并由双方签字确认。

1-421　消防工程设计需要交底吗？

答：由消防设计承包商应向施工、监理、建设单位进行技术交底。

1-422　为何要对《工程项目管理实施规划》进行交底？

答：（1）由于电网《工程项目管理实施规划》是施工现场各级技术交底的主要内之一。通过交底讲解应使相关的管理人员和全体施工人员了解并掌握相关部分的内容和要求，保证《工程项目管理实施规划》得以有效的贯彻、实施。

（2）施工技术交底的目的是使管理人员了解项目工程的概况、技术方针、质量目标、计划安排和采取的各种重大措施；使施工人员了解其施工项目的工程概况、内容和特点、施工目的，明确施工过程、施工办法、质量标准、安全措施、环保措施、节约措施和工期要求等，做到心中有数。

（3）施工中发生质量、设备或人身安全事故时，事故原因如属于交底错误由交底人负责；属于违反交底要求者由施工负责人和施工人员负责；属于是违反施工人员"应知应会"要求者由施工人员本人负责；属于无证上岗或越岗参与施工者除本人应负责任外，班组长和班组专职工程师（专职技术员）亦应负责。

1-423　对安全、施工技术交底有哪些要求？

答：施工技术交底是施工工序中的首要环节，应认真执行。未经技术交底不得施工；技术交底必须有交底记录。交底人和被交底人要履行全员签字手续。

1-424　什么是公司级技术交底？

答：在施工合同签订后，施工承包商公司总工程师宜组织有关技术管理部门依据施工组织设计大纲、工程设计文件、设备说明书、施工合同和本企业的经营目标及有关决策等资料拟定技术交底提纲，对施工项目部各级领导和技术负责人员及相关质量、技术管理部门人员进行交底。

1-425 什么是项目部级技术交底？

答：在项目工程开工前，项目部总工程师应组织有关技术管理部门依据《工程项目管理实施规划》、工程设计文件、施工合同和设备说明书等资料制定技术交底提纲，对项目部职能部门、工地技术负责人和主要施工负责人及分包单位有关人员进行交底。

1-426 什么是工地级技术交底？

答：在本工地施工项目开工前，工地专责工程师应根据《工程项目管理实施规划》、工程设计文件、设备说明书和上级交底内容等资料拟定技术交底大纲，对本专业范围的生产负责人、技术管理人员、施工班组长及施工骨干人员进行技术交底；且交底内容是本专业范围内施工和技术管理的整体性安排。

1-427 什么是班组级技术交底？

答：施工项目作业前，由专职技术人员根据施工图纸、设备说明书、已批准的施工组织专业设计和作业指导书及上级交底相关内容等资料拟定技术交底提纲，并对班组施工人员进行交底；交底内容主要是施工项目的内容和质量标准及保证质量的措施。

1-428 电网建设对项目总工的技术交底有哪些要求？

答：施工项目部总工程师组织施工前的技术交底工作，参加或组织重要项目交底工作。

1-429 什么是电网施工交底责任？

答：技术交底工作是由各级生产负责人组织，各级技术负责人交底。重大和关键施工项目必要时可请上级技术负责人参加，或者由上一级技术负责人交底。各级技术负责人和技术管理部门应督促检查技术交底进行情况。

1-430 达标投产工程对施工交底有哪些要求？

答：安全专项方案应经审、批后实施；安全技术措施及专项方实施前，组织交底并履行签字手续。

1-431 给水排水管道雨期施工应采取哪些措施？

答：（1）合理缩短开槽长度、及时砌筑检查井；
（2）暂时中断安装的管道与河道相连通的管口应临时封堵、已安装的管道验收后应及时回填；
（3）制定槽边雨水径流疏导、槽内排水及防止漂管事故的应急措施；
（4）刚性接口作业宜避开雨天。

1-432 哪些作业内容需编制安全技术措施？

答：（1）重要施工工序。

（2）特殊作业。

（3）危险作业项目。

1-433 装饰施工在吊顶内作业时需要遵守哪些规定？

答：（1）应搭设步道。

（2）焊接要严加防火。

（3）焊接地点不得堆放易燃物。

1-434 电缆盘装卸及移动应符合哪些规定？

（1）卸电缆盘不能从车、船上直接推下。

（2）滚动电缆盘的地面应平整。

（3）滚动电缆盘应顺着电缆缠紧方向、破损电缆盘不得滚动。

1-435 在施工中，如工作平面高于坠落高度基准面 **3m** 及以上，对人群进行坠落防护时，应在存在坠落危险的部位下方及外侧垂直张挂什么？

答：安全平网。

1-436 何为电网施工图纸会检管理？

答：施工图纸是施工和验收的主要依据之一。为使施工人员充分领会设计意图、熟悉设计内容、正确施工，确保施工质量，必须在开工前进行图纸会检。对于施工图中的差错和不合理部分，应尽快解决，保证工程顺利进行。

1-437 工程质量优良标准是什么？

答：（1）变电站土建分项工程合格率100%，分部工程合格率100%，单位工程优良率100%，观感得分率≥90%；

（2）变电站安装分项工程合格率100%，分部工程合格率100%，单位工程优良率100%；

（3）输电线路分项工程优良率100%，分部工程优良率100%，单位工程优良率100%。

1-438 变电站工程有哪些安装内容？

答：主变压器系统设备安装、主控及直流设备安装、××kV 配电装置安装、××kV封闭式组合电器安装、××kV 及站用配电装置安装、无功补偿装置安装、全站电缆安装、全站防雷及接地装置安装、全站电气照明装置安装、通信系统设备安装等10

个单位。

1-439 架空线路工程有哪些安装内容?

答:分为土石方工程、基建工程、杆塔组立工程、架线工程及线路防护设耐等6部分。

1-440 盾构法施工有哪些安全与环保要求?

答:盾构法隧道施工必须采取安全措施,确保施工人员和设备安全;必须采取必要的环保措施。

1-441 隧道施工测量主要内容有哪些?

答:包括地面控制测量、联系测量、地下控制测量、掘进施工测量、贯通测量和竣工测量。

1-442 电网工程由谁参加工程检查?

答:业主代表(业主委托的监理工程师或运行单位代表)参加隐蔽工程、单元工程、分部工程和单位工程的检查。

1-443 电网工程的质量监督检查由谁负责?

答:质量监督站对大中型工程进行质量监督,对工程总体质量提出评定意见。

1-444 哪些电网工程不可专业分包?

答:(1)变电工程的构架组立及电气设备的安装、电器设备的调试;

(2)送电线路工程中的组立塔、架线及附件安装;

(3)电缆线路工程的电缆安装(含敷设、连接)。

1-445 安全文明施工费之来源及要求有哪些?

依据《国家能源局关于颁布2013版电力建设工程定额和费用计算规定的通知》(国能电力〔2013〕289号)第2.2.6.1条款。

答:根据《电网工程建设预算编制与计算规定》,安全文明施工费属建筑安装工程费中的直接费里的措施费条款。施费分别含有冬雨季施工增加费、夜间施工增加费、特殊地区施工增加费、临时设施费及安全文明费(含用于完善、改进项目安全生产条款件的安全生产费;现场文明施工所需要的各项文明施工费,现场为达到地方环保部门要求使需要的各项环境保护费);

项目法人管理费、工程监理费属项目建设总费用中的项目建设管理费,电力工程质量检测费属工程建设检测费;项目法人管理费项=取费基数×费率。

安全文明施工费=直接工程费×2.9%。

1-446 变电站工程人工垂直接地体宜采用热浸镀锌圆钢、角钢、钢管，其长度宜为多少？

答：2.5m。

1-447 基建工程防汛排查区域内容有哪些？

答：（1）建立工程现场防汛指挥部（业主项目部经理为现场指挥、施工项目部经理为常务副指挥、总监为副指挥），由施工项目部负责组建防汛应急救援抢修小组（需要固定人员），明确人员紧急疏散通道和应急救援路线，并开展应急演练。当汛情来临时，要统一现场指挥协调，首先确保人员安全，其次是机械设备和工程安全。

（2）项目部位置、施工驻地（含分包单位）、材料站、施工作业点（主要包括：深基坑、电力隧道、地下室、脚手架、跨越架、大面积钢筋绑扎和高大模板支撑系统、山区组塔等）、运输路径等关键位置及机械设备、临建设施的防雷接地措施，尤其要对位于低洼地带及临近山区、河流（沟、渠）等危险区域进行重点排查，制定切实可行的预控措施（如挡水墙、排水渠等），防止因降雨可能导致的进水、倒灌、淹泡、滑坡、泥石流、塌陷等次生灾害造成的人员、机械设备伤害和工程损失。

1-448 信息卡有哪些要求？

答：考试合格的人员统一录入双准入系统，并下发安全技能信息卡或外包单位关键岗位人员信息卡（信息卡）。信息卡是作业人员经考试合格、准许进入生产现场进行作业的有效凭证，作业人员参与现场作业时必须随身携带信息卡。

1-449 电网工程环境保护费使用范围有哪些？

答：（1）落实工程环境影响报告书、水土保持方案报告书及其批复要求，为达到项目所在地环保等部门要求发生的费用支出。

（2）针对施工引起的环保、水保问题制定的保护措施费用支出，包括防止大气污染、防止水污染、防止噪声污染、废弃物（如山区弃土弃渣、灌柱桩泥浆排放、盐碱地等特殊地质保护等）处理，以及材料运输保护、基坑开挖植被保护和植被恢复、放线通道保护等措施费用支出。

（3）根据绿色施工需要，制定经建设管理单位批准的绿色施工方案所采取措施的费用支出，如：采用水平定向钻敷设接地线、多旋翼无人遥控飞机展放导引绳、履带式运输车运输施工材料、混凝土输送泵车、泥浆沉淀外运等。

备注：临时设施不得占用工程项目安全文明施工费。包括：职工宿舍、办公、生活、文化等公用房屋和构筑物及其附属物，生产用车间、工棚、加工厂，设备材料仓库、棚库，围墙、水源（支管）、电源（380/220V）、道路（支线）及施工现场内的通信设施费用。

1-450　工程质量"五方"责任人是哪些人？

答：包括建筑工程的项目负责人、经授权的建设单位项目负责人、勘察单位项目负责人、设计单位项目负责人、施工单位项目经理和监理单位总监理工程师。

1-451　国家对工程质量"五方"责任人有哪些要求？

答：（1）工程的项目负责人。经授权的建设单位项目负责人、勘察单位项目负责人、设计单位项目负责人、施工单位项目经理和监理单位总监理工程师应当在办理工程质量监督手续前签署工程质量终身责任承诺书，连同法定代表人授权书，报工程质量监督机构备案；

（2）对未办理授权书、承诺书备案的，住房城乡建设主管部门不予办理工程质量监督手续、不予颁发施工许可证、不予办理工程竣工验收备案。

1-452　国家对项目总监师任职有何规定？

答：（1）建筑工程项目总监师主持建筑工程项目的全面监理工作并对其承担终身责任的人员。建筑工程项目开工前，监理单位法定代表人应当签署授权书。明确项目总监。项目总监应当严格执行以下规定并承担相应责任。

（2）项目总监（取得注册执业资格）不得违反规定受聘于两个及以上单位从事执业活动。

（3）项目总监违反规定受聘于两个及以上单位并执业的，按照《注册监理工程师管理规定》第31条规定对项目总监实施行政处罚。

1-453　国家对项目总监师的质量工作有何规定？

答：按照《建设工程质量管理条例》第72条规定：项目总监师未按规定组织监理项目部人员采取旁站、巡视和平行检验等形式实施监理造成质量事故的，项目总监师将不合格的建筑材料、建筑构配件和设备按合格签字的，需要对项目总监师实施行政处罚。

1-454　国家对项目经理任职有何规定？

答：（1）建筑施工项目经理必须按规定取得相应执业资格和安全生产考核合格证书；

（2）工程合同约定的项目经理必须在岗履职，不得违反规定同时在两个及两个以上的工程项目担任项目经理职务。

1-455　国家对工程项目经理违法违规行为有何规定？

答：（1）未按规定取得建造师执业资格注册证书担任大中型工程项目经理的，对项目经理按照《注册建造师管理规定》第35条规定实施行政处罚；

（2）未取得安全生产考核合格证书担任项目经理的，对施工单位按照《建设工程安全生产管理条例》第62条规定实施行政处罚，对项目经理按照《建设工程安全生产管理条例》第58条或第66条规定实施行政处罚；

（3）超越执业范围或未取得安全生产考核合格证书担任项目经理的；执业资格证书或

安全生产考核合格证书过期仍担任项目经理的；违反规定同时在两个或两个以上工程项目上担任项目经理的。

1-456 电网工程对持证上岗有哪些要求？

答：（1）业主项目经理、项目总监师、项目经理、项目总工须取得省级公司的安全质量培训合格证书；

（2）业主安全工程师、质量工程师；安全监理师及专业监理师；施工专职安全员、质检员分别安全、质量培训合格证书。

1-457 施工中项目经理需参加哪些验收工作？

答：项目经理必须组织做好隐蔽工程的验收工作，参加地基基础、主体结构等分部工程的验收，参加单位工程和工程竣工验收；必须在验收文件上签字，不得签署虚假文件。

1-458 我国对电网工程达标投产有哪些要求？

答：《输变电工程达标投产验收规范》基本规定提出：工程开工前，建设单位应制定"工程达标投产规划"，并组织参建单位编制"工程达标投产规划实施细则"及过程中组织实施。

1-459 工程为何要进行达标投产验收？

答：采取量化指标比照和综合检验相结合的方式对工程建设程序的合规性、全过程质量控制的有效性以及投产后的整体工程进行质量符合性验收。

1-460 达标投产验收有哪些要求？

答：达标投产验收分初验阶段（在工程投产前进行），复验阶段（在工程移交生产考核期后12个月内进行；考核期是从工程全部投运24h结束后开始计算的3个月时间）。

1-461 职业健康与环境管理有哪些要求？

答：（1）工程建设项目应成立由建设及各参建单位组成的项目安委会，按职责开展工作，并根据人员变化及时调整；同时设立防洪度汛组织机构，主要参建单位的该机构应健全（含防汛安全专项检查、值班到位、记录及齐全的问题整改）；

（2）建设及各参建单位应建立健全安全管理制度及相应的操作规程；安全例会制度的执行应形成记录；现场应按规定设置安全警示标示。

1-462 安全目标与方案措施管理有哪些要求？

答：（1）业主及参建单位应对工程项目进行危险源、环境因素辨识与评价，制定针对性控制措施，经编审批后实施；

（2）对危险性较大的分部/项工程，施工项目部编制专项方案并组织讨论；安全专项方案应经审、批后实施；安全技术措施及专项方实施前，组织交底并履行签字手续。

1-463　环境保护及绿色施工管理有哪些要求？

答：（1）业主项目部应编制《绿色施工方案》《植被恢复方案》及组织实施，并按《建筑工程绿色施工评价标准》评价。

（2）各参建项目部需编制含"四节一环（即节能、节地、节水、节材和环境保护）"措施的《绿色施工方案》并组织实施，按《建筑工程绿色施工评价标准》评价。

（3）不得使用国家明令禁止的技术、设备和材料。

1-464　施工用电与临时接地有哪些要求？

答：（1）施工用电方案应经审批后实施，同时用电实施应定期检查并形成记录。

（2）高于20m的金属井字架、钢脚手架、提装置等防雷接地应可靠，接地电阻小于等于10Ω；对临时接地定期进行检查检测并形成记录。

（3）脚手架搭拆应按审批的措施交底、实施；且挂牌使用，定期检查并形成记录。

1-465　电网建设各类脚手架有哪些要求？

答：荷载270kg/m²、24m及以上的落地钢管脚手架、附着式整体和分片提升脚手架、悬挑式脚手架、自制卸料平台、移动操作平台，新型及异型脚手架等特殊脚手架工程，应按专项安全施工方案审批及验收。

1-466　电网工程对劳动保护有哪些要求？

答：据《输变电工程达标投产验收规范规定》施工现场应有：卫生、急救、防疫、防毒、防辐射等专项措施，并组织实施；从事职业危害工种作业者定期体检。

1-467　电网工程对工程技术标准有哪些要求？

答：（1）现场的《工程执行技术标准清单》齐全、有效；编审批手续齐全，并经监理/业主项目部确认。

（2）工程《项目管理实施规范》内容完整齐全，编审批手续齐全；绿色施工措施翔实且可操作，评审表手续齐全。"五新"技术应用编写实施方案或指导书。

（3）分部/项工程及单位工程验评的施工检查记录齐全、数据真实准确、填写规范，验收签证、检验/试验报告准确。

1-468　建筑工程质量验收程序的规定有哪些？

答：（1）检验批由专业监理师组织施工项目部专业质检员、专业工长等进行验收。

（2）分项工程由专业监理师组织施工项目部总工等进行验收。

（3）分部工程由总监师组织施工项目部经理、总工等进行验收。

（4）勘测、设计承包商项目负责人和施工企业技术、质量部门负责人参加地基与基础分部工程的验收；设计承包商项目负责人和施工企业技术、质量部门负责人参加主体结构、节能分部工程的验收。

1-469 建筑单位工程质量如何验收？

答：（1）单位工程完工后，施工承包商应组织有关人员进行自检。总监师应组织各专业监理师对工程质量进行竣工预验收。存在施工质量问题时，由施工项目部整改。整改完毕后，由施工承包商向建设单位提交工程竣工报告，申请工程竣工验收。

（2）建设单位受到工程竣工报告后，由业主项目经理负责组织工程监理、施工、设计、勘测等项目负责人进行单位工程验收。

1-470 GB 50233—2005 《110～500kV 架空输电线路施工及验规》 和 GB 50233—2014 《110～750kV 架空输电线路施工及验规》 有何区别？

答：GB 50233—2005《110～500kV 架空输电线路施工及验规》和 GB 50389—2006《750kV 架空输电线路施工及验规》经重编，成为新的 GB 50233—2014《110～750kV 架空输电线路施工及验规》，GB 50233—2005 已经作废。

1-471 电网线路土石方工程对回填有哪些要求？

答：（1）铁塔基础坑的回填，应分层夯实，每回填 300mm 厚度夯实 1 次。坑口的地面上应筑防沉层，其上部边宽不得小于坑口边宽，且高度视土质夯实程度确定，不宜低于 300mm。经过沉降后应及时补填夯实，工程移交时回填土不应低于地面；石坑回填应以石子与土按 3∶1 掺和后回填夯实。

（2）接地沟的回填宜选未掺有石块及其他杂物的泥土并应夯实。回填后应筑防沉层，其高度宜为 100～300mm，工程移交时回填土不得低于地面。

1-472 立柱顶面何时可抹成斜平面？

答：当转角塔、终端塔设计要求采取预偏的，同一基地脚螺栓基础的四个立柱顶面应按预偏值抹成斜平面，并应共在一个整斜平面或平行平面内。

1-473 1000kV 线路铁塔回填有哪些要求？

答：铁塔基础坑的回填应分层夯实，每回填 300mm 厚度夯实 1 次。回填后坑口的地面上应筑防沉层，其上部边宽不得小于坑口边宽，且高度视土质夯实程度确定，不宜低于 300mm。经过沉降后应及时补填夯实，工程移交时回填土不应低于地面。

1-474 1000kV 线路接地沟回填有哪些要求？

答：接地沟宜选未掺有石块及其他杂物的泥土回填并夯实。回填后应有筑防沉层，其高度宜为100～300mm，工程移交时回填土不得低于地面。

1-475 1000kV线路对试块制作数量有哪些要求？

答：（1）一般铁塔基础每基应取一组，当单腿超过100m³应每腿取一组。

（2）按大跨越设计的铁塔基础每腿应取一组；单腿超过200m³时，每增加200m³应取一组；现浇桩基础，应每桩取一组。

（3）采用承台及联梁时，承台及联梁每基应取一组，单基超过200m³时，每增加200m³应加取一组。

1-476 1000kV线路现场浇筑基础注意什么？

答：混凝土浇制过程中应严格控制水灰比，每班日或每条基础腿应检查2次及以上坍落度；混凝土配合比材料用量每班日或每条基础应至少检查2次。

1-477 工程分解组立铁塔时，铁塔基础必须符合哪些要求？

答：分解组立铁塔时，混凝土抗压强度应达到设计强度的70%；整体组立铁塔时，混凝土抗压强度应达到设计强度的100%。当立塔持证采取防止基础承受水平推力的措施时，混凝土的抗压强度不应低于设计强度的70%。

1-478 铁塔组立中其螺栓需紧拧几次？

答：三次。

（1）采用螺栓连接构件时与螺母拧紧；铁塔连接螺栓应逐个紧固，4.8级螺栓的扭紧力矩执行相关规定。

（2）铁塔连接螺栓在组立结束时必须全部紧固一次；检查扭矩合格后方准进行架线及架线后，螺栓还应复紧一遍。

（3）铁塔组立过程中，应对螺栓逐段紧固，整基塔组立结束后。应对连接螺栓进行检查；架线后应对螺栓扭矩进行复查。

1-479 特高压线路对接地有哪些规定？

答：（1）埋设水平接地体宜满足下列规定：遇倾斜地形宜沿等高线埋设、两接地体间的平行距离不应小于5m、接地体敷设应平直垂、直接地体应垂直打入，并防止晃动。

（2）接地体间应连接可靠。除设计规定的断开点可用螺栓连接外，其余应用焊接或液压、爆压方式连接。连接前应清除连接部位的浮锈。当采用搭接焊接时，圆钢的搭接长度应不少于其直径的6倍并应双面施焊；扁钢的搭接长度应不少其宽度的2倍并应四面施焊。采用压接连接时，接续管的壁厚不得小于3mm；对接长度为圆钢直径的20倍，搭接长度为圆钢直径的10倍；接地用钢筋如采用液压、爆压方式连接，其接续管的型号与规格应与所压钢筋相匹配。

（3）接地引下线与铁塔的连接应接触良好并便于运行测量和检修。当引下线直接从架空地线引下时，引下线应紧靠塔身，并应每隔一定距离与塔身固定一次。

1-480 特高压电网隐蔽工程有哪些内容？

答：隐蔽工程的验收检查应在隐蔽前进行，内容有：

（1）基础坑深及地基处理情况；

（2）现浇基础中钢筋和预埋件的规格、尺寸、数量、位置、底座断面尺寸、混凝土的保护层厚度及浇制质量；

（3）岩石及掏挖基础的成孔尺寸、孔深、埋入铁件及混凝土浇制质量；

（4）灌注桩基础的成孔、清孔、钢筋骨架及水下混凝土浇灌；液压连接的接续管、耐张线夹、引流管；

（5）导线、架空地线补修处理及线股损伤情况；

（6）铁塔接地装置的埋设情况。

1-481 电网工程中间验收有哪些规定？

答：中间验收按基础工程、铁塔组立、架线工程、接地工程进行，在分部工程完成后实施验收，也可分批实施验收。

1-482 中间验收有哪些基础工程内容？

答：（1）立方体试块为代表的现浇混凝土基础的抗压强度；

（2）整基基础尺寸偏差；

（3）现浇基础断面尺寸；

（4）同组地脚螺栓中心或插入式角钢形心对立柱中心的偏移；

（5）回填土情况。

1-483 中间验收有哪些铁塔工程内容？

答：（1）铁塔部件、构件的规格及组装质量；

（2）铁塔结构倾斜；

（3）螺栓的紧固程度、穿向等；

（4）保护帽浇制质量；

（5）防沉层情况。

1-484 中间验收有哪些架线工程内容？

答：（1）导线及架空地线的弧垂；

（2）绝缘子的规格、数量，绝缘子串的倾斜、绝缘和清洁；

（3）金具的规格、数量及连接安装质量，金具螺栓或销钉的规格、数量、穿向；

（4）铁塔在架线后的倾斜与挠曲；

（5）引流线安装连接质量、弧垂及最小电气间隙；

（6）绝缘架空地线的放电间隙；

（7）接头、修补的位置及数量；

（8）防振锤及阻尼线的安装位置、规格数量及安装质量；

（9）导线换位情况；

（10）间隔棒的安装位置及安装质量；

（11）导线对地及跨越物的安全距离；

（12）线路对接近物的接近距离；

（13）光纤复合架空地线有否受损，引下线及接续盒的安装质量。

1-485　中间验收有哪些接地工程内容？

答：（1）实测接地电阻值；

（2）接地引下线与铁塔连接情况。

1-486　竣工验收内容有哪些？

答：（1）竣工验收在隐蔽工程验收和中间验收全部结束，有关问题已得到处理后实施。竣工验收是对架空送电线路投运前安装质量的最终确认。

（2）竣工验收除确认工程本体的安装质量外尚应包括以下内容：

① 线路走廊障碍物的处理情况；

② 防护设施完成情况；

③ 铁塔固定标志标记情况；

④ 临时接地线的拆除；

⑤ 其他遗留问题的处理情况；

⑥ 竣工验收除验收实物质量外尚应包括各种工程资料；施工验收质量记录表由相关人员填写，签字后生效。

1-487　线路工程在竣工验收合格后以及投运前，应按哪些步骤进行竣工试验？

（1）测定线路绝缘电阻；

（2）核对线路相位；

（3）测定线路参数特性；

（4）电压由零升至额定电压，但无条件时可不做；

（5）以额定电压对线路冲击合闸三次；

（6）带负荷试运行 24h。

1-488　工程资料移交的内容和注意事项有哪些？

答：移交时应统一编号并按工程档案管理要求装订成册且列出清单，具体工程竣工的移交资料如下：

（1）工程验收的施工质量记录；

(2) 修改后的竣工图；

(3) 设计变更通知单及工程联系单；

(4) 原材料和器材出厂质量合格证明和试验记录；

(5) 代用材料清单；

(6) 工程试验报告（记录）；

(7) 相关协议书；

(8) 未按设计施工的各项明细表及附图；

(9) 施工缺陷处理明细表及附图。

1-489　线路实体（铁塔）移交时有何规定？

答：铁塔上应有下列固定标志，标志的式样及悬挂位置应符合设计和建设方的要求。

(1) 线路名称或代号及塔号；

(2) 耐张型、换位型铁塔及换位塔前后相邻的各一基铁塔的相位标志；

(3) 高塔按设计规定装设的航行障碍标志，多回路铁塔上的每回路位置及线路名称。

1-490　对混凝土的地坪、楼板、屋层养护有哪些要求？

答：在混凝土的自然养护中大面积混凝土（如地坪、楼板、屋层），可采用蓄水养护，对筏形基础等结构可注水养护，但应采取措施，以防止渗漏造成地基沉陷。

1-491　地下结构中的坑、池、地下室侧壁需要留施工缝时应符合哪些规定？

答：(1) 墙体水平施工缝不应留在剪力弯矩最大处或底板与侧墙的交接处，应留在高出底板表面不小于 300mm 的墙体上。拱（板）墙体结合的水平施工缝，宜留在拱（板）墙接缝线以下 150～300mm 处。墙体有预留孔洞时，施工缝距孔洞边缘不应小于 300mm；

(2) 垂直施工缝应避开地下水和裂隙水较多的地段，并宜与变形缝相结合。

1-492　地下隧道施工应注意什么规定？

答：宜采用分段、跳仓施工，长度一般为 20～30m；分段施工时，应按设计要求严格保证变形缝的施工质量，防止渗水和开裂；隧道内模拆除时，混凝土强度等级必须达到设计的 70% 以上。

1-493　钢筋混凝土沟道盖板安装应注意什么？

答：盖板应上下方向；安装前应将沟道的搁置面按照设计标高找平；且安装应平稳整齐；表面不覆土的盖板，其吊环不得高出平面。

1-494　电缆（隧道）工程施工主要项目文件有哪些？

答：电缆隧道、沟道试验报告及施工记录，试验报告，电缆敷设工程相关记录及质量评定表，电缆附件安装工程相关记录、工程质量评定表，评级记录，线路调试等 6 大项。

1-495　电缆施工应做何准备？

答：开挖土方应根据现场的土质确定电缆沟、坑口的开挖坡度，防止基坑坍塌，采取有效的排水措施。不得将土和其他物件堆在支撑上，不得在支撑上行走或站立。沟槽开挖深度达到 1.5m 及以上时，应采取防止土层塌方措施。每日或雨后复工前，应检查土壁及支撑稳定情况。

1-496　变电站施工中对脚手架有哪些要求？

答：脚手架搭设后应经施工和使用部门验收合格后方可交付使用，使用中应定期进行检查和维护；脚手板与墙面的间距不得大于 200mm；脚手板搭接长度不得小于 200mm，对接处应设两根横向水平杆，其间距不得大于 300mm；直立爬梯踏步间距不得大于 300mm。

脚手架每月检查一次，施工安全区域周围应围设围栏和安全标志，并设专人安全监护。脚手架应有防雷接地措施。

1-497　建设工程施工合同由哪些内容组成？

答：由合同协议书、通用合同条款和专用合同条款三部分组成，其中：

（1）合同协议书共计 13 条，主要包括：工程概况、合同工期、质量标准、签约合同价和合同价格形式、项目经理、合同文件构成、承诺以及合同生效条件等重要内容，集中约定了合同当事人基本的合同权利义务。

（2）通用合同条款共计 20 条，具体条款分别为：一般约定、发包人、承包人、监理人、工程质量、安全文明施工与环境保护、工期和进度、材料与设备、试验与检验、变更、价格调整、合同价格、计量与支付、验收和工程试车、竣工结算、缺陷责任与保修、违约、不可抗力、保险、索赔和争议解决。前述条款安排既考虑了现行法律法规对工程建设的有关要求，也考虑了建设工程施工管理的特殊需要。

（3）专用合同条款是对通用合同条款原则性约定的细化、完善、补充、修改或另行约定的条款。合同当事人可以根据不同建设工程的特点及具体情况，通过双方的谈判、协商对相应的专用合同条款进行修改补充。

1-498　合同当事人如何增加相关内容？

答：合同当事人可以通过对专用合同条款的修改，满足具体建设工程的特殊要求，避免直接修改通用合同条款。

1-499　"建设工程施工合同"对安全文明施工有哪些要求？

答：合同履行期间，合同当事人均应当遵守国家和工程所在地有关安全生产的要求，合同当事人有特别要求的，应在专用合同条款中明确施工项目安全生产标准化达标目标及相应事项。

1-500　"建设工程施工合同"对特别安全生产事项有哪些要求？

答：承包人在动力设备、输电线路、地下管道等施工时，施工开始前应向发包人和监理人提出安全防护措施，经发包人认可后实施；

需单独编制危险性较大分部分项专项工程施工方案的，及要求进行专家论证的超过一定规模的危险性较大的分部分项工程，承包人应及时编制和组织论证。

1-501　发包人如何支付安全文明施工费？

答：除专用合同条款另有约定外，发包人应在开工后 28 天内预付安全文明施工费总额的 50%，其余部分与进度款同期支付；

承包人对安全文明施工费应专款专用，并应在财务账目中单独列项备查，不得挪作他用，否则发包人有权责令其限期改正；逾期未改正的，可以责令其暂停施工，由此增加的费用和（或）延误的工期由承包人承担。

1-502　工程"项目管理实施规划"应何时进行提交和修改？

答：除专用合同条款另有约定外，承包人应在合同签订后 14 天内，但最迟不得晚于合同载明的开工日期前 7 天，向监理人提交详细的项目管理实施规划，并由监理人报送发包人；

除专用合同条款另有约定外，发包、监理人应在监理人收到项目管理实施规划后 7 天内确认或提出修改意见。对发包人和监理人提出的合理意见和要求，承包人应自费修改完善。

1-503　专用合同条款对安全文明施工与环保有何规定？

答：有项目安全生产的达标目标及相应事项的约定，关于治安保卫的特别约定，合同当事人对文明施工的要求。

1-504　电网工程合同对质量有哪些总体要求？

答：输变电工程"标准工艺"应用率≥95%；工程"零缺陷"投运；实现工程达标投产及优质工程目标；工程使用寿命满足国家电网公司质量要求；不发生因工程建设原因造成的六级及以上工程质量事件。

1-505　电网工程监理合同有哪些专项质量要求？

答：220kV 及以上项目：工程质量总评为优良，分项工程（变电：合格率；线路：优良率）100%、单位工程优良率 100%，观感得分率（土建）≥95%；创建标准工艺应用示范工地，达到规模要求的项目创建省级公司输变电工程流动红旗，500kV 及以上项目应创建国家电网公司输变电工程流动红旗。

1-506　电网工程有哪些创优目标？

答： 220kV 及以上项目确保达标投产，确保国家电网公司优质工程；500kV 及以上项目争创国家级优质工程；其他目标承包人应切实贯彻国家电网公司"三通一标""两型三新""两型一化"及智能化变电站建设相关要求。

1-507　电网施工合同如何考核现场安全文明施工、保卫和环保？

答： 发包人工程管理人员、项目经理、安全监督人员、监理人将对施工现场进行例行检查、抽查，按照合同约定的有关标准或考核办法对承包人的安全文明施工、保卫和环境保护工作进行考核，并根据考核结果扣减相关费用或要求承包人承担违约责任。

1-508　电网施工合同中不安全现象或行为有何制裁措施？

答： 承包人违反合同对安全文明施工、保卫及环境保护的有关约定时，发包人可采取以下措施（包括但不限于，且可以并施）：

（1）通报批评；

（2）责令承包人停工整顿，由此造成的损失及责任由承包人承担；

（3）按照合同相关约定扣除安全考核金；

（4）视情节轻重要求承包人支付相应的违约金。

1-509　电网施工有哪些违章现象需要扣除安全考核金？

答：（1）承包人违反合同对安全文明施工、保卫及环境保护的有关规定，出现安全事故或不满足安全文明施工管理要求的情况时，发包人有权依合同的约定扣减安全考核金。

发包人将在事实清楚的前提下，书面通知承包人扣款金额；日常检查中发包人扣款时，将开具扣款通知单，在进行合同价款结算时依据存根汇总后，书面通知承包人后扣除。

所扣款项以合同约定的数额为限，在合同结算时执行。扣除安全考核金并不减轻或免除承包人的安全文明施工责任。

（2）发包人组织安全监督检查时，未能达到标准要求且在未按要求完成整改消缺的，每次扣安全考核金 10%。

1-510　甲变电站工程在施工中，由于电缆沟盖板加工问题批量返工，从而造成了15 万元直接经济损失。上述事件属于哪类、几级质量事件？ 应如何报告，并由哪级公司负责进行事件调查？

答：（1）是工程建设质量事件，属于七级质量事件；

（2）质量事件发生后，事件现场有关人员应当立即向本单位现场负责人报告。现场负责人接到报告后，应立即向本单位负责人报告。情况紧急时，事件现场有关人员可以直接向本单位负责人报告；

（3）该事件应由省级电力公司或其授权的单位组织调查，国家电网公司认为有必要时可以组织、派员参加或授权有关单位调查。

1-511 电网工程保留金有哪些内容？

答：将合同价格的 9% 作为保留金（暂按签约合同价计算，最终合同价确定后，以最终合同价调整），由发包人从进度款中按合同约定的比例分期扣留，直至达规定金额。保留金包括：质量保证金和优质工程保证金以及质量、安全、信息化应用、档案等考核金，具体组成如下：

（1）质量保证金为合同总价的 3%；

（2）优质工程保证金为合同总价的 1%；

（3）质量考核金为合同总价的 1%；

（4）安全考核金为合同总价的 2%；

（5）信息化应用考核金为合同总价的 1%；

（6）竣工资料移交、档案考核金为合同总价的 1%。

1-512 工程承包商在《国家承装电力设施许可证》方面违法/规现象有哪些？ 结合现场如何管理？

答：根据国家能源局 2015 年第 15 号《在建电网工程项目许可制度执行情况专项监管报告》通报：

（1）企业伪造许可证承揽电网工程，个别分包企业伪造承装（修、试）电力设施许可证进入国家电网公司合格分包商名录并承揽电网工程。

（2）省级电力公司未将承装（修、试）电力设施许可证（承试类）列入变电站安装招标条件。

（3）承装修、试电力设施企业（简称持证企业）出租、出借许可证，施工单位、个人涉嫌挂靠许可证投标或承揽工程。如通过出具法人授权委托书、缴纳临时社保等方式，与挂靠人建立形式上的劳动用工关系，实质将许可证出借给个人对外承接工程，并从中以抽取利润等方式收取管理费。

（4）承包企业与分包企业签订阴阳合同。个别承包企业违反国家工程承包管理相关规定，同一工程项目与分包企业签订不同的两份合同，形式上对外为劳务分包合同，对内实质为专业。

（5）有承包企业将高压电气设备试验委托给无承装电力设施许可证企业施工。

（6）工程承包商违规现象有：

① 龙江鑫煌电力安装工程公司等企业伪造许可证承揽工程。个别施工企业伪造许可证从事承装（修、试）电力设施活动。

② 上海富生电力工程公司等企业无证，违规从事承装（修、试）电力设施活动。

③ 山西送变电等持证企业违反许可管理制度，在工程发包等环节存在违规分包等现象。

④ 四川岳池电力建设总公司等持证企业出租出借许可证或挂靠借用许可证承揽工程。

⑤ 部分持证企业在施工过程中使用无证电工或超越许可资质、使用失效《承装电力设施许可证》书继续承揽工程；岳池送变电工程公司、华鉴市南方送变电公司、广安智丰建设工程公司、陕西天禹电力工程公司等持证企业未进行跨区作业报告。

1-513 施工单位选择施工方案时应有哪些注意事项？

乙变电站工程项目中采用钢筋混凝土结构。施工顺序分为基础工程、主体工程、机电安装工程和装饰工程四个阶段。甲施工项目部对该工程的施工方法进行了选择。拟采用如下方案：

（1）土石方采用人工开挖，放坡系数为 1∶0.5；待挖至设计标高时进行验槽，验槽合格后进行下道工序；

（2）砌筑工程的墙身用皮数杆控制，先砌外墙再砌内墙，370mm 墙采用单面挂线，以保证墙体平整；

（3）防水分项工程的防水材料进场后，应检查出厂合格证检查后可允许使用；

（4）扣件式钢管脚手架的作业层非主节点处的横向水平杆最大间距，不应大于纵距的 3/4。

问题：1. 施工单位采用的施工方案有何不妥？请指出并改正。

2. 针对砌筑工程在选择施工方案时的主要内容包括哪些？

3. 扣件式钢管脚手架的作业层主节点杆件两个直角扣件的中心距设置为 180mm，在双排脚手架中，横向水平杆靠墙一端的外伸长度为 600mm。有何不妥？请指出并改正。

答：1. 施工项目部采用的施工方案的不妥之处为：

① 方案先砌外墙后砌内墙不正确，内外墙应同时砌筑；

② 370mm 墙应采用双面挂线；

③ 防水材料进场后，除检查出厂合格证外还须检查试验室的复试报告，只有试验合格后方可使用；

④ 扣件式钢管脚手架的作业层非主节点处的横向水平杆最大间距，不应大于纵距的 1/2。

2. 砌筑工程在选择施工方案时的主要内容包括：

① 砌体的组砌方法和质量要求；

② 弹线及皮树杆的控制要求；

③ 确定脚手架搭设方法及安全网的挂设方法。

3. 扣件式钢管脚手架的作业层主节点处两个直角扣件的中心距不应大于 150mm，在双排脚手架中，横向水平杆靠墙一端的外伸长度不应大于杆长的 0.4 倍，且不应大于 500mm。

1-514 A 为独立土方工程，招标文件中估计工程量为 100 万/m³，合同规定土方工程单价为 5 元/m³。 当实际工程量超过估计工程量为 15%，调整单价，单价调为 4 元/m³。 工程结束实际完成的工程量为 1300/m³，问应付工程款为多少？

答：合同约定范围内（15%以内）的工程款为：100×（1+15%）×5＝115×5＝575 万

元；当超过 15％之后部分工程量的工程款是：$(130-115)\times 4=60$ 万元；则该土方工程款合计为：$575+60=635$ 万元。

1-515 B 工程合同总金额 **200 万元**，规程预付款为 **24 万元**，主要材料、构件费所占比重为 **60％**。问起扣点为多少万元？

答：已知 P—承包合同总额；M—工程预付款数额；N—主要材料、构件费所占比重。

按起扣点计算公式：$T=P-M/N=200-24/60\%=160$ 万元；所以：当工程完成 160 万元时，该项目工程预付款开始起扣。

1-516 C 工程发包人与乙方签订一份施工合同，该合同中含 **2 个子项工程**。估计甲项工程量为 **2300m³**，每方为 **180 元/m³**；乙项工程量为 **3200m³**，每方是 **160 元/m³**。预付款是多少？

承包合同规定：

(1) 开工前发包人向承包方支付合同价 20％的预付款；

(2) 发包人自第 1 个月起，从承包方的工程款中按 5％的比例扣留滞留金；

(3) 当子项工程实际工程量超过估算工程量 10％时，调整系数为 0.9；

(4) 根据市场情况规定价格调整系数平均按 1.2 计算；

(5) 监理工程师签发付款最低金额为 25 万元；

(6) 预付款在最后两个月扣除，每月扣 50％。

承包人各月实际完成并经监理工程师签证确认的工程量见下表所示：

承包人各月实际完成并经监理工程师签证确认的工程量 单位：m³

月份	1	2	3	4
甲项	500	800	800	600
乙项	700	900	800	600

第一个月工程量价款为 $500\times 180+700\times 160=20.2$ 万元；

应签证的工程款为 $20.2\times 1.2\times(1-5\%)=23.028$ 万元。由于合同规定监理工程师签发的最低金额为 25 万元，故本月监理师不予签发付款凭证。

问题：1. 预付款是多少？

2. 从第二个月起每月工程量价款是多少？监理师应签证的工程款是多少？实际签发的付款凭证金额是多少？

答：1. 预付款金额为 $(2300\times 180+3200\times 160)\times 20\%=18.52$ 万元。

2. 第二个月：工程量价款为：$800\times 180+9000\times 160=28.2$ 万元；应签证的工程款为 $28.2+1.2\times(1-5\%)=32.832$ 万元。本月实签付款凭证金额为 $23.028+32.832=55.86$ 万元。

第三个月：工程量价款为 $800\times 180+800\times 160=27.2$ 万元；应签证的工程款为：$27.2\times 1.2\times(1-5\%)=31.008$ 万元；该月应支付的净金额为 $31.008-18.52\times 50\%=21.748$ 万元。由于未达到最低结算金额，故本月监理师不予签发付款凭证。

第四个月：甲项工程累计完成工程量为 2700m³，较估计工程量 2300m³ 差额大于 10%。

$2300 \times (1+10\%)=2530$m³。当超过 10% 的工程量为 $2700-2530=170$m³，其单价应调整为 $180 \times 0.9=162$ 元/m³。故甲项工程量价款为 $(600-170) \times 180+170 \times 162=10.494$ 万元。

乙项累计完成工程量为 3000m³，与估计工程量相差未超过 10%，故不予调整。乙项工程量价款为 $600 \times 160=9.6$ 万元；故本月甲、乙两项工程量价款为 $10.494+9.6=20.094$ 万元。

应签证的工程款为 $20.094 \times 1.2 \times (1-5\%)-18.52 \times 50\%=13.647$ 万元；

所以本期实际签发的付款凭证金额为 $21.748+13.647=35.395$ 万元。

1-517 建设单位和施工项目部未能就工程变更的费用等达成协议，监理项目部将如何处理？

D 工程项目实施监理的，采用以直接费为计算基础的全费用综合单价计价，混凝土分项工程的全费用综合单价为 446 元/m³，直接费为 350 元/m³，间接费费率为 12%，利润率为 10%，营业税税率为 3%，城市维护建设税税率为 7%，教育费附加费率为 3%。施工合同约定：工程无预付款；进度款按月结算；工程量以监理师计量的结果为准；工程保留金按工程进度款的 3% 逐月扣留；监理师每月签发进度款的最低限额为 25 万元。

在施工过程中，按建设单位要求设计院提出了一项工程变更，施工项目部认为该变更使混凝土分项工程量大幅减少，要求对合同中的单价作相应调整，建设单位则认为应按原合同单价执行，双方意见分歧，经监理项目部调解。各方达成如下共识：若最终减少的该混凝土分项工程量超过原先计划工程量的 15%，则该混凝土分项的全部工程量执行新的全费用综合单价，新的全费用综合单价的间接费和利润调整系数分别为 1.1 和 1.2，其余数据不变。该混凝土分项工程的计划工程量和经专业监理师计量的变更后实际工程量如下表所示。

混凝土分项工程计划工程量和实际工程量表 m³

月份	1	2	3	4
计划工程量	500	1200	1300	1300
实际工程量	500	1200	700	800

提出的问题是：

1. 如果建设单位和施工项目部未能就工程变更的费用等达成协议，监理项目部将如何处理？该项工程款最终结算时应以什么为依据？

2. 计算新的全费用综合单价，将计算方法和计算结果填入下表相应的空格中？

3. 每月的工程应付款是多少？总监理工程师签发的实际付款金额应是多少？

答：1.（1）现场监理项目部应提出一个暂定的价格，作为临时支付工程进度款的依据。

（2）经监理项目部协调：

① 如建设单位和施工项目部达成一致，以达成的协议为依据；

② 如二者不能达成一致，以法院裁决或仲裁机构裁决为依据。

2. 计算新的全费用综合单价，见下表。

新的全费用综合单价

序号	费用项目	全费用综合单价（元/m³）	
		计算方法	结果
1	直接费		350
2	间接费	①×12%×1.1	46.2
3	利润	(①+②)×10%×1.2	47.54
4	计税系数	$\left\{ \dfrac{1}{[1-3\% \times (1+7\%+3\%)]} - 1 \right\} \times 100\%$	3.41%
5	含税造价	(①+②+③)×(1+④)	459

注 计税系数的计算方法也可表示为：

$$\left\{ 3\% \times \frac{1+7\%+3\%}{[1-3\% \times (1+7\%+3\%)]} \right\} \times 100\%$$

3. 一月：完成工程款为 500×446＝223000 元；

本月应付款：223000×(1−3%)＝216310 元；

216310 元＜250000 元，不签发付款凭证。

二月：完成工程款为 1200×446＝535200 元；

本月应付款：535200×(1−3%)＝519144 元；

519144＋216310＝735454 元＞250000 元；应签发的实际付款金额 735454 元。

三月：完成工程款为 700×446＝312200 元；

本月应付款为 312200×(1−3%)＝302834 元；

302834 元＞250000 元；应签发的实际付款金额 302834 元。

四月：最终累计完成工程量是：500＋1200＋700＋800＝3200m³；较计划减少：(4300−3200)/4300×100%＝25.6%＞15%；

本月应付款：3200×(1−3%)−735454−302834＝386448 元；

应签发的实际付款金额 386448 元。

第2部分

监理工作应知应会

2-1　**国家法律对工程监理单位有哪些要求？**

答： 国务院《建设工程安全生产管理条例》规定：

一是工程监理单位应当审查施工组织设计中的安全技术措施或者专项施工方案是否符合工程建设强制性标准；在实施监理过程中，发现存在安全事故隐患的，应当要求施工单位整改；情况严重的，应当要求施工单位暂时停止施工，并及时报告建设单位。施工单位拒不整改或者不停止施工的，工程监理单位应当及时向有关主管部门报告。

二是工程监理企业和监理工程师应当按照法律、法规和工程建设强制性标准实施监理，并对建设工程安全生产承担监理责任。

2-2　**什么是监理？**

答： "监"是监视、督察的意思。是一项目标性很明确的具体行为，进一步延伸的话，监有视察、检查、评价、控制等意思。"理"是以某项条理或准则为依据，对一项行为进行监视、督察、控制和评价。因此"监理"的含义为：一个执行机构或执行者，依据准则，对某一行为的有关主体进行督察、监控和评价，守"理"者按程序办事，违"理"者则必究；同时，这个执行机构或执行人还要采取组织、协调、控制、措施完成任务，使主办人员更准确、更完整、更合理地达到预期目标。同时中国的监理承包商还具有"服务性、科学性、公正性、独立性"；并与建设单位、工程承建商之间的关系是一种平等主体关系，应当按照独立自主的原则开展监理活动。其工作原则是：

（1）监理工作以委托监理合同为依据，实施监理前必须签订书面合同。

（2）工程建设监理实行总监理工程师负责制。按照"公平、独立、诚信、科学"的开展工作，维护建设方与不损害承包方的合法权益。

（3）建设单位与承包单位之间与建设工程合同有关的联系活动应通过工程监理承包商进行；被监理单位必须接受监理。

（4）严格质量保证体系，凡列入基本建设计划的工程项目，都应实行"政府监督，社会监理，企业自检"的质量保证体系。

2-3　**现场监理的准则是什么？**

答： 公平、独立、诚信、科学。

2-4　**电建安规对监理人有哪些要求？**

答：《电力建设安全工作规程》规定：工程监理等承包商的各级管理人员、工程技术人员应熟知并严格遵守本规程，并经考试合格后上岗；工程设计人员应按本规程的有关规定，从设计上为安全施工创造条件。

2-5　**电网建设施工中监理人员责任是什么？**

答： 国家电网公司《电力安全工作规程》第 5.5.4.5、5.5.4.6 条规定：

（1）参与安全动态风险识别，审查风险控制措施的有效性；

（2）负责作业过程中的巡视，对存在三级及以上风险的作业进行旁站监督；

（3）对作业人员存在的不安全行为，及时纠正。

2-6 什么是电网工程监理？

答：（1）根据国网工程的特殊性，依据工程监理合同和承包合同对现场施工进行监督管理。

（2）监理的职责就是在贯彻执行国家有关法律、法规的前提下，促使甲、乙双方签订的工程承包合同得到全面履行。控制工程建设的投资、工期、进度及工程质量；进行安全管理、合同管理；协调有关单位之间的工作关系；即"四控、两管、一协调"。并根据业主需要可为业主提供工程项目全过程或某个分阶段，如施工阶段的监理，土建工程监理和电器安装工程监理（土建工程监理是建筑结构、装饰施工过程监理；安装工程监理是建筑设备设施安装过程的监理，包括建筑给排水、电气线路、弱电及电梯等建筑内部的设备设施）的技术监督服务工作。

（3）工程监理目的是确保工程建设质量和安全，提高工程建设水平，充分发挥设备投资效益。

2-7 什么是工程安全监理？

答：即工程监理人员在工程建设中的人机料法环及施工全过程中依据相关法律和经济、行政、技术手段进行的评价、监督和督查工作，保证其行为符合国家安全生产、劳动保护法律/规和相关政策，预防和制止作业现场的冒险/盲目性、随意性，有效地把工程安全控制在允许的风险范围内，做好可控、能控、在控；减少不必要的人身工伤和工程不安全事件。

2-8 住建部对特种专业有哪些规定？

答：国家住房建设部的《建筑施工特种作业人员管理规定》（建质〔2008〕75 号文规定：建筑施工特种作业人员必须经过建设部门考核合格后，颁发建筑施工特种作业人员操作资格证书，方可上岗从事相应作业。建筑施工特种作业人员分为：

建筑电工，建筑架子工，建筑起重信号司索工，建筑起重机械司机，建筑起重机械安装拆卸工，高处作业吊篮安装拆卸工。

注：特种作业操作证有两个复审期，每 2 年复审一次（不合格者没有复审标识），在全国范围内有效。

2-9 GB/T 50319—2013《建设工程监理规范》增加了哪些内容？

答：（1）增加了"总监理工程师（本文简称总监师）任命书、开工令、监理报告、旁站记录、复工令"5 张表和"开工令、复工令和监理报告"（监理用表有的需加盖职业章）；取消了临时延期审批表、最终延期审批表和费用索赔审批表。

（2）要求总监在"工程项目管理实施规划，专项方案、开工报审表"，签认后加盖总监师执业章。

（3）例会和专题会不一定非由监理项目部主持，但会议纪要均由其负责整理。

（4）即在第一次工地会议前编制完成监理规划并报建管单位，注意应在签订监理合同及收到设计文件、施工图审查意见和工程项目管理实施规划后（注意时间节点）。且工程监理规划和监理实施细则，总监必须对监理人员进行交底，并签字确认。

（5）监理项目部建立健全自身的协调管理制度，如审核检验制度、检查验收制度、督促整改制度、报告制度、工地例会制度、学习与培训制度、资料管理与归档制度等，这些制度在安全监理方案里体现最多。

国务院第393号令《建设工程安全生产管理条例》第27条规定。不管是工程项目管理实施规划还是专项方案、在实施之前必须检查施工单位对编制人或技术负责人向现场管理人员和作业人员进行交底，并亲自签字认可（现场要有书面记录）。

2-10　我国对相关注册师的规定有哪些？

答：建设部规定：建设工程项目要严格实行国家规定的职业资格注册管理制度。注册监理工程师/建造师等注册执业人员应对其法定义务内的工作和签章的文件负质量责任。因注册执业人员的过错、过失造成工程质量事故的，会被追求其相应责任。

2-11　什么是工程项目总监师？

答：（1）根据GB/T 50319—2013《建设工程监理规范》规定：凡取得国家注册监理工程师执业证书/印章的工程技术人员。由工程监理企业法人书面任命（即法人签名至建设单位，并且盖有企业公章的总监任命书），是负责履行建设工程监理合同，主持现场监理项目部工作的负责人。如现场其工作发生变动时，应征得业主书面同意后，方可调换。

（2）根据《国网输变电工程建设监理管理办法》第11条规定：国网输变电工程建设监理实行总监理工程师负责制，建立以总监理工程师（应具备国家注册监理工程师或取得了电力行业Ⅱ级证书及以上总监理工程师资格，60周岁的工程师）为第一责任人的监理管理体系。监理项目部应保持人员稳定，需调整总监理工程师时，由工程监理企业书面报建设管理单位批准（需调整专业监理工程师时，总监理工程师应提前征得业主项目部同意），并书面通知业主项目部、施工项目部（必查内容）。

（3）总监理师应每月定期向监理单位本部和业主项目部报告监理工作开展情况，由监理企业定期向业主项目部书面报告监理工作任务完成情况，工程竣工投运后向委托方提交监理工作总结。

2-12　什么是工程监理规划？

答：就是工程监理承包商中标后，与建管单位签订了工程委托监理合同后，由项目总监负责主持编制，经企业总工书面批准，用于指导现场监理项目部全面开展监理工作的一指导性文件。

2-13 电网工程监理项目部的工程安全工作目标是什么?

答：不发生 5 个事件，2 个事故，即：

(1) 不发生因监理责任造成的七级（造成 3 人轻伤者）及以上事件；

(2) 不发生因监理责任造成的七级及以上电网及设备事件；

(3) 不发生有人员责任的一般火灾事故；

(4) 不发生一般环境污染事件；

(5) 不发生本企业有责任的重大交通事故；

(6) 不发生六级及以上基建信息安全事件；

(7) 不发生对上级公司造成影响的安全稳定事件。

2-14 现场监理项目部应何时成立?

答：(1) 在工程监理合同签订一个月内，监理企业应根据相关规定和监理合同的约定，以红头文件形式宣布成立监理项目部。并将工程监理项目部成立及项目总监理工程师（本文简称总监）任命书面通知（正式文件）报建设管理单位备案；且该部应明确监理岗位（如总监代表、安监师、专监师等）及职责，并配备满足工程需要的监理人员和设施。各类监理人员均需持证上岗，不合格人员不得进入监理项目部。

(2) 成立××工程监理项目部及总监任职文件上，需有监理承包商法人签名或盖章，并在有年月日时间处加盖企业公章，且项目公章名称应是企业名称＋××千伏变电站工程＋监理项目部。

(3) 项目总监需兼任其他工程时，需书面报告建管单位同意，且 220kV 电网项目不得超过 2 项；在工程管理过程中需调整总监时，由工程监理承包商书面报建设管理单位批准；需调整专业监理师时，总监应提前征得业主项目部同意，并书面通知业主/施工项目部。

2-15 变电站工程应配多少监理人员?

答：220kV 工程总监、总监代表、安全工程师及信息资料员各 1 名，各专业及现场监理人员视情况而定，且不少于 1 名。

2-16 成立项目安委会，现场同时应满足哪 3 个条件?

答：(1) 同时有三个及以上施工企业在建设工地施工；

(2) 建设工地施工人员总数超过 300 人；

(3) 项目工期超过 12 个月的单项工程（变电站工程和输电线路工程视为两个单项工程）。

2-17 项目安委会的成员组成有哪些人?

答：由项目法人单位（或建设管理单位）主要负责人担任安委会主任，业主项目部经理担任常务副主任，项目总监师、施工项目经理担任副主任；安委会其他成员由工程项目监理、设计、施工承包商的相关人员及业主、监理、施工项目部的安全、技术负责人组成。

2-18 现场哪些文件需监理企业名称和公章？

答：（1）由项目总监编制的：××变电站工程监理规划（含 14 类和 9 个小内容，并需监理企业总工批准），××变电站工程监理质量评估报告（含 6 个内容，并需企业总工批准），××变电站工程监理工作总结（含 6 类和 10 个小内容，并需企业分管领导批准）；

（2）工程师编制的：××变电站工程监理月报，安全监理工作方案，监理实施细则（内容是针对项目中某一专业，某一方面监理工作的操作性文件），质量旁站方案，质量通病防控措施，监理初检方案，监理初检报告等 7 份文件需在年月日时间上加盖项目部公章。

2-19 施工监理管理报批的文件内容、数目有哪些？

答：共有 20 份。其中需建管中心主任批准的文件是《××变电站建设/电气工程强制性条文执行》汇总表；

另外工程质量中间验收申请需建管中心主任或业主经理签批，工程竣工预验收申请、工程监理费付款申请由建管中心主任签批，同时加盖建管中心公章；

需业主经理审批的文件是：监理策划文件报审表、工程暂停令；以及工程质量中间验收申请、工程竣工预验收申请、工程监理费付款，同时在年月日时间上加盖业主项目部公章。

2-20 工程监理工作方法及内容有哪些？

答：输变电工程建设监理依据国家有关法律法规、监理合同和公司制度，通过文件审查、签证、见证、旁站、巡视、平行检验等监理手段，开展监理检查，对施工全过程进行有效控制。

（1）文件审查是对施工单位编制的报审文件进行审查，并签署意见的监理活动。

（2）签证是指对重要施工设施在投入使用前和重大工序转接前进行的检查和确认活动。

（3）见证是由监理人员现场监督某工序全过程完成情况的活动。

（4）旁站是在关键部位或关键工序施工过程中，现场监理人员在现场进行的全过程监督活动。

（5）巡视是对正在施工的部位或工序在现场进行定期或不定期的监督活动。

（6）平行检验是利用一定的检查或检测手段，在施工单位自检的基础上，按照一定的比例独立进行的检查或检测活动。

2-21 现场监理需哪些企业及个人资质？

答：（1）有效的监理企业营业执照、企业工程资质，总监理工程师的企业任命文件；

（2）总监的监理工程师/安全工程师注册执业证书，技术职称证书、电建企协的一/二级总监岗位资格证书；监理工程师（本文简称监理师）的国家/行业监理执业上岗证、国网系统的安全监察证书；上述人员近两年参加国网系统的安全/质量培训证书。

2-22 工程安全监理报审文件内容是什么？

答：有两份。

（1）是项目安全监理师编制的××变电站工程安全监理工作方案（需加盖项目部公章）；

（2）由现场监理人员填写的工程安全旁站监理记录表。

2-23 工程质量监理报审文件内容有哪些？

答：由专业监理师编制的××变电站工程监理实施细则，质量旁站方案，质量通病防控措施，监理初检方案，监理初检报告等5份文件需在年月日时间上加盖项目部公章。

2-24 工程监理项目部安全制度内容有哪些？

答：现场监理部应有执行以下制度的相关记录：

（1）安全责任制；

（2）安全监理例会；

（3）安全监理交底；

（4）安全审查备案；

（5）安全巡视和旁站工作；

（6）安全检查签证；

（7）安全工作奖惩等制度。

这些记录是业主或上级组织的必查内容。

2-25 工程监理项目部安全管理台账内容有哪些？

答：（1）工程安全监理方面的法律/规、标准、制度等依据性文件及有效文件清单；

（2）总监师、安监师及监理师的资质资料；

（3）安全监理工作方案；

（4）安全管理文件收发、学习记录；

（5）安全监理会议记录；

（6）施工项目部报审文件及审查记录；

（7）工程分包审查记录；

（8）现场安全检查、签证记录及整改闭环资料；

（9）安全旁站记录；

（10）监理师通知单及回复单，工程暂停令、复工令；

（11）监理月报及活动总结。

2-26 现场监理项目部安全职责有哪些？

答：（1）负责工程项目施工的安全监理工作，履行监理合同中承诺的安全监理职责。

（2）建立健全安全监理工作制度。

（3）编制监理规划，明确安全监理目标、措施、计划；编制安全监理工作方案，明确文件审查、安全检查签证、旁站和巡视等安全监理的工作范围、内容、程序和相关监理人员职责以及安全控制措施、要点和目标。

（4）编制强制性条文实施监理方案，并组织实施。

（5）组织项目监理人员参加安全教育培训，督促施工项目部开展安全教育培训工作。

（6）审查项目管理实施规划（应含绿色施工章节）中安全技术措施或专项施工方案是否符合工程建设强制性标准。

（7）审查项目施工过程中的风险、环境因素识别、评价及其控制措施是否满足适宜性、充分性、有效性的要求。

（8）审查送变电施工项目部报审的安全文明施工实施细则、工程施工强制性条文执行计划等安全策划文件；安全文明施工措施补助费的使用计划，检查费用使用落实情况。

（9）审查施工分包队伍的安全资质文件，对施工分包进行全过程监督。

（10）审查变电施工项目经理、专职安全管理人、特种作业人的上岗资格，监督其持证上岗。

（11）检查现场施工人员及设备配置是否满足安全文明施工及工程承包合同的要求。

（12）负责施工机械、工器具、安全防护用品/具的进场审查。

（13）协调交叉作业和工序交接中的安全文明施工措施的落实。

（14）对工程关键部位、关键工序、特殊作业和危险作业进行旁站监理。

（15）实施监理过程中，对发现的安全事故隐患，要求送变电施工项目部整改；情况严重的，要求送变电施工项目部暂时停止施工，并及时报告业主项目部；送变电施工项目部拒不整改或者不停止施工的，及时向建设管理单位报告。

（16）组织或参加各类安全检查，掌握现场安全动态，收集安全管理信息，并在安全会议上点评施工现场安全现状以及存在的薄弱环节，提出整改要求和具体措施，督促责任方落实。

（17）负责安全监理工作资料的收集和整理，建立安全管理台账，并督促送变电施工项目部及时整理安全管理资料。

（18）参与并配合项目安全事故的调查处理工作。

2-27 项目总监师的工作职责是什么？

答：（1）审查施工承包商报送的项目管理实施规划（含创优施工实施措施）、施工方案/技术措施、强制性条文执行计划及安全（质量）通病防治措施等有关质量的技术文件、报告和报表，及时签署审核意见，并对工程的绿色施工管理承担监理责任。

（2）隐蔽工程隐蔽前进行检查、签证确认并签署意见。

（3）组织监理人员对施工现场进行巡视，发现问题及时通知施工项目部进行整改闭环。

（4）施工现场出现需暂停施工的情况，需书面通知施工项目部立即进行停工整改，并报业主。

（5）应组织主要设备的开箱检查，供应商、物资管理单位、业主项目部等参加开箱检查。按照物资合同及技术协议，重点检查物资的数量、外观质量、附件、备品备件、专用工具、出厂技术文件、质量保证文件等，开箱检查记录由各方共同签署。

（6）审查施工项目部报送的拟进场工程材料、半成品和构配件的质量证明文件，按规定进行见证取样，并对检/试验报告进行审核。对未经监理人员验收或验收不合格的工程材料、构配件、设备，监理人员拒绝签认，并应签发监理工程师通知单，通知施工项目部限期将不合格的工程材料、构配件、设备撤出现场。

（7）至少每月召开一次安全/质量工作例会，对工程安全质量状况进行分析，提出改进安全质量工作的意见，对存在的质量薄弱环节和问题，提出整改要求，并督促责任单位落实。

（8）认真审查项目管理实施规划中的绿色施工技术措施及其督查工作。

（9）发生安全/质量事故，按规定汇报，并参与或配合事故的调查处理工作。

2-28 项目总监师的安全职责是什么？

答：（1）全面负责监理项目部安全管理工作，是监理项目部安全第一责任人；

（2）组织编制监理项目部安全策划文件，签发监理指令文件或文函；

（3）组织审查施工报审的安全策划文件，并签署审查意见；

（4）组织审查分包单位资质，并签署审查意见；

（5）组织审查施工项目部人员资质，并签署审查意见；

（6）组织审查专项施工方案和专项安全技术措施，组织做好旁站监理；

（7）组织施工机械、工器具、安全防护用品进场审查；

（8）组织或参加安全例会，协调解决工程中存在的安全问题，提出工作改进建议和措施；

（9）参加或配合事故调查，按整改措施督促责任单位落实。

2-29 监理项目部安全监理师安全职责是什么？

答：（1）在总监师的领导下负责工程建设项目安全监理的日常工作。

（2）协助总监做好安全监理策划工作，编写监理规划中的安全监理内容和安全监理工作方案。

（3）审查施工单位（含分包商的）安全生产许可证、能源局国家承装资质。审查项目经理、总工、专职安全管理人员、特种作业人员的上岗资格，并在过程中检查其持证上岗情况。

（4）参加《工程项目管理实施规划》《专项安全技术方案》的审查。

（5）审查施工项目部三级以上风险清册，督促做好施工安全风险预控。

（6）参与专项施工方案的安全技术交底，监督检查作业项目安全技术措施的落实。

（7）组织或参与安全例会/检查，督促并跟踪存在问题整改闭环，发现重大安全事故隐患及时制止并向总监报告。

（8）审查安全文明施工费的使用及检查其使用落实情况。

（9）协调交叉作业和工序交接中安全文明施工措施的落实。

（10）负责安全监理工作资料的收集和整理，形成安全管理台账。

（11）配合安全事故调查处理工作，参加编写监理日志/月报。

2-30　工程监理项目部需开展哪些方面的交底工作？

答：《国网输变电工程建设监理管理办法》第14条规定，监理企业、监理项目部应实施逐级交底，确保监理工作全面、顺利实施。同时做到：

（1）监理企业应在监理工作实施前对监理项目部全体人员进行监理合同/大纲的交底；

（2）工程项目总监师应对全体监理人员进行监理规划、安全监理工作方案的交底；

（3）监理项目部应根据工程不同阶段和特点，对现场监理人员进行技术交底，交底内容应包括项目监理实施细则、监理旁站方案、安全监理工作方案、标准工艺策划、质量通病防控措施等；

（4）项目总监师应对现场全体监理人员进行相关管理制度、标准、规程规范的培训（专业监理工程师应认真填写监理工作日志）。

2-31　电网总监师安全质量培训职责有哪些？

答：（1）总监师应定期参加省公司及以上单位组织的基建安全质量培训，并取得培训合格证书；

（2）组织监理项目部安全质量专业监理工程师及各级监理人员开展专业培训；参加应急处置方案演练和施工图设计交底等活动；组织监督施工作业人员专业培训、作业前安全技术交底和站班会交底；

（3）对监理项目部安全质量专业监理工程师培训成效负管理责任，对施工作业人员落实安全质量培训要求情况负监督责任。

2-32　电网安全监理师培训职责有哪些？

答：（1）安全监理工程师应定期参加省公司及以上单位组织的基建安全管理培训，并取得培训合格证书；组织与安全相关的最新制度、要求等文件的学习传达。

（2）结合工程实际，针对各级监理人员开展安全管理知识、安全责任意识、安全防护技能、安全旁站、安全巡视等专业培训；建立项目监理人员安全培训台账；按要求参加应急救援培训和应急处置方案演练；监督施工人员参加作业前安全技术交底和站班会交底；监督检查分包商安全教育培训台账。

（3）对工程项目最新安全文件的学习传达负管理责任；对各级监理人员落实安全监理各项要求情况负专业监督责任。

2-33　电网专业监理工程师应接受哪些培训工作？

答：（1）定期参加省公司及以上单位组织的基建质量管理培训，并取得培训合格证书；组织与质量相关的最新制度、要求等文件的学习传达；结合工程实际，针对各级监理人员开展质量管理知识、质量责任意识、标准工艺应用、质量旁站、隐蔽工程验收、平行检验、质量巡视等技能专业培训；建立项目监理人员质量培训台账；督促施工人员开展标准工艺应用等培训。

（2）对工程项目最新质量文件的学习传达负管理责任；对各级监理人员落实质量监理各项要求情况负管理责任。

2-34 电网工程监理的安全工作有哪些？

答：主要监理范围包括工程安全监理、质量控制、进度控制、造价控制、合同管理、信息管理、工程协调等；需开展建设项目环境监理和水土保持监理的，按照上级公司有关规定执行。

2-35 电网工程安全监理的内容有哪些？

答：（1）审查施工安全管理及风险控制方案、安全技术方案和专项安全措施等安全文件。

（2）参加工程安委会和安全工作例会，采集工程施工过程安全监理数码照片。

（3）进行日常的安全巡视检查，组织定期或专项安全检查并督促整改闭环，出现重大不符合情况应立即签发工程暂停令并督促停工整改。

（4）审查分包计划、分包商资质、分包合同及分包安全协议，全过程监督项目分包管理工作。

（5）监督施工项目部开展安全通病防治、工程建设安全类强制性条文执行工作。

（6）监督施工项目部机械、安全信息管理、安全教育培训、安全应急管理。

（7）对重要设施和重大工序转接进行安全检查签证。

（8）监督施工项目部开展施工安全管理及风险预控工作；对三级及以上风险等级的施工工序和工程关键部位/工序、危险作业项目进行安全旁站。

（9）参与项目安全管理评价和参与事故应急和调查处理。

2-36 监理项目部的风险管理责任有哪些？

答：（1）工程开工前，参与项目安全风险交底及风险的初勘。

（2）审核施工作业必备条件是否满足要求。

（3）审核施工项目部报送《三级及以上施工安全固有风险识别、评估和预控清册》《作业风险现场复测单》及动态风险计算结果。

（4）严格控制三级及以上风险作业，作业关键时段必须进行旁站监理，铁塔组立旁站监理执行《国家电网公司输变电工程建设监理管理办法》。

（5）重点监督和检查"输变电工程安全施工作业票"中施工作业风险控制流程执行情况，对存在问题及时提出整改意见并监督完成整改闭环。

（6）监督、审查施工现场安全风险管理信息填报，并通过基建管理信息系统按时上报。

2-37 工程监理项目部应有哪些质保文件？

答：监理项目部在工程质量监理过程中，应细化工程项目监理规划和监理实施细则中相应的工程质量监理工作制度包括哪些？

(1) 工程材料、构配件和设备质量控制；

(2) 分包单位资质审查；

(3) 监理旁站；

(4) 监理月报；

(5) 有见证取样和送检；

(6) 平行检验；

(7) 分项、分部工程验收签认；

(8) 单位（子单位）工程预验收和工程竣工验收等。

现场未经监理师签字认可，建筑材料、构配件和设备不得在工程使用安装，不得进行下一道工序施工，不得拨付工程进度款，不得进行工程验收。监理人员要按照规定采取旁站，巡视和平行检验等形式，按作业程序即时跟班到位进行监督检查。监理人员对达不到质量要求的工程不得签字，并有权责令施工单位进行整改或返工。

2-38 电网工程质量监理的工作内容有哪些？

答：主要内容包括：

(1) 参与设计文件审查。

(2) 审查施工承包商的质量管理体系、质量策划文件等有关质量文件。

(3) 组织召开质量工作例会，采集工程施工过程质量监理数码照片。

(4) 监督质量通病防治、工程建设强制性条文执行、标准工艺应用、达标投产和及工程创优工作的实施。

(5) 对现场进行日常巡视检查，开展平行检验工作，对关键工序/部位开展质量旁站监理。

(6) 对质量管理中出现的重大不符合情况立即签发工程暂停令并督促停工整改。

(7) 组织主要设备的到货验收和开箱检查，按合同约定检查通用设备的技术参数、规范和接口的情况并进行确认。

(8) 检查施工承包商采购的拟进场工程材料、半成品和构配件是否符合设计和规范的要求；按相关规定对用于工程的材料进行见证取样、平行检验。

(9) 对隐蔽工程进行验收签证，组织检验批、分项、分部工程质量验收和开展监理初检工作，参加单位工程质量验收、中间验收、竣工预验收、启动验收及质量监督检查活动。

(10) 监督、确认质量问题的整改闭环，督促承包商及时修复工程质量缺陷并验收修复后工程。

(11) 参与、配合质量事故的调查处理。

(12) 配合达标投产考核和优质工程评选工作，参与质量回访。

2-39 监理项目部如何强化工程质量的控制作用？

答：(1) 要求严格执行《国家电网公司输变电工程建设监理管理办法》，强化质量监理责任的落实，明确项目监理资源的合理配置，确保质量监理人员到岗履职，强化质量监理制度执行情况的考核，落实《监理项目部标准化手册》要求。

（2）充分发挥工程监理人员责任感、使命感，使其对施工质量进行认真控制，并严格按要求开展质量文件审查、工程质量检查签证、重要作业旁站等质量监理工作，及时对发现的质量问题提出监理意见并监督整改。

2-40 现场监理工程协调的内容是什么？

答：定期组织或参与工地会议；协调工程参建单位之间的工程管理问题。

2-41 在工程项目实施过程中，总监每月向业主报告哪些工作？

答：每月定期向业主项目部报告监理工作开展情况，由监理企业定期向业主项目部书面报告监理工作任务完成情况，工程竣工投运后向委托方提交监理工作总结。

2-42 监理项目部的 12 个安全管理制度内容是什么？

答：（1）工程分包审查管理制度；
（2）安全监理工作责任制；
（3）安全监理交底制度；
（4）监理安全例会制度；
（5）安全监理检查、签证制度；
（6）安全施工措施/方案审查、备案制度；
（7）施工机械、安全用具审查监理工作制度；
（8）施工管理人员、特殊作业人员审查制度；
（9）交通安全管理制度；
（10）安全奖惩细则；
（11）分包安全监理制度；
（12）基建安全风险管理制度。

2-43 什么是危险性较大分部分项工程？

答：在建筑工程施工过程中存在的、可能导致作业人员群死、群伤或造成重大不良社会影响的分部分项工程。在现场如出现需发暂停令的事情时，总监签发暂停令应事先征得建设单位同意，或者在紧急情况下事后书面报告。

2-44 现场监理如何进行业务培训？

答：（1）监理项目部为确保监理任务的完成，每年必须对现场人员掌握监理工作的内容、要求、方法给予针对性地培训后并进行考试，不合格人员不得进入监理项目部工作。
（2）由项目总监根据工程不同阶段和特点，对现场全体监理人员进行相关管理制度、标准、规程、规范的培训。其内容包含监理项目的工程特点、技术要求、监理工作方法等。

2-45 现场监理日志有哪些填写要求？

答：（1）填写要内容齐全，如当天气候和作业环境、当日施工进展情况、监理工作情况（含旁站、巡视、见证取样和平行检验等内容）、现场存在/发现的问题、隐患及处理情况；其他有关事项；

（2）施工情况监理情况、对发现的问题及处理结果、通知/回复单、联系单、暂停/复工令、注意前后闭环，及时签字情况；

（3）填写的内容应是现场工作内容，且必须真实、力求详细，字迹工整、文句通顺；书写必须使用蓝黑色/碳素墨水。

2-46 工程监理日志和日记有何不同？

答：工程监理日志是现场监理项目部在电网工程实施阶段的过程中每天形成的文件，是由总监指定专业监理师负责填写的作证材料。而工程监理日记则是项目部每名员工根据自己的工作进行记录的工作日记。

2-47 《国网监理项目部标准化手册(2014版)》的表格有哪些种类？

答：项目管理19种；安全管理2种；质量管理13种，工程造价4种，技术管理4种，机制评价1种。

2-48 现场监理数码照片采集应注意什么？

答：监理项目部应对施工作业中的有关安全/质量检查、质量验收、质量纠偏、旁站、巡视等活动，以及隐蔽工程安全质量状况的数码照片及时给予采集。

2-49 监理项目部安全质量检查管理程序有哪些？

答：（1）项目总监师组织编制安全监理工作方案时，在方案中制定安全巡视、定期安全检查、安全检查签证及专项安全检查工作方法，结合工程项目建设实际策划和组织安全检查工作。并根据上级管理部门要求或季节性施工特点，组织开展月度、春季、秋季等定期例行检查活动；根据工程实际，开展防灾避险、施工机具、临时用电、脚手架搭设及拆除等专项安全检查。开展三级及以上危险性较大的分部分项工程安全巡视检查。

（2）总监师结合工程开工和单位工程开工条件审查，组织对工程项目开工、土建交付安装和安装交付调试进行安全检查签证；线路工程重大工序转接（工程项目开工、基础转序立塔、立塔转序架线）的安全检查签证可与工程开工和分部工程开工条件审查合并开展。

（3）安全监理师定期组织安全检查，进行日常的安全巡视检查；在旁站或巡视过程中，对现场落实文明施工标准化管理要求进行检查，并填写"安全旁站监理记录（JAQ2）"。并对大中型起重机械、整体提升脚手架或整体提升工作平台、模板自升式架设设施、脚手架，施工用电、水、气等力能设施，交通运输道路和危险品库房等进行安全检查签证，核查施工项目部填报的"安全签证记录（SAQB-TZH-014/SAQX-TZH-014）"。

（4）专业监理师根据施工进展，对现场进行日常质量巡视、平行检验，填写"监理检查记录（JXM13）"；对进场的乙供工程材料、构配件、设备按规定进行实物质量检查及见证取样，确定符合要求后方可使用。同时其应随机检查并督促分包作业队伍按要求落实标准工艺管理要求。

（5）对各类检查、签证发现的安全问题，视情况严重程度填写"监理检查记录表（JXM13）"或"监理通知单（JXM7）"，督促施工单位落实整改，并对整改结果进行确认复查。情节严重的，应签发工程暂停令，并及时报告业主项目部；施工项目部拒不整改或不停止施工的，及时向主管部门报告，并填写监理报告。

2-50　如何提高工程监理项目部执业素质？

答：严格执行国家及电力行业监理从业人员持证上岗要求，建立主要监理人员工作业绩档案，促进监理企业注重监理人员的培养，加强现场对监理项目部的履职考量工作。

2-51　什么是工程旁站监理？

答：（1）指现场监理人员在工程的关键部位/工序施工过程中，所进行的全过程的监督活动；

（2）监理对关键部位/工序旁站的方式检查隐蔽工程施工质量时，应及时形成相关工作记录。

2-52　什么是工程巡视监理及见证？

答：（1）指监理人员对正在施工的部位/工序进行定期或不定期进行的监督活动；

（2）见证则是由现场监理在施工作业中监督某一工序全过程情况的活动工作。

2-53　什么是工程平行检验？

答：（1）监理人员在现场利用一定的检查/检测手段，在施工承包商工程质量自检工作的基础上，按照国家相关规定一定的比例，进行独立的检查/检测活动；

（2）监理平行检验工序时，应及时形成相关工作记录，且工序检查量不小于受检工作量质检项目的10%，应均匀覆盖关键工序。

2-54　现场应急工作组有哪些职责？

答：（1）组织制定现场应急处置方案；

（2）组织现场应急处置方案及应急救援知识培训；

（3）组建应急救援队伍，并进行培训；

（4）配备应急救援物资和器具；

（5）定期开展现场应急处置方案演练，并针对演练情况进行评审，必要时组织修订；

（6）启动现场应急处置方案，组织应急救援，服从上级应急管理机构的指挥。

2-55　根据现场需要建立哪些应急处置方案？

答：（1）人身事件现场应急处置；

（2）垮/坍塌事故现场应急处置；

（3）火灾、爆炸事故现场应急处置；

（4）触电事故现场应急处置；

（5）机械设备事件现场应急处置；

（6）食物中毒事件施工现场应急处置；

（7）环境污染事件现场应急处置；

（8）自然灾害现场应急处置；

（9）急性传染病现场应急处置；

（10）群体突发事件现场应急处置。

2-56　现场监理项目部的应急救援预案有哪些内容？

答：建筑施工安全专项应急预案针对性强，是具体指导某类特定事故救援的专门方案。建筑施工安全专项应急预案应包括下列主要内容：

（1）潜在的安全生产事故、紧急情况、事故类型及特征分析；

（2）应急救援组织机构与人员职责分工、权限；

（3）应急救援技术措施的选择和采用；

（4）应急救援设备、器材、物资的配置、选择、使用方法和调用程序；

（5）应急救援设备、物资、器材的维护和定期检测的要求，以保持其持续的适用性；

（6）企业内部相关职能部门的信息报告、联系方法；

（7）与外部政府、消防、救险、医疗等相关单位与部门的信息报告、联系方法；

（8）组织抢险急救、现场保护、人员撤离或疏散等活动的具体安排；

（9）重要的安全技术记录文件和相应设备的保护；

（10）针对建筑施工安全专项应急预案，应组织下列活动：

① 对全体从业人员进行针对性的培训和交底；

② 每年至少组织一次综合应急预案演练或者专项应急预案演练，每半年至少组织一次现场处置方案演练。同时定期组织专项应急救援演练是优化专项应急预案的依据，也是提高全体从业人员事故反应能力的有效措施。

2-57　如何督查监理项目部加强设备材料进场验收管理？

答：要求监理项目部细化设备材料进场检验与接收工作要求，规范设备材料检验、接收、退货工作机制，严格执行采购合同，加强进场检验与抽检工作的衔接，对抽检中发现的突出问题进行重点检查，防止不合格的设备材料进入施工安装环节。

2-58 监理项目部如何加强隐蔽工程质量检查验收?

答:认真学习和领会工程规范,在现场强化原材料、隐蔽工程检查验收和见证取样工作,确保按规定的抽样比例对原材料进行检验,严格执行混凝土强度试验标准,全面落实利用数码照片、影像等手段加强过程质量管控的要求,按要求拍摄、留存反映隐蔽工程质量的照片,纳入现场基建管理信息系统中进行管理,促进质量标准在施工全过程的落实。

2-59 什么是电网施工安全方案?

答:是指工程现场施工安全工作执行的各类安全文件的统称,包括单独编制的安全策划文件、专项安全方案、安全技术措施,也包括项目管理实施规划、作业指导书等施工管理文件内的安全管理章节。

2-60 什么是危险性较大的分部/项工程安全专项施工方案?

答:就是现场施工项目部针对承建工程中危险性较大的分部/项工程,单独编制的安全施工技术措施文件。

2-61 如何控制特殊项目?

答:在加强大跨越组塔、重要交叉跨越等重要/大、高危/特殊施工方案的现场落实中,重要/大、高危方案的实施时,施工承包商技术负责人、安监部门、施工项目经理/总工、总监师、安监工程师、业主项目部安全专责等必须现场监管到位,强化现场方案落实,强化现场施工组织落实,强化现场安全责任管控落实,强化"同进同出"制度落实。

2-62 审查现场危险性较大安全施工方案需注意哪些?

答:(1) 安全技术措施方案的编审批手续要齐全;
(2) 内容中对本工程的工艺、方法和条件是否有针对性,安全组织机构是否健全;
(3) 安全施工制度、现场管理者职责是否清晰、有哪些安全监督检查手段;
(4) 企业及现场主要管理者、特种作业者的资质证书,上岗证是否齐全、有效;
(5) 该方案的编制是否结合具体工程内容的特点进行的。

2-63 工程中哪些危险性内容需进行专家论证?

答:危险性较大的分部分项工程施工前,施工项目部应当按照规定编制专项施工方案并按照方案组织实施;达到国家规定规模标准的,专项施工方案应当经专家论证。按照规定需要验收的,施工单位应当组织进行验收,验收合格的方可进入下一道工序。

2-64 现场哪些危险性较大的安全施工方案需专家论证?

答:(1) 针对危险性较大、作业环境差的分部/项工程地安全专项施工方案;
(2) 模板支撑高度>8m,跨度>18m;施工总荷载>10kN/m² 或集中荷载>15kN/m²

的模板支撑系统；

（3）采用 H 或 I 形钢搭置，并具有相应的计算书，大于 30m 的高空作业方案，特大型主变压器运输、吊装方案，地质条件复杂的盾构作业方案；

（4）深基坑开挖≥5m 或地下室≥3m 层变电站作业项目；

（5）对需专家（人数＞5 人）论证的方案，需要所有专家应在通过的施工方案文件上签写姓名和意见。

2-65　监理项目部对工程分包审查注意什么？

答：（1）安全监理，重中之重。所以对分包单位审查时要检查他们分包依据，合同条款的管理制度。同时在分包单位资格的审查报审表加盖总监的执业章。

（2）监理项目部务必要上网查其营业执照、资质、安全生产许可证的年检情况及项目经理及安全员以及特种作业人员上岗证的有效期。

（3）按照合同约定与规范要求进行现场见证取样和平行检测。见证取样检测的检测报告中应当注明见证单位及见证人员的姓名。

2-66　如何审查工程项目管理实施规划？

答：（1）要看其编制审核的相应人员及相应部门签字盖章是否齐全。对于大型项目、重点工程，一般是审批负责人由施工单位总工程师签署，单位技术负责人由公司技术部负责人签署，编制由主要编写人员签署。对于一般工程，审批负责人由技术部主任或公司副总工程师签署，单位技术负责人由分公司主任工程师或项目技术负责人签署，编制由主要编写人员签署。

（2）查看工程项目管理实施规划主要内容是否齐全，重点看其是否有实际指导意义。

（3）审查施工组织设计的注意事项：

① 根据工程的性质、规模、结构特点。技术复杂程度和施工条件等因素，施工组织设计的内容应该有所不同。

② 所用计量单位必须采用法定计量单位，计量单位的名称、符号、书写应当规范。

③ 施工组织设计所用的术语、图标符号、图纸的表达必须符合现行规范的要求。

④ 编写必须符合有关法律、法规、规章、施工规范、技术标准和工程合同的约定。

⑤ 施工组织设计均需经施工企业相应部门用印后始可发出。

⑥ 施工组织设计必须打印，并由有关人员签署。

目前我们在工作中遇到施工单位所报送的工程项目管理实施规划，大部分为其他类似工程的照抄翻版，只要对其的工程概况等内容少加修改就应付了事。如果对其认真审查，可谓漏洞百出。例如有的将工程名称、地点都会弄错，有的出现本工程所没有的施工内容和施工工艺措施方案等都屡见不鲜。所以监理项目部对施工组织认真审查是很有必要的。

监理项目部对工程项目管理实施规划的审查不能解除或减少施工单位因此所应承担的责任。而且监理的工作应该是审查而不是"审核"，审核是施工企业在编制时其技术部门的内容。在签署意见时也应注意，最好不用"同意""符合要求"之类的词语。

2-67 什么是审查项目管理实施规划？

答： 工程项目管理实施规划一般可分为二级：

（1）单位工程施工组织设计或分部工程施工组织设计，即以单个建筑物或以单个复杂的分部工程为对象而编制的施工组织设计。

（2）分项工程施工组织设计，即以单个分项工程为对象而编制的施工组织设计。

因此审查工程项目管理实施规划是监理项目部必不可少的工作内容之一，也是进行事前控制的重要内容。监理要对工程项目管理实施规划的意义有所了解，工程项目管理实施规划是进行施工准备、规划、协调、指导工程项目全部施工活动的全局性的技术经济文件。

2-68 监理项目部应该知道的一定规模的危险性较大的分部/项工程内容是什么？

答：（1）基坑支护、降水工程开挖深度超过 2.99m 或虽未超过 3m 但地质条件和周边环境复杂的基坑/槽支护、降水工程。

（2）土方开挖工程开挖深度超过 3m（含 3m）的基坑/槽的土方开挖工程。

（3）模板工程及支撑体系。

① 各类工具式模板工程：包括大模板、滑模、爬模、飞模等工程。

② 混凝土模板支撑工程：搭设高度＞5m 及以上；搭设跨度＞10m 及以上；施工总荷载 10kN/m² 及以上；集中线荷载 15kN/m 及以上；高度＞支撑水平投影宽度且相对独立无联系构件的混凝土模板支撑工程。

③ 承重支撑体系：用于钢结构安装等满堂支撑体系。

（4）起重吊装及安装拆卸工程。

① 采用非常规起重设备、方法，且单件起吊重量在 10kN 及以上的起重吊装工程。

② 采用起重机械进行安装的工程。

③ 起重机械设备自身的安装、拆卸。

（5）脚手架工程。

① 搭设高度 24m 及以上的落地式钢管脚手架工程。

② 附着式整体和分片提升脚手架工程。

③ 悬挑式脚手架工程。

④ 吊篮脚手架工程。

⑤ 自制卸料平台、移动操作平台工程。

⑥ 新型及异型脚手架工程。

（6）拆除、爆破工程。

① 建筑物、构筑物拆除工程。

② 采用爆破拆除的工程。

（7）其他。

① 建筑幕墙安装工程。

② 钢结构、网架和索膜结构安装工程。

③ 人工挖扩孔桩工程。

④ 地下暗挖、顶管及水下作业工程。

⑤ 预应力工程。

⑥ 采用新技术/工艺、新材料/设备及尚无相关技术标准的危险性较大的分部/项工程。

2-69 监理项目部应知道的重要临时设施/施工工序、特殊/危险作业项目内容是什么？

答：（1）重要临时设施：即施工供用电/水、氧气、乙炔、压缩空气及其管线，交通运输道路，作业棚，加工间，资料档案库，油库，雷管、炸药、剧毒品库及其他危险品库，射源存放库等。

（2）重要工序：即特殊杆塔及大型构件吊装，高塔组立，预应力混凝土张拉，高边坡开挖，大体积混凝土基础钢筋排架，大体积混凝土浇筑，深基坑、基坑开挖放炮，洞室开挖中遇断层、破碎带的处理，大坎、悬崖部分混凝土浇筑等。

（3）特殊作业：即大型起吊运输（超载/高、超宽/长运输），高压带电线路交叉作业，临近超高压线路施工，跨越铁路、高速公路、通航河道及相关隧道作业，进入高压带电区、电缆沟、乙炔站及带电线路作业，接触易燃易爆、剧毒、腐蚀剂、有害气体或液体及粉尘、射线作业等，季节性施工，多工程立体交叉作业及与运行交叉的作业。

（4）危险作业项目：起重机满负荷起吊，两台及以上起重机抬吊作业，移动式起重机在高压线下方及其附近作业，起吊危险品，超载/高、超宽/长物件和重大、精密、价格昂贵设备的装卸及运输，油区进油后明火作业，在发电、变电运行区作业，高压带电作业及临近高压带体作业，特殊高处脚手架、金属升降架、大型起重机械拆卸、组装作业，水上作业，沉井、沉箱、金属容器内及隧道作业，土石方爆。

2-70 办理安全施工作业票需涉及哪些人？

答：在办理安全施工作业票的项目施工前，应由施工负责人填写安全施工作业票，经施工项目部技术/安全员审查，项目经理签发，施工负责人向全体作业人员交底后实施。

2-71 电网安全施工作业票应注意什么？

答：（1）一张施工作业票只能填写同一作业地点的同一类型作业内容，并可连续使用至该项作业任务完成。

（2）当施工周期超过1个月或重复施工的施工项目，应重新交底；如人员、机械/具、环境等条件发生变化，应完善措施，重新报批，重新办理作业票，重新交底。

（3）施工方案、作业指导书或安全技术措施交底过程中，全体作业人员必须参加，并按规定在交底书上签字确认；当施工过程需变更施工方案、作业指导书或安全技术措施，必须经措施审批人同意，监理项目部审核确认后重新交底。

2-72 如何处理电网施工检查中的安全质量问题？

答：由于工程的安全质量问题是指在施工过程中，凡出现违反《中华人民共和国安全生产法》《电力建设安全工作规程》、国家电网公司通用制度以及国家电网公司标准化管理

电网工程安全管理 应知应会

手册要求出现的管理违章、装置违章和行为违章行为以及违反国家标准、行业标准以及相关工程质量管理规定出现各类问题及上级相关单位检查发现的安全质量问题时进行下面的处理方式：

（1）由上级单位下发《安全检查问题整改通知单》《质量检查问题整改通知单》；

（2）业主项目经理，监理总监师及施工项目经理在施工过程检查和工程验收中发现安全质量问题，由项目部下发《安全检查问题整改通知单》《质量检查问题整改通知单》；针对工程投运后运行单位反馈的工程质量问题，由业主项目部汇总并告知施工项目部所在单位。

2-73 什么是风险安全？

答：即免除了不可接受的损害风险的状态。安全是相对的概念，对于一个组织经过危险评价，确定了不可接受的危险，那么他就要采取措施将不可接受的危险降低至可容许的程度，使得人们避免遭受到不可接受危险的伤害。因此，避免带来人员伤害、财产损失发生的过程和结果为安全。随着组织可容许危险标准的提高，安全的相对程度也在提高。

2-74 什么是基建工程施工承包商？

答：是指与项目法人或工程总承包商签订施工承包合同的具有总承包资质等级或专业承包资质等级的施工企业。

2-75 什么是工程专业/项目劳务分包？

答：前者是指施工承包商将其所承包工程中的非主体专业工程发包给具有相应资质等级的专业分包商完成的活动；后者为是施工承包商专业分包商将其承包工程中的劳务作业发包给具有相应资质等级的劳务分包商完成的活动。

2-76 变电站工程中哪些重要及危险作业工序应进行安全旁站？

答：（1）大型构件吊装，重要脚手架（搭设高度23.99m及以上）、升降架安装拆卸等；

（2）换流变压器、平波电抗器等主要电气设备安装、主要电气设备耐压试验，高压带电作业及邻近高压带电体作业等。

2-77 变电站工程需进行监理质量旁站的作业工序及部位有哪些？

答：（1）桩基础混凝土浇筑，框架梁柱混凝土浇筑，大体积混凝土浇筑，屋面防水、保温层施工等；

（2）主变压器和高抗电抗器就位、器身检查、套管安装、局放试验，GIS安装，接地网测试，高压电缆头制作与耐压试验等。

2-78 工程安全暂停令签发内容有哪些？

答：（1）无施工方案、无安全保证措施的施工，或安全措施不落实。

（2）作业人员未经安全教育及技术交底施工，特殊工种无证上岗。

（3）安全文明施工管理混乱，危及施工安全。

（4）未经安全资质审查的分包单位进入现场施工或施工项目部对分包队伍管理混乱。

（5）发生七级以上安全事故/件。

2-79 需要签发工程质量暂停令的内容有哪些？

答：（1）发现重大施工质量隐患，或发生7级及以上质量事件。

（2）无施工方案及交底、无质量保证措施施工。

（3）作业人员未经技术交底施工，特殊工种无证上岗。未经资质审查的分包单位进场施工。

（4）施工现场质量管理人员不到位或未按作业指导书施工。

（5）施工人员擅自变更设计图纸进行施工。

（6）使用没有合格证明的材料或擅自替换、变更工程材料。

（7）隐蔽工程未经验收擅自隐蔽。其他严重不符合施工规范的施工行为。

2-80 什么是工程计量？

答：现场监理项目部根据施工设计文件及承包合同书中关于工程量计算之规定，对施工项目部申报的已完成的工程量，派员进行核验的活动。

2-81 什么是平行检验？

答：指现场监理人员利用一定的检查或检测手段，在施工承包商自检的基础上，按照规程规范要求的一定的比例独立进行检查或检测的活动。

2-82 国家电网电力建设工程施工中有哪些特点？

答：有生产施工的个别性和整体性，作业的分散和流动性，施工工期紧迫性和作业交叉频繁性，施工任务起伏性大的特点。

2-83 为什么说缺乏有效的管理和控制会导致事故？

答：事故通常是由于缺乏控制造成的。虽然引起事故的直接原因是人为因素或机械故障，但根本原因还是在于组织管理的失误，因此说是管理者的责任。

2-84 安全生产管理的最终目标是什么？

答：杜绝伤害事故，使企业的工作能够为公司员工提供精神上的成就感和身心健康。

2-85 监理合同管理的内容有哪些？

答：（1）监督检查施工承包商及分包商的合同履行情况。

（2）协调合同执行过程中出现的工程暂停、工程变更、费用索赔、工程延期及工期延误、合同争议、合同解除等问题。

（3）输变电工程建设监理实行全过程监理，涵盖工程监理合同签订起至保修期结束止。存在可修复工程质量缺陷的，保修期延长至缺陷修复止。

2-86 现场监理项目部有哪些被查资料？

答：共有 9 方面内容，即：

（1）工程所需的规程规范、标准及相关文件；

（2）现场监理人员任职资格及条件一览表；

（3）监理项目部人员配置基本要求一览表、基本设备配置一览表；

（4）需要签发工程暂停令（安全/质量）的情况一览表；

（5）需要检查的重要设施和重大工序转接一览表；

（6）需进行安全旁站的工程关键部位、关键工序、危险作业项目一览表；

（7）监理质量旁站的作业工序及部位一览表；

（8）输变电工程建设监理各阶段主要工作一览表；

（9）现场监理项目部编制的相关工程文件及方案。

2-87 需进行检查的重要设施和重大工序转内容有哪些？

答：（1）重要设施是大中型起重机械，整体提升脚手架/工作平台，模板自升式架设设施，脚手架，跨越架，施工用电、水、气等力能设施，交通运输道路及危险品库房等。

（2）重大工序转接为工程项目开工，变电工程土建交付安装，安装交付调试及整套启动；线路工程的基础转序立塔，立塔转序架线。

2-88 现场监理对调试商的要求是什么？

答：变电站电气设备调试时，应严肃认真、周到细致、稳妥可靠、万无一失。

2-89 监理向业主每月报告哪些内容？

答：在工程建设项目监理实施过程中，总监应每月定期向监理企业本部和业主项目部报告监理工作开展情况，由监理单位定期向业主项目部书面报告监理工作任务完成情况，工程竣工投运后向委托方提交监理工作总结。要求专业监理工程师认真填写监理工作日志。

2-90 造成二次接线工艺缺陷原因有哪些？

答：施工前没有审核或熟悉图纸、未进行技术交底，不按图施工，随意性大；没有制定有效地施工方案及工艺标准；二次接线人员专业素质不高，施工准备工作不充分、操作方法不当，监理督查不到位。

2-91 控制电缆头制作及电缆芯线接线需哪些工器具？

答：（1）大剪子、电工刀、斜口钳、尖嘴钳、钢丝钳、剥线钳、螺丝刀、扳手、电缆勾刀、线帽机、电缆牌打印机、电烙铁、万用表、500V绝缘电阻表、校线灯、对讲机；

（2）热缩管、线帽管、屏蔽线、扎带、绑线、相色带、粘胶带、电缆牌等消耗性材料到位。

2-92 工程监理项目部应做哪些分包安全管理工作？

答：（1）由施工项目部根据专业/劳务（分包价格不得超过施工合同总价的50%）需要，将其公司批准的队伍向现场监理项目部提书目申请，经总监同意后报业主批准和备案；

（2）应按照合同对分包情况进行全过程的监督管理，建立分包安全监理制度，审查工程项目分包计划、分包资质、业绩并进场验证，报送分包情况并备案；

（3）通过安全文件审查、检查签证、旁站巡视监理手段实施分包安全监理；

（4）动态核查进场分包商的人员配备、施工机具配备，技术管理等施工能力的监督，发现问题及时提出整改要求并实施闭环管理；不定期对照员工名册检查其人证相符情况、安全教培和电力建设安规考试的情况，与项目经理一同审批分包商经理、总工的更换/请假事宜。

2-93 审查分包商有哪些资质？

答：具有法人资格的营业证、施工资质证和安生许可证；法定代表人证明或其有效授权委托书；单位的施工经历、3年的安全质量施工记；建筑业三类安生人员考核证及质量管理人员、特种作业的有效上岗证；施工管理机构、安质管理体系及其人员的配备情况；保证施工安质的机械、工器具、计量器具、安全保护设施/用具的配备；作业队的安全文明施工、质量方面的管理制度。安全协议的签字人必须是发、包双方法定代表人或其授权委托人。

2-94 安全质量数码照片有哪些管理程序？

答：（1）监理的安全质量数码由总监师督促照片拍摄人员使用数码相机实地拍摄，真实反映现场安全质量管控情况；严禁采用补拍、替代、合成等弄虚作假手段，确保照片不重复使用。

（2）安全监理工程师结合工程建设实际，制定安全数码照片分阶段拍摄计划，并按要求分层建立文件夹；主要采集由监理自身组织的有关安全检查、施工阶段影响安全的关键部位、关键工序、重要及危险作业环节数码照片。

（3）专业监理工程师结合工程建设实际，制定质量数码照片分阶段拍摄计划，并按要求分层建立文件夹；主要采集反映质量验收和质量纠偏等活动，以及影响工程质量的关键部位、关键工序、隐蔽工程质量状况的数码照片。

（4）当天采集当天整理，最长不得超过一周；竣工后填写数码照片采集说明，二周内移交业主项目部安全质量专责统一汇总。

2-95 电网建设现场监理应注意什么事项？

答：（1）现场电建/建筑企业的电工、焊工、登高工、架子工须持有地方安生监督部门或建设部门颁发的有效证件，重点检查持证上岗证情况，上岗证要有副本；机械持证者应有上级部门或施工企业颁发的有效证件。

（2）现场作业者着装整齐，有工作卡，且能正确戴用安全帽/带及防高空坠落的设施，有身着红马甲的安监员在监护。

（3）现场必须有作业者参加作业技术、安全的交底文字记录，且有本人的签名；如有不会写名字的，由他人代写名字后，由其本人按手印。

（4）作业现场文明施工应有合格工棚（不能用彩条布）、彩旗、安全设施/标志、标示牌；在基础开挖/浇筑，现场实行封闭管理，采用安全围栏围护，并结合现场实际配置有效灭火器、应急药品和药箱。

（5）现场施工机具、材料定制化堆放，标示清楚、铺垫隔离、不积水、有消防、防洪措施及用具；主要工机具和安全用具有专人管理，试验台账及标示清晰，无超期使用现象。

（6）施工机械卷扬机、振动机等应有说明书、检查保养记录；严禁现场使用变形、破损和有故障的上述设施；并有在使用前进行检查的文字记录。

（7）施工作业票由施工负责人填写，队技术/安监员审查，施工队长批准执行，并有其签发时间；若内容有变更，则必须重新履行审签手续。同时工作票应包含工作内容、时间、分工、安全技术措施、危险点分析及预控措施，补充意见；且由施工负责人宣读，作业人全体签名。

（8）现场作业应严格遵守业主/监理项目部的现场管理要求；现场监理应有业主/监理项目部制定的现场管理条款、并检查督促施工负责人做好安全应急措施及措施中要求的东西齐全、有效。

（9）完成的基础开挖应有明显的安全警示标识，深基础制模和混凝土浇筑时间，作业者必须佩戴有效、合格的安全带。

2-96 出现哪些危及人身安全的情况时监理方必须书面要求施工方停工整改？

答：（1）无安全保证措施施工或安措不落实，未经安全资质审查的分包方进入现场施工。

（2）作业人员未经安全教育或技术交底施工，特殊工种无证上岗；安全文明施工管理混乱，危及人身安全。

（3）发生六级安全质量事件/故时。

2-97 基础工程数码照片有哪些要求？

答：北京市建设工程质量施工现场工作通知要求：建立工程质量数字图文记录制度。建设工程主体施工过程中，钢筋安装工程、混凝土试件留置、防水工程施工等施工过程和隐蔽工程隐蔽验收时，施工项目部必须在监理项目部的见证下拍摄不少于一张照片留存于施工技术资料中。拍摄的照片应标注拍摄时刻、拍摄人、拍摄地点，以及照片对应的工程部位和检验批；同时建立工程质量管理人员名册留存制度。

2-98　如何抓好城区的文明施工？

答：（1）施工现场按照建设部《建筑施工现场环境与卫生标准》要求应进行封闭式管理，施工围挡坚固、施工现场应实行封闭式管理，施工围挡坚固、严密，表面应平整和清洁，高度不得低于2.5m；外脚手架架体必须用密目安全网（颜色为绿色）沿外架内侧进行封闭，安全网之间必须连接牢固，封闭严密，并与架体固定。

（2）施工项目部在进行拆除施工时，施工区域必须设置封闭围挡及醒目警示标志，按照绿色施工及文明施工要求，作业时必须做好洒水降尘工作，及时将渣土清运出场。拆除施工完工后或暂不施工的现场应做好覆盖工作，防止扬尘污染，对长期停工工地的裸露土方，建设单位要组织进行覆盖或绿化。

2-99　电网工程质量目标有哪些？

答：有五点，即"标准工艺"应用率不小于95％；工程"零缺陷"投运；实现工程达标投产及创优目标；工程使用寿命满足国家电网公司质量要求；不发生因工程建设原因造成的六级及以上的工程质量事件。

2-100　国家电网基建质量管规中对安监部门有哪些要求？

答：负责对工程建设全过程的质量管理的监督，负责组织质量事件的调查处理。他与工程质检意义不同，是企业内部行为。

2-101　工程监理项目部应有哪些质保文件？

答：监理项目部在工程质量监理过程中，应细化工程项目监理规划和监理实施细则中相应的工程质量监理工作制度，主要有：

（1）工程材料、构配件和设备质量控制；

（2）分包单位资质审查；

（3）监理旁站；

（4）监理月报；

（5）有见证取样和送检；

（6）平行检验；

（7）分项、分部工程验收签认；

（8）单位（子单位）工程预验收和工程竣工验收等。

2-102　现场监理的基本工作方针是什么？

答：（1）严格的工作要求，严谨的服务态度，严密的过程部署，严明的组织纪律和严肃的绩效考量；

（2）细——关注作业中的每一个细节，监督现场做好每一个细节；实——说实话，干实事，务实质，求实效。

2-103 监理如何控制因抢工期和疲劳作业带来的风险？

答：根据工期计划，督促施工项目部严格执行合理工期计划和加强外部环境地协调，施工图纸及设备供应，防止上述原因导致实际作业时间缩短。严格禁止陆续长时间的加班和疲劳作业，加强工期紧张项目的施工作业的安全监理，帮助施工项目部分析查找抢工期现场安全风险的变化，制定出专项施工安全方案和督促落实专项防控措施。

2-104 监理如何防范现场安全防护不到位的风险？

答：就是督促施工项目部切实落实各项安全防护措施，正确使用"安全帽、安全带、安全网"，做好楼梯口、电梯井口、预留洞口、通道口及沟坑槽深基础周边和阳台/平台周边、屋面周边、框架工程楼层周边；跑道、斜道两侧边、卸料平台的外侧边的防护措施。

2-105 监理项目部对书面文件的审核要求有哪些？

答：（1）审核承包/分包商的营业执照、企业资质、安全生产许可证书及国家能源局的承装资质证书及副本是否在有效期；查看项目经理、专职安全/质量员，电工、焊工、爆破工、起重工、蹬高工及压接人员、机械操作人员、测工的上岗证、副本及施工三类人员安全生产考核证的审核有效期（注：内容中证件的有效期一般是3年审查1次，特殊操作证为2年复审1次。如审核不合格应立即通知经理部提供有效证明，并注意各类资质中的企业名称，法人名字、住所、注册资金和资质副本，有时相差一个字就是两个企业。相关中介检测机构的资质的有效期为3年）；

（2）在查看施工项目部的安全生产计划、安全生产机械进场、安全教育培训计划、安规试卷、员工体检、意外伤害保险等时，应认真细查相关有效证明文件；在现场监理中注意检查兼职安全、特殊职业者是否人证合一，如果不是，应停止其工作，通知负责人让其回去（或建议更换）或当天干其他工作，并及时做好文字记录。

2-106 现场监理如何管理输变电工程施工分包的工程？

答：（1）工程项目开工报审前，施工项目部项目经理根据施工承包合同的约定向监理项目部提出项目施工拟分包计划申请，明确总承包合同金额、分包工作内容（部位）、分包形式、工程量、拟分包金额。

（2）安全监理工程师审核项目施工拟分包计划申请，重点审查分包工作内容是否在施工总承包合同有约定、是否和分包形式对应，分包工程量和分包额是否合理，分包比例是否超过50%。对分包计划申请中的不符合项提出修改意见，直至符合相关要求，在分包计划申请表中详细阐述审核结果，签署监理审核意见。

（3）监理项目部将分包计划申请报业主项目部，业主项目部安全管理专职核查施工项目部的分包计划申请和监理审核结果，批准项目施工拟分包计划申请并备案，填报"分包计划一览表",报送建设管理单位每月汇总上报省公司级单位基建管理部门备案。

（4）分包事项在施工承包合同中有约定的，应在合同允许范围内进行分包。分包事项在施工承包合同中无约定的，施工承包商必须经建设管理单位同意后方可进行分包；所有的专业分包与劳务分包金额之和与施工承包合同金额的比例应严格控制在50%以内。

2-107 专业分包合同约定条款审查内容有哪些？

答：（1）分包工程范围。明确分包工程的项目经理、技术负责人、安全员、质检员、特殊作业人员等主要人员名单和主要人员变更约束条款；安全保证金按2%提取（不超过50万元），合同履约保证金，分包人员意外险购买；明确安全生产费金额、分阶段使用计划、配置申请及进场验收；施工方案（作业指导书）、标准工艺应用等技术文件清单以及编制审批要求；施工（起重）机械和工器具；分包工程计价结算方式。

（2）专业分包商如需对部分施工作业进行劳务分包，应在与施工承包商签订的专业分包合同中明确需劳务分包的工作。

（3）劳务分包合同约定条款审查应包括：

① 劳务作业范围、具体内容、进场作业班组长名单、劳务作业报酬结算方式等内容；

② 分包内容不能包括类似专业分包的条款和内容，不得包含主要建筑材料、周转材料和大中型施工机械设备，不得有劳务分包商编制施工指导性文件等条款。劳务分包商需具有相应的劳务作业能力并自行完成所分包的任务，不得再次分包。

2-108 监理项目部对施工项目部安全督促中应注意什么？

答：（1）虽然施工项目部负有现场施工安全主体责任，但监理项目部也有项目安全责任、保证工程建设各环节安全人员到岗到位和安全工作责任的落实及对经理部的考核评价体系、加强对经理部执行层安全管理跟踪落实情况的监督考核任务。

（2）经理部对进场固定工、农民工进行安全基础培训时，监理部应严格入场审查，未经安全教培后考核不合格者不得上岗。

（3）监理项目部应审核、监督和跟踪管理经理部的安全生产费用投入，使其严格按照规定，制定安全生产投入计划和使用台账，确保施工安全费足额投入。

（4）严格执行对施工作业的特殊工种/作业人员进行入场资格审查制度，审查上岗证的有效性。工作负责人不得使用非合格专业人从事特种作业，对存在不规范用工行为的单位、人员进行严肃处理。

（5）对经理部的安全技术措施、工程分包、防火防汛、大中型施工机械和应急方案、风险辨识方案、冬期施工方案进行审核。

2-109 监理项目部进行施工质量评价工作流程有哪些？

答：（1）审阅施工项目部开工前制定的质量目标，审阅《项目管理实施规划》中的创优措施，确保符合建设单位创优质量标准。

（2）审阅施工工程质量管理具备科学性，应强化工程项目的工序质量管理，将施工项目部分解后的质量标准，融入建立工序巡视、检查、验收指导卡中。

（3）重点突出原材料、施工过程工序质量控制和功能效果测试，见证功能性实验过程，审阅实验报告准确性和符合性，作为工程施工质量优良评价的依据。

（4）对施工中科技进步、环保和节能、使用功能和观感进行综合评价。

（5）审阅施工项目部按规定对施工质量自行检查评价结果，监理单位或相关单位在施工项目部自评价合格的基础上，进行验收评价。工程评价结果应以验收评价结果为准。

（6）监理项目部在地基及桩基工程、结构工程以附属的地下防水层完工后，且主体工程质量验收合格的基础上进行评价。

（7）现场监理项目部在施工过程中，对施工现场进行必要的抽查，以验证其验收资料的准确性，做好抽查记录。

（8）审阅、检查施工项目部的《强制性条文》实施计划，内容及执行情况和记录。

（9）单向施工质量优良评价应在工程部位施工质量优良评价的基础上，经过现场的抽查记录和工程验收记录，进行统计分析，按评价项目评分。

2-110 变电工程的职业健康安全与环境管理检查验收内容有哪些？

答：《输变电工程达标投产验收规程》提出的有：

组织机构，安全管理，规章制度，安全目标与方案措施，工程发包、分包与劳务用工，环境管理，安全设施，施工用电与临时接地，脚手架，特种设备，危险性保管，站内消防，边坡及洞室施工安全，劳动保护，灾害预防及应急预案，防洪度汛，调试、运行，事件、调查处理等18项内容，由工程监理承包商专业技术负责人检查签名。

2-111 监理在工程创优职责内容有哪些？

答：（1）在工程项目创优领导小组的统一领导下，积极主动接受创优工作小组、作业组的业务指导和监管检查，依据项目创优规划，围绕工程创优目标，负责监理创优细则的编制和滚动修改、报批，并认真履行其监理职责。

（2）依据法律/规，工程建设强制性标准及工程建设监理合同实施监理，履行合同中提出的安全文明施工监理职责，确保创优各项管理措施得到有效落实。

（3）定期向创优工作小组汇报工作，针对工作中存在的不足、问题及时提出处理意见和建议。

（4）积极配合创优工作小组工作，提前组织策划工程监理创优总结，迎检等系列工作，且对其效果负责。

（5）根据工程制定的工作质量总目标，建立与工程项目质量管理要求相适应的组织机构、质量管理网络，目前监理项目部的质量职责。

（6）在工程开工前，负责编制以下监理创优文件，即各专业监理达标/创优实施细则；各专业工程建设强制性条文实施细则；工程监理质量管理制度。

（7）在创优的阶段评审与持续改进中，监理项目部应按照监理创优实施细则严格地进行检查和预检，每月对工程实体质量和实施细则的执行情况进行评审，做到创优监理实施细则的持续改进。

2-112　哪些变电设备需要编制安全施工措施？

答：（1）110kV 及以上或容量为 30MVA 及以上的油浸变压器、电抗器；

（2）110kV 及以上断路器、隔离开关、组合电器；

（3）500kV 及以上或单台容量为 10MVA 及以上的干式电抗器油浸变压器、电抗器；

（4）220kV 及以上穿墙套管，在安装前均需按照安装说明书编制安全施工措施。

2-113　工程监理项目部应有哪些质保文件？

答：监理项目部在工程质量监理过程中，应细化工程项目监理规划和监理实施细则中相应的工程质量监理工作制度包括：

（1）工程材料、构配件和设备质量控制；

（2）分包单位资质审查；

（3）监理旁站；

（4）监理月报；

（5）有见证取样和送检；

（6）平行检验；

（7）分项、分部工程验收签认；

（8）单位（子单位）工程预验收和工程竣工验收等。

2-114　如何管理安全文明标准化现场监理？

答：（1）业主、监理、施工项目部每月一次的安全检查或专项检查、随机检查、安全巡查等，将现场安全文明施工标准化工作作为检查内容。

（2）施工过程中，监理安全工程师、项目部安全员应每天对安全文明施工标准化设施的使用情况和施工人员作业行为进行巡查；业主、监理、施工项目部每月至少组织一次抽查，提出改进措施；安全监理工程师应对重要设施、重大工序转接是否满足安全文明施工标准化要求进行检查，并签署意见。对重要及危险的作业工序及部位进行旁站，落实安全文明施工标准化管理要求，并填写安全旁站监理记录表。

（3）对检查和评价中发现的严重问题和安全隐患应立即组织整改排除，短时间不能完全排除的应采取防范措施。业主项目部对检查和评价结果及整改闭环情况进行跟踪管理。

（4）对安全文明施工标准化工作执行不力、评价为"较差"等级的工程项目，业主项目部应责令停工整改，给予通报批评。检查和评价结果纳入对监理、施工项目部综合评价内容，在工程结算时，依据合同给予一定的经济处罚。

2-115　电力电缆及通道土建施工安全技措是什么？

答：（1）地下开挖作业应做好现场勘查、管线摸排、交底、量测、地质核对、水位摸底和土层描述等有关工作。挖土、顶进、掘进施工必须严格按照安全技术交底要求进行，发现异常时必须立即处理，确认安全后方可继续作业，出现危险征兆时，应按照相应应急处置方案执行。

（2）根据现场土质和场地情况制定相应的开挖、支护、排水方案，优先选择机械施工进行通道开挖作业，不适宜采用机械开挖的地段，可采取人工开挖。对开挖后暴露的管线应做好相应的保护措施。

（3）掘路等暴露开挖施工应编制相应的交通组织方案，实行封闭管理，做好防止交通事故的安全措施。施工区域应设置标准护栏，确保作业区域安全隔离。

（4）夜间施工，施工范围内保持足够的照明，施工地点应设置警示灯，防止行人或车辆等误撞封闭设施。

（5）地下开挖深度超过5m，或深度未超过5m，但地址条件、周围环境、建/构筑物和地下管线情况复杂时，施工前应制定专项施工方案并组织专家评审。

（6）在地下水位较高且透水性好的地层施工、穿越河流或雨季作业，施工前应充分考虑挡水、止水、降水、排水措施，必要时应编制施工降水专项方案并组织专家评审。

（7）顶管机、盾构机吊装等危险性较大的吊装作业，需编制专项方案并组织专家评审，吊装作业时，项目负责人、安全员等必须到岗到位。

（8）电缆线路暂停施工期间，应采取必要的安全隔离措施或施工区域恢复措施，避免发生人身伤害事故。

🔍 2-116　电力电缆的沟槽开挖、工井与排管作业施工安全技术措施是什么？

答：（1）沟槽开挖前应查清图纸，开挖足够数量的"样洞"和"样沟"，摸清地下设施的分布情况，确保不损坏运行电缆和其他地下管线。"样洞"和"样沟"应采用人工开挖，严禁使用尖锐器具，并做好防护。

（2）作业区实行封闭管理。按设计埋深要求控制挖土标高，严禁超挖。

（3）沟槽开挖时，应将路面铺设材料和泥土分别堆置，堆置处和沟边应保持安全通道，保证施工人员正常行走。

（4）各办公楼、厂房、医院、居民小区等出入口的沟槽上应架设过道板，保证行人安全通过。

（5）沟槽开挖深度达到1.5m及以上时，应采取措施防止土层塌方。

（6）采用撑板支护时，横列板、竖列板、铁撑柱应按要求布置，挖土与撑板应交替进行，直至设计标高。地质情况特殊、地下管线复杂时应满堂支撑。

（7）采用钢板桩支护时，应选用适合现场土质的钢板桩型号，入土深度与沟槽深度之比不小于0.35，水平支撑间距不大于2m。打压钢板桩使用专用夹具、专用机械，必须顺直插入钢板桩，严禁使用歪曲变形的钢板桩。

（8）排管管材装卸、就位宜轻拿轻放，避免破损，管接头位置宜错开布置。

（9）已建工井、排管改建作业应编制相关改建方案并经运行单位审批，运行监护人、现场负责人应对施工全过程进行监护。改建施工过程应使用电缆保护管对运行电缆进行保护，将运行电缆平移到临时支架上并做好固定措施，面层用阻燃布覆盖，施工部位和运行电缆做好安全隔离措施，确保人身和设备安全。改建施工应使用人工配合机械拆除混凝土，对原配筋采用人工锯断，严禁使用气割。

2-117 现场监理对现场易出现或忽视的问题/违章或不规范的现象有哪些？

答：（1）施工方面。

① 现场不能够提供施工图审查的相关资料和完整的原材料出厂合格证明及复试报告，原材料质量合格证明文件及复试报告代表的批量、数量与实际工程不符，现场施工质保资料、施工技术资料收集不及时、填写不规范。

② 工程基础与基础部分验收记录签字盖章不全。

③ 工程实体质量安全违反工程建设法规及强制性条文。

④ 未见施工项目部对现场的检查资料，三级教育流于形式。

⑤ 现场没有建设工程规划/许可证，质量安全监督手续。

⑥ 安全网/帽不合格，"四口、五临边"防护不到位。

⑦ 深基坑支护、高大模板等重大危险源项目无专项设计/施工方案。

⑧ 施工机械设备未经企业检查登记，起重机械缺少各类限位、保险装置，检查检测、备案资料不全。

⑨ 在质量上混凝土外观质量差、露筋、胀模、空洞现象严重。

⑩ 不按照规定留置同条件试件，现场测温记录不规范，对试件的龄期控制不严。

⑪ 施工项目部组织的安检次数少、内容简单，无针对性，且对隐患的处置和复查力度不够。

⑫ 小规格钢筋的直径偏差较大，超出规范允许的偏差范围。自伴混凝土材料计量不准，混凝土跑浆、漏浆、蜂窝麻面，接槎粗糙。

⑬ 混凝土过梁搁置长度不够，混凝土预制件截面不能满足设计要求且有断裂，部分框架柱、构造柱的钢筋混用。

⑭ 砖砌体灰缝厚度及上下错峰控制较差，留槎粗糙，墙体拉筋设置数量厚度/长度不符合要求。

⑮ 施工三类人、特殊作业人不能够做到持证上岗，应急预案、专项施工方案针对性不强、可操作性差。

⑯ 脚手架存在与墙体拉接点偏少，剪刀撑不连续、无水平防护、立杆无底座/垫板、高度低于作业层、实际搭设与施工方案不符合。

⑰ 基坑开挖边坡坡度偏小，弃土堆放离基坑边缘较近、基坑相邻围墙支护与规范要求不符。

⑱ 围墙存在倒塌隐患，部分混凝土工程存在模板支撑间距过大、横向支撑偏小且无剪刀撑，临边防护普遍防护不到位。

⑲ 现场材料普遍存在堆放不整齐、无名称、品种、数量标示牌，排水利不畅通，临电搭设配电系统错误，乱接乱拉。现场塔吊未经过相关部门验收（无合格证）、检测就使用，且安装拆卸方案及安拆人员资格与规定要求差距大。

⑳ 建设节能材料进场检测、验收做的欠细致，未经专项验收就进入第二道工序了，对此工作检查力度不够。

（2）监理自身方面。

① 现场组织机构不健全、监理规划/实施细则缺乏针对性和可操作性，管理薄弱。软件方面的监理资料不齐全或不完善，缺项较多。

② 现场总监师缺位、未能够按照相关规定履行职责，专业监理师和监理员配备严重不到位，监理工作不规范，相关培训未按照企业制度规定的内容进行，相关学习记录存在文不对题的现象。

③ 相关工作记录存在想象或虚假数据，现场欠缺监理必需的检测仪表、仪器，或者使用不在有限期的仪表仪器。

④ 监理人员未能够做到持证上岗，或者使用过期的证件或使用涂改、伪造证书。

⑤ 对施工项目部所报审文件审核欠细致、不认真现象；对相关资质证书审核结论不严谨，存在不细致或不会审，工作水平低下的现象。

⑥ 监理人员在施工现场的不作为，对现场存在的问题视而不见、听之任之，不处理、不解决，对现场安全监管失控。

⑦ 现场监理旁站作业发挥不够，工作责任心不强、工作不到位，对现场违章现象提出的整改措施很少，老好人思想严重，未能做到施工现场安全质量全过程监督检查。

⑧ 现场监理未能严格履行现场监督职责，安全巡查不到位、对关键工序/要素检查把关不严格，对施工中不执行整改的行为不能及时报告业主项目部，对无工作票作业现象未能及时发现和纠正。

⑨ 总监师对安全工作进行粗放管理，施工作业未能够做到组织到位、安全到位、人员到位、责任到位，现场监理不到位。

⑩ 监理项目部人员配备不足；缺少专业监理，项目总监缺位，串岗现象严重，人员业务能力较差。缺少必需的检测仪器或检测仪器没有计量鉴定书。

⑪ 监理承包商对安全监理不够重视，未建立安全监理巡查制度；监理项目部履职不到位，对现场检查不力。由施工项目部组织的安全检查次数少、内容简单、无针对性且对隐患的处置和复查力度不够，监理督查欠及时。

⑫ 监理项目部存在安全监管不到位，要求不严对一些应监理的内容失控漏管现象。

⑬ 图纸审查备案不严肃，图纸变更后不及时进行重新备案；材料复试未按规范要求进行；外保温材料复试次数不足，隐蔽工程验收不规范问题较为突出。

⑭ 在建工程的主主体结构和建筑材料不能够按不低于30%的比例进行实体检测和现场材料强制性抽查，使结构质量出现隐患。

⑮ 存在监理承包商对项目部监管不到位，总监不在岗，对原材料、构配件使用前审查不认真，旁站监理缺位现象。

⑯ 对施工项目部管理人员无安全生产考核合格证或使用过期证件；特殊工种人员持证上岗情况不规范或使用过期证件和无证上岗，现场无专职安检员情况未能够及时提出整改要求、审核不细致或欠缺证件有限性的辨识能力。

⑰ 即工程监理不规范行为，该审核的没审核、该指令的没指令，现场监理存在脱岗现象，该旁站/巡视的没有做到或进行、该记录的没记录、该请示的没请示，该测量/抽检的没测量/抽检、该见证检验/取样没见证检验/取样、该按照实际情况签字的不实事求是的签

字以及旁站记录/工作日志不认真填写，有虚假、不真实内容擅自离开岗位不请假或不认真尽责等等。

⑱ 对原材料、构配件使用前审查不认真，旁站缺位。

⑲ 监理/施工对图纸审查备案不严肃、图纸变更后不及时进行重新备案，材料复试未按规范要求进行，外保温材料复试次数不足，隐蔽工程验收不规范。

⑳ 对工程的主体结构和建筑材料的实体检测和现场材料强制性抽查小于 30% 的要求，为此易出现结构质量隐患危险工作：室外脚手架的拆除，按照调试吊篮，拆除高层采光井防护易发生高空坠落。

2-118 设计交底、地基验收由哪些人参加？

答：勘察设计单位必须按照合同要求，保证供图进度和质量，负责施工图设计交底；勘察、设计单位必须参加地基验槽隐蔽工程验收。

2-119 工程监理项目部绿色施工管理责任有哪些？

答：现场监理项目部对绿色施工管理承担监理责任，应对施工项目部的项目管理实施规划中的绿色施工技术措施/专项施工方案工程审查，并在实施过程中做好监理工作。

2-120 现场绿色施工方案应包含哪些内容？

答：（1）环境保护措施，制定环境管理计划及应急救援预案，采取有效措施，降低环境负荷，保护地下设施和文物等资源；

（2）节材措施，在保证工程安全与质量的前提下，制定节材措施。如进行施工方案的节材优化，建筑垃圾减量化，尽量利用可循环材料等；

（3）节水/能措施，根据工程所在地的水资源状况，制定节水措施。及时进行施工节能策划，确定目标，制定节能措施；

（4）节地与施工用地保护措施，制定临时用地指标、施工总平面布置规划及临时用地节地措施等。

2-121 什么是绿色施工？

答：是指工程建设中，在保证质量、安全等基本要求的前提下，通过科学管理和技术进步，最大限度地节约资源与减少对环境负面影响的施工活动，实现四节一环保（节能、节地、节水、节材和环境保护）。

2-122 怎样选用符合绿色施工的结构材料？

答：（1）推广使用预拌混凝土和商品砂浆。准确计算采购数量、供应频率、施工速度等，在施工过程中动态控制。结构工程使用散装水泥。

（2）推广使用高强钢筋和高性能混凝土，减少资源消耗。

（3）推广钢筋专业化加工和配送。

（4）优化钢筋配料和钢构件下料方案。钢筋及钢结构制作前应对下料单及样品进行复核，无误后方可批量下料。

（5）优化钢结构制作和安装方法。大型钢结构宜采用工厂制作，现场拼装；宜采用分段吊装、整体提升、滑移、顶升等安装方法，减少方案的措施用材量。

（6）采取数字化技术，对大体积混凝土、大跨度结构等专项施工方案进行优化。

2-123 现场监理对绿色施工及节能减排控制内容有哪些要求？

答：（1）审查施工项目部绿色施工方案。

（2）编制绿色施工监理实施细则。

（3）检查施工项目部是否建立了绿色施工管理体系。

（4）督促施工项目部定期对职工进行绿色施工知识培训，增强职工绿色施工意识。

（5）监查施工项目部按照施工组织设计中的绿色施工方案和专项施工方案组织施工，及时制止违规施工作业。

（6）督促施工项目部进行绿色施工自查工作，并对施工项目部自查情况进行抽查，参加建设单位组织的绿色施工专项检查。

（7）协助业主项目部对绿色施工方案、施工过程至项目竣工，进行综合评估。

（8）及时组织包括绿色施工内容的工程预验收。对预验收中存在的问题，督促施工项目部做好整改工作。

（9）设计阶段是电力建设工程节能减排的关键阶段。监理应督促设计承包商做好工程工艺流程的优化设计、工程总平面布置的优化、主要设备的优化选型，做好主要施工材料的优化选型，采用先进、优质的保温材料，确保保温施工和工艺质量，以减少不必要的热能损耗，采用合理的节油措施如等离子点火技术、少油点火技术等。督促设计承包商参照国家的有关规定和要求，参照民用及公共建筑设计规范搞好节能设计工作。

（10）调试阶段是电力建设工程节能减排的重要阶段。监理应审查调试分包商编制的节能减排措施，并监查落实。

2-124 现场监理对水土保持控制内容有哪些？

答：（1）审查施工项目部水土保持措施。

（2）编制监理水土保持实施细则。

（3）审批施工实施计划、进度安排，检查水土保持设施建设与主体工程建设同步。

（4）对水土保持设施的单元工程、分部工程、单位工程进行验收，完成质量评定。

（5）与建设单位配合水土保持监察机构的监督执法检查工作。

（6）审查施工项目部水土保持总结，并定期向建设单位提交监理报告。

（7）编制水土保持方案实施监理工作总结。

2-125 五级施工安全风险的内容有哪些？

答：一级风险：指作业过程存在较低的安全风险，不加控制可能发生轻伤及以下事件

的施工作业;

二级风险:指作业过程存在一定的安全风险,不加控制可能发生人身轻伤事故的施工作业;

三级风险:指作业过程存在较高的安全风险,不加控制可能发生人身重伤或人身死亡事故的施工作业;

四级风险:指作业过程中存在高的安全风险,不加控制容易发生人身死亡事故的施工作业;

五级风险:指作业过程存在很高的安全风险,不加控制可能发生群死群伤事故的施工作业。

2-126 数码照片中存在哪些安全通病?

答:反映安全管理过程控制的数码照片质量不高,未按文件规定内容拍摄、建立文件夹,照片细节、拍摄日期错误或不真实,分类不规范,整理不及时。

2-127 变电站创优监理细则中的安全控制有哪些重点内容?

答:从各类施工文件的审查,安全检查签证,旁站和巡视等四个方面对工程安全监理控制措施、重要设施地安全验收,检查到位率及杜绝"三违"等角度进行目标分解;做到事前控制、事中把关、实现施工安全的可控、能控、在控。做到:

(1)安全技术措施审查合格率100%;

(2)工程安全文件审查备案率100%;

(3)重要设施安全检查签证率100%;

(4)安全巡视、检查、旁站到位率100%;

(5)三违查处、整改闭环率100%。

2-128 变电站安全监理方案中的安全控制重点内容有哪些?

答:(1)安全管理监理工作目标(含安全/文明施工目标,环保/水土保目标);

(2)安全监理工作流程(含安全管理总体/评价,分包安全管理流程、安全检查管理及项目安全事故调查流程);

(3)工作人员安全职责和安全监理规章制度;

(4)安全监理工作控制要点及工作方法和措施;

(5)安全旁站监理要点及项目部危险源,环境因素辨识和预控措施。

2-129 施工应急内容有哪些?

答:应急小组的正副组长及成员名单;各成员的移动电话及常用办公电话号码;第三方应急联系电话(含驻地政府、医院急救、消防电话及匪警电话)号码及医疗急救路线图及标准图板。

2-130　施工项目部的安全文明施工内容有哪些？

答：所有作业人进入工地前，都必须经过安全教育培训，未经培训者或考试不合格者严禁上岗；严禁违章指挥、严禁作业及酒后上岗；严禁特殊作业者无证上岗；使用安全劳保防护用品不安全/合格的严禁上岗；无安全技术工作票不得进入现场施工；班组须认真做好每天工作前的站班会，施工项目部和施工队应进行不定期的安全督查；无安全措施或安全措施未进行交底时不得施工。

2-131　电网基建安全文明施工管理目标是什么？

答：在工程中实现"六化"，创建文明施工示范工地。树立国家电网公司输变电安全文明品牌形象。实现工程"设施标准、行为规范、施工有序、环境整洁"；现场安全文明施工设施，安全标志/示清晰规范，实行办公/加工区和施工区域分区管理。

2-132　什么是监理项目部？

答：指工程监理承包商中标准后派驻工程项目现场的，负责履行监理合同业务的组织机构。在工程实施过程中接受业主项目部对其的指导、监督和考核。

2-133　什么是施工安全方案？

答：是指工程现场施工安全工作执行的各类安全文件的统称，包括单独编制的安全策划文件、专项安全方案、安全技术措施，也包括项目管理实施规划、作业指导书等施工管理文件内的安全管理章节。

2-134　什么是特种作业？

答：指容易发生人员伤亡事故，对操作者本人、他人及周围设施的安全可能造成重大危害的作业。且从事特种作业的人员必须按国家有关规定，经专业机构的安全作业培训，取得特种作业操作资格证书方可上岗作业。

2-135　什么情况下防止施工、监理招标中的低价恶性竞争？

答：对于高山大岭、高海拔等自然条件艰苦、施工作业困难地区，要落实特殊施工、专项施工的措施费用。坚持合理造价原则，防止招标中的低价恶性竞争，确保参建单位的合理费用。

2-136　什么是观感质量？

答：通过观察和必要的量测所反映的工程外在质量。

2-137　什么是工程观感质量？

答：对一些不便用数据表示的布局、表面、色泽、整体协调性、局部做法及使用的方便性等质量项目，由有资格的人员通过目测、体验或辅助以必要的测量，根据检查项目的总体情况，综合对其质量项目给出的评价。

2-138 国家什么文件提出"安全为先"要求？

答：质量发展纲要（2011～2020 年）指出，要把"安全为先"作为质量发展的基本要求。

2-139 什么是施工现场的三交底？

答：（1）一般作业项目由技术员对全体施工人员进行交底；重大施工项目由专业工程师对全体施工人员进行交底，现场监理参加；

（2）专项施工方案（含安全技术措施，并附安全验算结果）；对深基坑、高大模板及脚手架、重要的拆除爆破等超过一定规模的危险性较大的分部分项工程的专项施工方案（应含安全技术措施）；

（3）对重要临时设施、重要施工工序、特殊作业、危险作业项目，由施工项目、总工组织编制专项安全技术措施，经相关部门施审批、审查后，由施工项目部总工对全体施工人员进行交底后实施；且交底内容必须详实，要有目的性和针对性。交底与被交底者要对施工内容、特点、方法、过程控制、质量标准、检验标准及安全措施清楚明了，并在交底书上签名确认。

2-140 电网工程验收需准备哪些文件？

答：验收资料为 11 项，即：

（1）输变电工程验收管理流程；

（2）"四通一平"工程验收交接签证书；

（3）隐蔽工程主要项目清单；

（4）公司级专检报告；

（5）中间验收报告；

（6）输变电工程各阶段验收检查比例的规定；

（7）竣工预验收方案；

（8）竣工预验收报告；

（9）启动验收方案；

（10）启动验收报告；

（11）启动验收证书附件。

2-141 变电土建隐蔽工程验收需哪些文件？

答：共有 11 项，即：

（1）桩基等地基处理工程；

（2）地基验槽：基槽底设计标高，地质土层及符合情况、轴线尺寸情况、附图等；

(3) 地下混凝土结构工程，回填时混凝土强度等级及试验单编号、施工缝留设及处理，混凝土表面质量及缺陷处理；

(4) 地下防水、防腐工程，防腐要求施工方式、基层、面层、细部等质量情况等；

(5) 钢筋工程：钢筋级别、型号、接头方式、保护层及问题处理等；

(6) 埋件、埋管、螺栓：规格、数量、位置等，必要时附图；

(7) 混凝土工程结构施工缝：处理方法及附图；

(8) 屋面工程：隔气层、找平层、保温层及防水层的施工方法，厚度、特殊部位处理等；

(9) 避雷装置：材质规格、结构形式、连接情况、防腐处理等；

(10) 幕墙及金属门窗避雷装置：材质规格、结构形式、连接情况、防腐处理等；

(11) 智能系统、装饰装修隐蔽项目等。

2-142 变电电气隐蔽工程验收需要哪些文件？

答：共有 10 项：

(1) 变压器器身检查；

(2) 电抗器器身检查；

(3) 主变压器冷却器密封试验；

(4) 变压器真空注油及密封试验；

(5) 电抗器真空注油及密封试验；

(6) 站用高压配电装置母线检查；

(7) 站用低压配电装置母线隐蔽前检查；

(8) 直埋电缆（隐蔽前）检查；

(9) 屋内、外接地装置隐蔽前检查；

(10) 避雷针及接地引下线检查。

2-143 变电工程各阶段验收检查比例是多少？

答：施工三级自检抽检比例要求：

(1) 班组自检率为 100%；

(2) 施工项目部级复检率为 100%；

(3) 变电工程公司专检率不少于 30%，且应覆盖所有分项工程。

2-144 电力电缆/隧道本体验收检查比例是多少？

答：(1) 电力电缆工程公司专检率不少于 50%，抽检要求包括：

① 电力电缆敷设施工：不少于电缆的路径长度的 50%（覆盖各路电缆）；

② 电力电缆接头施工：不少于电缆接头总数的 50%（覆盖各路电缆）；

③ 电力电缆附件安装施工：不少于电缆附件总数的 50%（覆盖各路电缆、各类附件）。

(2) 电力隧道本体工程专检率执行变电工程规定。但竖井、初衬、二衬、防水施工等中间验收检查不少于报验总数的 70%。

2-145 变电工程中间验收、竣工预验收抽检比例是多少？

答：（1）变电工程应全检，或采用覆盖所有分项工程的抽查方式。

（2）线路工程抽检率不少于 20%。

（3）电力电缆工程抽检率不少于 50%，抽检要求包括：

① 电力电缆敷设施工不少于电缆的路径长度的 50%（覆盖各路电缆）；

② 电力电缆接头施工不少于电缆接头总数的 50%（覆盖各路电缆）；

③ 电力电缆附件安装施工不少于电缆附件总数的 50%（覆盖各路电缆、各类附件）。

（4）电力隧道本体工程抽检率执行变电工程规定，但竖井、初衬、二衬、防水施工等中间验收检查不少于报验总数的 70%。

2-146 SF_6 气体抽样比例是多少？

答：根据 GB 50147—2010《电气装置安装工程 高压电器施工及验收规范》规定，每批次气瓶数 1 瓶时，选取的最少气瓶数为 1；每批次气瓶数 2～40 瓶时，选取的最少气瓶数为 2；每批次气瓶数 41～70 瓶时，选取的最少气瓶数为 3；每批次气瓶数 71 瓶以上时，选取的最少气瓶数为 4。

2-147 监理的目的是什么？

答：《±800kV 及以下直流输电工程主要设备监理导则》规定，监理的目的是协助和促进制造厂，保证设备制造质量，严格把好质量关，努力消灭常见性。多发性、重复性质量问题，把产品缺陷消除在出厂以前，防止不合格品出厂。

2-148 大体积混凝土的浇筑有哪些要求？

答：按《大体积混凝土施工规范》规定：

（1）混凝土浇筑层厚度应根据所用振捣器的作用深度及混凝土的和易性确定，整体连续浇筑时宜为 300～500mm。

（2）整体分层连续浇筑或推移式连续浇筑，应缩短间歇时间，并应在前层混凝土初凝之前将次层混凝土浇筑完毕。层间最长间歇时间不应大于混凝土的初凝时间。混凝土的初凝时间应通过试验确定。当层间间歇时间超过混凝土的初凝时间，层面应按施工缝处理。

（3）混凝土的浇筑宜从低处开始，沿长边方向自一端向另一端进行。当混凝土供应量有保证时，亦可多点同时浇筑。

（4）混凝土浇筑宜采用二次振捣工艺。

2-149 参加工程流动红旗评选需要准备哪些资料？

答：初评主要资料清单（通过基建管理信息系统检查）是：

（1）参赛项目推荐表；

(2) 项目核准批复文件；

(3) 初步设计批复文件；

(4) 初步设计评审意见；

(5) 业主项目部组织机构成立文件；

(6) 设计中标通知书；

(7) 施工中标通知书；

(8) 监理中标通知书；

(9) 上级下达的项目投资暨开工计划；

(10) 通用设计、通用设备应用清单；

(11) 建设管理纲要；

(12) 业主、施工/监理项目部创优策划文件及审批流程记录；

(13) 工程监理规划及审批流程记录；

(14) 项目管理实施规划（施工组织设计）及审批流程记录；

(15) 特殊施工技术方案/措施；

(16) 业主项目部安全管理总体策划；

(17) 监理项目部工程安全监理工作方案；

(18) 施工项目工程安全管理及风险控制方案；

(19) 施工安全固有风险识别、评估、预控清册及动态评估记录；

(20) 安全管理评价报告；

(21) 分包申请及批复文件；

(22) 分包合同、分包安全协议（扫描件）；

(23) 安全检查活动开展及闭环整改记录；

(24) 项目现场应急处置方案及演练记录；

(25) 业主项目部工程质量通病防治任务书；

(26) 工程设计单位质量通病防治设计措施，强制性条文执行计划（业主代为上载）；

(27) 施工/监理项目部质量通病防治措施，强制性条文执行计划；

(28) 业主项目部标准工艺实施要求；

(29) 施工/监理项目部"标准工艺"实施策划；

(30) 施工企业阶段性三级验收报告；

(31) 监理阶段性验收初检报告；

(32) 质量中间检查验收报告；

(33) 安全质量管理过程数码照片。

请注意：1～9，21、22项均需要扫描件。

2-150 施工企业的质量管理体系文件应包括哪些主要内容？

答：按照《工程建设施工企业质量管理规范（附条文说明）》规定：

(1) 质量方针和质量目标；

(2) 质量管理体系的说明；

（3）质量管理制度；

（4）质量管理制度的支持性文件；

（5）质量管理的各项记录。

2-151 现场监理审核施工项目部管理人员资格有哪些要求？

答：（1）主要管理人员是否与工程投标文件一致；

（2）人员数量是否满足工程施工管理需要；

（3）更换项目经理是否经业主书面同意；

（4）应持证上岗人员的证件是否有效。

2-152 现场监理审核施工项目管理实施规划有哪些要求？

答：（1）文件的内容要完整，施工进度计划要满足合同工期，并能够保证施工的连续性、紧凑性、均衡性；

（2）总体施工方案在技术上要可行，经济上要合理，施工工艺要先进，并能满足施工总进度计划要求；

（3）安全文明施工、环保措施得当，施工现场平面布置合理，符合工程安全文明施工总体策划；与施工总进度计划相适应、考虑施工机具、材料、设备之间在空间和时间上的协调；资源供应计划与施工总进度计划、施工方案相一致。

2-153 现场监理人如何审查承包商的资质证书？

答：（1）审查资质证书要求其持最新版的，而且要有附页或延续文字，且复印件上应填写："本印件与原件内容一致"的字样，加盖企业公章。

（2）发证机关的时间一般都是启用月份日期与停止月份日期是一致的。

（3）施工承包商的个人上岗证书报审时，除主页面外，还应有次页面和附近页，且复审年限按规定是3、4、5年进行审核的。如地方政府安监管理监督局颁发的特殊作业电工证书，是整年整月整日进行的，一般不会存在1年或半年就审核的现象。

2-154 现场监理项目部有哪些主要工作？

答：组织设计交底、审阅施工图、填写阅读卡；审核施工承包商的质量标准体系、质量控制点的施工技术措施，审查开工条件、签发开工指令及对监理内部文件编制、明确职责、人员到位等的管理。在质量上认真审核施工项目部编制的单元工程工艺，根据不同作业部位进行巡视、平行检测和旁站等方式实施过程控制。如以混凝土浇筑为例，应对原材料检测、拌合物检测，现场检测以及单元工程完工后的检验和质量评定。在检查中还含工件的外观检查、体形测量、内部取芯检查、无损检测，缺陷检查及处理，做好总结，准备验收资料；对发现较严重的缺陷，其修补的质量控制则需重复以上三个阶段的控制。

2-155　什么是工程的"双零目标"？

答：即工程实现"质量零事故""安全零事故"的管理目标。就是要求电网工程监理人员都以"工程无小事"和"如履薄冰、如临深渊"的工作态度对待监理工程。

2-156　什么是工程"安全零事故目标"？

答：实现工程"安全零事故管理目标"，不仅仅是安全工程师的事，而是现场全体监理人的事。为此要建立安全监理网络，明确各级监理人的监督职责。针对专业和过程控制制定必要的管理办法和实施细则，把习惯性违章和反违章当做"顽症"治理。

2-157　如何监督技术含量高、施工难度大，且有许多技术问题是首次遇到的特殊工程？

答：这不仅对施工项目部是技术考验，对监理同样是攻关，更需要监理项目部不仅仅只作为监理，同时应发挥你的高智能来协助施工项目部做好施工和研究工作。只有不断地提高监理人的自身素质，才能够适应重大特殊工程中出现的新课题、新问题，才能更好地保障工程质量。

2-158　国家电网典型施工方法内容有哪些？

答：在国家电网公司输变电工程典型施工方法管理规定中的典型施工施工方法是：前言、典型施工方法特点，适用范围，工艺原理，施工工艺流程及操作要点，人员组织，材料与设备，质量控制、安全文明施工措施，环境保护措施，效益分析，应用事例，ppt演示。按照上述内容编写时，层次要分明、数据要可靠，用词/句应准确、规范。其深度应满足指导项目施工与管理的需要，做到相同条件和施工环境的项目可直接引用。

2-159　安全文明施工/环保措施内容是什么？

答：国家电网公司输变电工程典型施工方法管理规定中说明典型施工方法实施过程中，根据国家法规、行业标准及公司/地方的安全/环保规定/指标等，应关注的安全注意事项和所应采取的安全/环保措施，及在文明施工中应注意的事项。

2-160　监理项目部对工程分包的内容有哪些？

答：（1）《国网建设工程施工分包安全管理规定》中规定，由施工项目部根据专业/劳务（分包价格不得超过施工合同总价的50%）需要，将其公司批准的队伍向现场监理项目部提书目申请，经总监同意后、报业主批准和备案。

（2）应按照合同对分包情况进行全过程的监督管理。建立分包安全监理制度，审查工程项目分包计划、分包资质、业绩并进场验证，报送分包情况并备案。

（3）通过安全文件审查、检查签证、旁站巡视监理手段实施分包安全监理。

（4）动态核查进场分包商的人员配备、施工机具配备，技术管理等施工能力的监督，发现问题及时提出整改要求并实施闭环管理；不定期对照员工名册检查其人证相符合情况、安全教培和安规考试的情况，与项目经理一同审批分包商经理、总工的更换/请假事宜。

2-161　审查分包商资质的内容有哪些？

答： 具有法人资格的营业证、施工资质证、安生许可证和能源局颁发的作业证书；法定代表人证明或其有效授权委托书；单位的施工经历、三年的安全质量施工记录；建筑业三类安生人员考核证及安全/质量管理人员的有效上岗证；施工管理机构、安质管理体系及其人员的配备情况；保证施工安质的机械、工器具、计量器具、安全保护设施/用具的配备；作业队的安全文明施工、质量方面的管理制度。安全协议的签字人必须是发、包双方法定代表人或其授权委托人。

2-162　国家电网公司优质服务的定位和核心内容是什么？

答： 电力企业的优质服务是监理企业生存与发展的基础和前提。国家电网公司将电力服务定位成："国家电网公司的生命线，足见优质服务对电力系统的重要作用"；企业要发展、服务无止境，人民电业为人民、全心全意为用户，是优质服务的核心内容。

2-163　地方政府对现场施工有哪些要求？

答： 北京市人民政府 2013 年的第 247 号令规定：施工现场的安全管理制度应当坚持"安全第一、预防为主、综合治理"的方针。建设单位，施工/监理企业应当建立健全安全生产责任制，加强施工现场安全管理，消除事故隐患，防止伤亡和其它事故发生，并督促施工项目部落实安全防护和绿色施工措施。

同时施工现场的安全管理由施工单位负责。建设工程实行总承包和分包的，由总承包单位负责对施工现场统一管理，分包单位负责分包范围内的施工现场管理。建设单位直接发包的专业工程，专业承包单位的现场管理，建设单位，专业承包单位和总承包单位应当签订施工现场管理协议，明确各方职责。因总承包单位违章指挥造成事故的，有总承包单位负责；分包单位或者专业承包单位不服从总承包单位管理造成事故的，有分包单位或者专业承包单位承担主要责任。

2-164　工程项目管理实施规划应包含哪些措施？

答： 施工项目部应当建立施工现场安全生产、环境保护等管理制度，在施工现场公示，并应当制定应急预案，定期组织应急演练。施工项目部的《项目管理实施规划》中应含绿色施工技术措施或专项施工方案。现场监理项目部对绿色施工管理承担着监理责任，应在施工作业过程中做好监督检查工作。

2-165　依照绿色施工规程，现场需编制哪些措施？

答： （1）建设工程开工前，建设单位应当按照标准在施工现场周边设置围挡，施工项目部应当对围挡进行维护。市政基础设施工程因特殊情况不能进行围挡的，应当设置警示标志，并在工程威胁部位采取防护措施；

（2）施工项目部应当对施工现场主要道路和末班存放、料具码放等场地进行硬化，其他场地应当进行覆盖或者绿化；土方应当集中堆放并采取覆盖或者固化等措施。建设单位应当对暂时不开发的空地进行绿化；

（3）施工项目部应做好施工现场洒水降尘工作，拆除工程进行拆除作业时应当同时进行洒水降尘；

（4）《项目管理实施规划》中未包括安全生产或者绿色施工现场管理措施的，由建管部门责令改正，处 1000～5000 元以下的罚款（北京市人民政府 2013 年的第 247 号令规定）。

2-166　现场工程参建单位负责人需要哪些要求？

答：地方政府要求：

（1）施工项目经理应持有授权委托书，并应在委托书中明确其代表单位法人承担工程项目质量责任。项目部技术质量负责人应具体负责工程项目质量管理。

（2）总监师应持有授权委托书。总监代表应具有监理工程师资格。总监代表和专业监理工程师属其他直接责任人。

（3）专业工程分包单位对分包工程质量向分包单位负责，分包项目负责人应持有授权委托书，并应代表单位法人承担工程质量责任，发包单位与分包单位对分包工程的质量承担连带责任。

2-167　我国对相关注册师有哪些规定？

答：建设工程项目要严格实行国家规定的职业资格注册管理制度。注册监理工程师/建造师等注册执业人员应对其法定义务内的工作和签章的文件负质量责任。因注册执业人员的过错、过失造成工程质量事故的，会被追求其的相应责任。

2-168　什么人对消防质量终身负责？

答：建设工程消防质量终身负责的个人是指依照有关法律法规规定，建设工程的建设、设计、施工、监理单位和图纸审查、消防技术服务机构的法定代表人、工程项目负责人、工程项目技术负责人、注册执业人员、施工图审查人员、技术服务从业人员，按照各自职责对工程在设计使用年限内的消防质量终身责任。上述人员因工作调动、退休等原因调离原岗位后，如被发现在该单位工作期间违反国家消防法律法规、建设工程质量管理法规和国家、地方消防技术标准，造成建设工程存在先天性重大火灾隐患、导致发生较大以上亡人火灾或重特大火灾事故的，要依法追究相应责任。

2-169　哪些电网工程不可专业分包？

答：（1）变电站的构架及电气设备的安装、电器设备的调试；

（2）线路项目中的组立塔、架线及附件安装。

2-170 变电站有哪些安全排查隐患？

答： 没有适宜的监控理念，就没有可靠的监控方法和行为，进而也就没有可控的现场。因此安全监理通过对工程常见的安全隐患进行排查分析，提醒现场监理、管理人员及施工人员在下列方面引起的重视。

（1）脚手架的安装与拆除；

（2）施工人员配戴安全帽情况，高空施工人员使用安全带是否规范；

（3）工地是否达到"工完、料尽、场地清"的要求；

（4）施工用电的使用情况，配电箱使用是否规范；

（5）负责混凝土浇筑及高大模板的支护施工人员的安全意识。

2-171 变电站现场安全防护有哪些违章现象？

答：（1）施工人员赤臂、穿拖鞋/鞋、裤头背心或裸露上身，短袖进入现场，不穿工作服或不正确着装工作，不带员工信息标识。

（2）施工人员进入现场未戴安全帽，高处作业不扎安全带或未不正确使用安全带。

（3）施工人员未按规定正确使用特殊防护用品，使用不合格的安全防护用品；敷设电缆时，用手搬动滑轮；在卷扬设备运行时跨越钢丝绳，站在水池隔离下边工作。

（4）在组装铁构件与构件时，将手指伸入螺孔进行找正。凿击坚硬或脆性物体时，不戴防护眼镜，杆塔作业无证蹬高，变电站的高处（含混凝土浇筑）作业无安全防护围栏。

（5）危险性较大的高处作业不设置安全、可靠的防护围栏；低压开关/刀闸保护盖不全、导电部分裸露，使用绝缘破损、漏电导线。

2-172 变电站安全文明施工现场注意控制哪些内容？

答： 现场监理项目部进入现场后，应及时组织学习、熟悉《国家电网公司输变电工程安全文明施工标准化管理办法》，并按其相关内容审核施工项目部《安全文明施工》作业文件。同时在变电施工区域管理方面加强监督，做到：

（1）道路应保持畅通，路面应保持整洁并经常清扫；不得在道路上堆放设备、材料和工器具等，遇特殊情况应在道路区域两边设置围栏及标志牌；

（2）重要各施工区（临空面>1m的孔洞，1.5m及以上深度的基坑、相对永久的区域）采用红白相间色的钢管扣件组装式安全围栏，实行封闭围护；一般区域划分可用提示遮栏进行围护，在围护杆上可设安全标志牌及宣传彩旗；

（3）土建施工时进出建筑物入口处、上下楼层及屋顶、电缆沟上应设临时安全通道，通道应安全可靠、防护设施齐全，投入使用前应进行验收，并悬挂必要的标识；

（4）对施工区域的电缆竖井口、窨井口、设备预留孔、构支架基础等坑洞的孔洞盖板等安全措施进行督查。

2-173　变电站电气安装监理注意什么内容？

答：（1）督促施工承包商在构支架吊装及大型设备运输时，必须指派专人负责道路监督管理，防止因作业造成路面损坏或"二次污染"；

（2）构支架组装期间，构件运抵堆放场地，经验收合格后按堆垛堆放，并做好安全措施；

（3）运抵现场的电气设备尚未开始安装的，要求统一、整齐堆放在设备堆放区域，且应铺垫隔离，并做好防倾倒措施；

（4）拆除的包装箱、废弃物等应及时清理运走，不得在变电站内外焚烧；装箱板应及时回收统一堆放，设置安全围栏并有防火安全措施；

（5）上下220kV及以上构架时必须使用攀登自锁器，严格执行高空作业有关规定，对人员必须实行百分之百的保护，严禁高处抛扔物件；

（6）构架的根部及临时拉线未固定好之前，严禁登杆作业。根部未固定好之前及二次灌浆未达到规定的强度时，不得拆除临时拉线；

（7）对完成吊装组立的构架应及时做好临时性防雷接地措施；

（8）主变压器施工期间制定油务操作规程及施工安全措施，设置足够可靠的消防器材和警告。

2-174　设备试验违章现象有哪些？

答：（1）高压试验现场未设遮拦或围栏，未向外悬挂"止步，高压危险！"标识牌，被试设备的一端未派人看守；

（2）电压表或功率表现场校验时，未将电压端子与回路断开，升压时造成二次向一次反送电；带电拆除试验线夹；

（3）工作结束后不将设备恢复原状状态（如拆头、接头、投、退保护压板等），设备变更调试后未向运行人员交代清楚和未做记录；

（4）非电工从事电工作业，不具备带电作业资格的人员进行带电作业。工作班成员未经工作负责人同意擅自进入或离开工作现场；擅自解除或跨越围栏。

2-175　使用变电站脚手架要注意哪些内容？

答：（1）脚手架搭拆人员必须持证上岗正确佩戴和使用安全防护用品，脚手架与施工进度同步搭设，每层作业面做到同步防护到位；

（2）脚手架选用的钢管应符合相关规定，钢管应进行保养刷防锈漆；扣件应有出厂合格证，有变形、滑丝和脆断的严禁使用；密目式安全立网上应有安全鉴定证和检验合格证；

（3）脚手架搭设前周围设警告标志，并设专人监护，严禁无关人员入内，脚手架有供人员上下的垂直爬梯、阶梯或斜道，搭设完成后应验收合格并挂牌后交付使用；使用期间禁止拆除主节点处的纵横向水平杆、扫地杆、连墙杆；

（4）脚手架的底部架杆及剪刀撑、层杆全部加涂刷黄/黑相间色，（除层杆刷成45°斜角，200×200cm外）其他一律按400cm×400cm涂刷；脚手架搭设时选用的脚手板应符合电建设安规要求，脚手板应满铺不应有空隙和探头板，铺设要求平稳并绑扎牢固，严禁用砖、石垫平；

（5）脚手架拆除时必须设置安全围栏挂好警示标志并设专人监护，作业顺序自上而下，拆下的架管、脚手板等有专人传递不得随意抛扔，严禁将整体推倒；同时脚手架搭拆及验收、检查其总体应满足《变电工程钢管脚手架搭设安全技术规范》规定和要求。

2-176　技术措施有哪些违章现象？

答：（1）在地脚螺栓未拧紧时，则上塔解脱吊钩。

（2）杆上有人作业时，调整或拆除杆的拉线。

（3）地锚埋深不够且不开马道。

（4）各类施工作业工作范围达不到安全距离的要求。

（5）装设的接地线不符合《电力建设安全工程规程》要求，使用不合格的接地线，装设接地线前不验电或漏装、漏拆接地线；随意在楼板或建筑物结构上打孔洞。

（6）现场进行主变油滤油工作未安排专人看管并做好防漏、防火措施并配足消防器材，工作中断或工作结束后未切断电源；在易燃/爆区携带火种、流动吸烟、动用明火及穿带铁钉的鞋。

（7）在停电的低压回路上工作未遵守停电、验电及采取其他安全措施的规定。

（8）使用金属外壳不接地或漏电保护装置的电动工具。

2-177　什么是审查工程项目管理实施规划？

答：由于审查工程项目管理实施规划是监理项目部必不可少的工作内容之一，是进行事前控制的重要内容。因此要对工程项目管理实施规划的意义有所了解：工程项目管理实施规划是进行施工准备、规划、协调、指导工程项目全部施工活动的全局性的技术经济文件。施工组织设计一般可分为二级：

（1）单位工程工程项目管理实施规划或分部工程施工组织设计，即以单个建筑物或以单个复杂的分部工程为对象而编制的施工组织设计；

（2）分项工程施工组织设计，即以单个分项工程为对象而编制的施工组织设计。

2-178　如何审查工程项目管理实施规划？

答：（1）要看其编制审核的相应人员及相应部门签字盖章是否齐全。对于大型项目、重点工程，一般是审批负责人由施工单位总工签署，单位技术负责人由公司技术部负责人签署，编制由主要编写人员签署。对于一般工程，审批负责人由技术部主任或公司副总工签署，单位技术负责人由分公司主任工程师或项目技术负责人签署，编制由主要编写人员签署，注意时间的逻辑性。

（2）查看施工项目管理实施规划主要内容是否齐全，重点看其是否有实际指导意义。

2-179　政府要求工程建管单位应有哪些质量管理制度？

答：（1）项目法人质量责任制度；

（2）项目直接主管负责人质量责任制度；

(3) 项目质量管理机构责任追究制度;

(4) 施工招标管理制度;

(5) 施工合同管理制度;

(6) 施工工期管理制度;

(7) 工程建筑材料采购管理制度;

(8) 工程质量文件归档管理制度;

(9) 项目质量管理公示制度;

(10) 工程质量验收管理制度;

(11) 工程质量保修管理制度;

(12) 项目质量管理奖罚制度。

2-180　监理如何抓好安全教育和培训工作?

答: 安全监理师要在工地现场营造出"人人讲安全、人人重安全"的氛围,树立人人身上有担子的责任感。

(1) 督促项目部认真开好每一次安全例会,认真记录会议纪要,内容要涵盖工程上所有安全领域的知识。

(2) 切实促进施工人员对安全知识的学习和安全责任的落实;以标牌、标语等多种形式,深入宣传安全知识,丰富施工人员安全预防知识,提高应急情况下的自救能力。

(3) 要求施工项目部定期有针对性地在工地现场张贴"安全温馨警示",提醒施工人员预防季节性、多发性的安全事故。督促施工项目部制定安全工作培训方案,抓好现场专兼职安全人员应急培训工作。

2-181　现场监理编制措施方案时存在哪些安全通病?

答: (1) 监理项目部学习标准化手册不细致,未按规定审批安全施工方案,文件审查记录。文件中存在引用文件内容、版本错误、失效文件或套用的现象。施工项目部编制的措施方案无针对性,编、审、批不规范。

(2) 编制的《安全监理工作方案或安全监理实施细则》未设置安全旁站点和安全检查签证点。

(3) 土建施工项目部编制实施细则未按国家电网公司"七个指导性文件"格式和主要内容编制。

2-182　现场监理存在哪些常见问题?

答: (1) 现场组织机构不健全、监理规划/实施细则缺乏针对性和可操作性,管理薄弱。软件方面的监理资料不齐全或不完善,相关安全文件流转不及时,缺项较多。

(2) 现场总监师缺位、未能够按照相关规定履行职责,专业监理师和监理员配备严重不到位,有名安全监理师兼任数十个项目,监理工作不规范,相关培训未按照企业制度规定的内容进行,相关学习记录存在文不对题的现象。

（3）相关工作记录存在想象或虚假数据，现场欠缺监理必需的检测仪表、仪器，或使用不在有限期的仪表仪器。

（4）监理人员未能够做到持证上岗，或者使用不在有限期的证件和使用涂改、伪造证书。

（5）对施工项目部所报审文件审核欠细致、不认真、不签署意见的现象；对相关资质证书审核结论不严谨，存在不细致或不会审，工作水平低下的现象。

（6）监理人员在施工现场的不作为，对现场存在的问题视而不见、听之任之，不处理、不解决，对现场安全监管失控，执行国家公司《电力安全工作规程部分》监理人员职责、《输变电工程项目安全健康和质量管理程序文件》规定不到位。

（7）现场监理旁站作业发挥不够，工作责任心不强、工作不到位，对现场违章现象提出的整改措施很少，老好人思想严重，未能做到施工现场安全质量全过程监督检查。

（8）现场监理未能严格履行现场监督职责，安全巡查不到位、对关键工序/要素检查把关不严格，对施工中不执行整改的行为不能及时报告业主项目部，对无工作票作业现象未能及时发现和纠正。

（9）总监对安全工作进行粗放管理，施工作业未能够做到"四到位"（组织到位、安全到位、人员到位、责任到位）。

（10）监理项目部人员配备不足；缺少专业监理、项目总监缺位，串岗现象严重，人员业务能力较差。缺少必需的检测仪器，或者检测仪器没有计量鉴定书。

（11）监理承包商对安全监理不够重视，相关交底不到位或未进行，未建立安全监理巡查制度；监理项目部履职不到位，对现场检查不力，没有其进行督查的如何记录。由施工项目部组织的安全检查次数少、内容简单、无针对性且对隐患的处置和复查力度不够，监理督查欠及时。

（12）监理项目部存在安全监管不到位或不按规定配置安全监理师，对一些应监理的内容存在失控漏管现象。

（13）图纸审查备案不严肃，图纸变更后不及时进行重新备案；材料复试未按规范要求进行；外保温材料复试次数不足，隐蔽工程验收不规范问题较为突出。

（14）在建工程的主体结构和建筑材料不能够按不低于 30% 的比例进行实体检测和现场材料强制性抽查，使结构质量出现隐患。

（15）存在监理承包商的项目部监管不到位，总监师不在岗或未经业主批准兼任其他工作，对原材料、构配件使用前审查不认真，旁站监理缺位。

（16）对工项目部管理人员无安全生产考核合格证或使用过期证件；特殊工种人员持证上岗情况不规范或使用过期证件和无证上岗，现场无专职安检员情况未能够及时提出整改要求或审核不细致。

2-183　城镇安全防护违章现象有哪些？

答：（1）在道路、人口密集区从事挖深沟、深坑等作业，四周不设安全警戒线、夜间部不设警告指示红灯，作业人跨越安全围栏或钻越安全警戒线，监管不力或不到位。

（2）擅自拆除孔洞盖板、栏杆、隔离层或拆除上述设施不设明显标志并不及时恢复。肩荷重物攀登梯子或软体，对现场车辆的监护无监督或监督不到位。

（3）擅自检修带压力的管道，随意进入井下或沟内作业、在通道口随意放置物料。

（4）施工人员在工作中未按规定正确着装，进入生产现场不戴合格安全帽/带或使用不当。

（5）私自解除现场施工设备漏电保护器或强行使电磁开关的漏电保护器失去作用，用燃烧的火柴投入地下室内做检查。

（6）未经批准，擅自解除基建、施工设备闭锁、报警保护装置。在容器内、电缆沟、隧道、夹层内工作，不使用安全电压的行灯照明或无人监护。

（7）在开挖的土方斜坡上放置物料，站在梯顶或不系安全带进行工作。

2-184 现场安全监护违章现象有哪些？

答：（1）工作负责/监护人不到施工现场或不进行监护或擅自离开施工现场，不指定代理人；工作负责人在工作票所例安全措施未全部实施前允许工作人员作业或不向工作班成员交代工作内容和安全措施；安监员不身着红马甲不能够胜任现场监管工作。

（2）签发的工作票与现场实际不符或现场未按工作票要求做好安全措施。

（3）施工现场危险未派专职监护人，监护人监护不力或擅自离开工作岗位。

（4）未按规定使用工作任务单（分工作票），未取得爆破证的人员从事爆破工作。

（5）有病的人和精神不振、喝过酒的人进行高处作业，复杂工程施工前未执行现场勘查制度。

2-185 监理监控好施工现场的首要问题是什么？

答：目前各种监理规范教科书中，介绍了许多怎样监控好现场的要求。但根据现场实践，从其本质原因到最后结果的过程应该是：要有"四怕"（怕违规违法，怕各上级问责，怕丢面子，怕失去自我实现的机会）；进而，收敛私心，站稳立场，坚守底线，责任心增强；进而，就会"严把源头，卡控工序，注重预控，加强程控，关注细节"，依规管理。最后，现场一切始终可控，规避风险。监理人员一旦有了这"四怕"，就会尽力克服"短期化行为"，收敛私心（私心人人有，但就怕膨胀到放肆的程度），抵制诱惑，自觉与施工方保持适当距离，持恒坚守底线。只有私心收敛，才能对待现场违规，持恒做到"三铁"（铁心、铁面、铁手段）。进而，迫使我们持恒保持和增强责任心，迫使我们尽心尽力做好"五控两管一协调一督促"（现在又增加了"一稳定"）的各项工作。尤其，监管好现场的安全和质量。

只要有了责任心，监理就会认真看图纸和学习专业知识；人就会勤快，内业资料也会认真去做；就会自己想出各种方法和手段使现场违规减少，使安质可控。只有这样，现场的一切才可控，才能规避个人及项目部的风险。这"本质原因到最后结果的过程"是现场监理在基层第一线的实践所反复证明了的。

2-186 向下属安排工作采用什么方式？

答：当前现场监理人员都受过大中专教育，都爱面子。因此在安排工作应讲究方式。直接发号施令不妥，应多沟通和勤商讨。先提出问题，让大家充分说话。对不同的意见，不要急着评论。人们常常对自己的想法和决定、会全力以赴去完成，作为上级还应保持紧急时发号施令的权利。

2-187 若甲乙监理共管一个项目，甲乙两人同时查验工程，该如何相互配合？

答：一起查验前，除了看明白相关的图纸、规范、《验标》和施工方案外，甲监理乙监理要先沟通一下，确定一下这次查验的重点、难点和注意事项等。

在查验过程中，当甲监理在要求施工方人员改正不规范做法时，乙监理也要及时表明其认同的态度，以示两人要求一致从而加强甲监理严格监控的力度。即使甲监理说出比较过分的要求，乙监理也不可当面反对，顶多保持缄默而已。注意，若乙监理确信甲监理所要求的内容错了，应及时暗示甲监理停止。

实践证明，对待质量和安全问题不存在"抓大放小"，不存在"唱黑脸演白脸"。在检查时，每个监理不可以态度暧昧，不可有讨好施工方之言行。

2-188 若甲乙监理共管一个项目，甲乙先后对某工序分别检查时，如何处理好发现的问题？

答：甲监理查验走后，乙监理复查或巡查时又发现质量安全问题怎么办？乙监理应该及时纠正，并迅速电告甲监理情况。复查或多道检查就可以避免遗漏问题。这是符合质量和安全控制程序要求的的。

2-189 甲监理被分到乙监理监管的工地怎么办？

答：首先，相互介绍情况，熟悉现场，沟通思想，交流监控方法。同时，相互了解彼此的性格和脾气。最重要的是：尽快商讨，进行认真详细分工，并书面写出。

对待某个问题，两人看法存在分歧时，可以争执，但要适度。不要咬文嚼字，不应斗嘴斗气，不得争吵不休。应各自调整彼此容忍度，保留有益的个性和想法。学会相互包容和妥协。尽量克服"同质性"，避免"同流合错"。其他处理和注意事项同前所述。

2-190 甲乙监理分属两个监管段，甲从乙的监管段经过时，发现问题如何处理？

答：若甲监理不及时纠正所发现的问题就是失职，同时也让施工方误以为我们监理团队不是一个整体。如果发现的是比较严重的问题，甲监理没有立即纠正，就是严重失职。但乙监理对甲监理纠正此问题后的想法和态度要端正。

理智上，乙监理应当欢迎其他监理人员多到自己的管段来，检查并纠正施工方的诸多问题，以加强乙监理的监控力度，使乙监理的管段质量和安全始终处于可控状态。其他人比乙监理要求严，可促使乙监理也严格监管，这样，乙监理的管段更不容易出问题。

如果甲监理看到乙监理管段存在严重的质量和安全问题，而乙监理却并不认为严重，且态度不端正，则可推断该管段质量和安全很可能已经处于失控状态，不久可能出现大的质量和安全事故。则，甲监理应当而且必须如实向总监甚至监理公司负责人"越级"汇报，哪怕由此而"得罪"乙监理，也是应当而且值得的。这就叫"大事讲原则"。

2-191 向业主及上级汇报工作应注意的事项？

答：首先尊重上级，礼让三分。简明扼要，实事求是，既不夸大也不说小。上级想听再继续说，他不想听要想办法转换一下汇报方式；我们应只说过程及方法，不代替做决定；不能从头说起，要说重点；说到差不多就好，上级想问才接着说；无论上级怎么反应，不要否定上级，都先说"是"，再自己回去适时调整。

2-192 下属越级汇报怎么办？

答：如上述所遇到的比较严重的问题，变成了"大是大非"，其直接上级（组长、总监代表、总监、领导等）解决不了，就不得不越级汇报。

记住，越级报告应该视为"非常态"，"他"可能真的没有办法了才越级汇报，而不能是经常的"常态"。监理企业的各级领导不能限制越级汇报，不可以"出卖""越级汇报者"。应该先认真听听，并侧面了解真相，然后，再告诉"越级汇报者"应依层级报告，看其直接主管怎样处理这件事。作为下属，有意见最好私底下和其直接主管好好商量，要明白越级汇报有一些不良后果。

2-193 上级越级指示下属怎么办？

答：自己不可以向上级抗议，因为上级可能不接纳，现场项目部不是"独立王国"。他也不可以询问下属，因他可能不愿意说。自己最好宣示由下属自行决定要不要给自己汇报。自动给自己报告的，要尽心辅助，力求办好。下属不报告的，其自行负责。应让上级和下属拥有某种关系。

2-194 "交叉查验"有哪些好处？

答：针对各负其责、各管一段的弊端，监理项目部应当提倡相邻管段和相近专业的监理人员互相进行"交叉查验"或"交叉复查"。即对输变电工程的重要工序、关键部位，安排就近或相关的人员相互交叉检查、复查。如果该项目复查后，还出现问题，应对复查者连带问责。有实证，这种"交叉查验复查制度"，对监理人员相互督促及规范现场施工很有效。

显然，"交叉检查"有如下好处：

（1）对重要工序、关键部位或隐检工程，换人交叉检查，可以相互复核，并有效地避免差错和遗漏。也可以相互学习监控经验；

（2）该管段专监和交叉检查者互相督促又相互"给力"，可以有效地防止现场违规施工队的"偷工减料"现象，并有力地制止其他违规行为。进而，可靠地规避了该管段现场监理的风险；

（3）交叉检查者比自己要求还严，可促使该管段监理员和专监也严格监管；

（4）适当缓和了该管段施工方因现场监理人员时时处处从严要求所产生的日积月累的不满情绪。

2-195 如何克服监理人员间"不关我/你事"之现象？

答：首先企业力度或总监应及早预测和发现监理组或员工之间、"界面"处未明确分工的事项，在没有出现大的（扯皮）矛盾之前，及时合理分配解决之，并根据实行期间的反馈情况及时调整和优化。此外，还应做到：

（1）对出现工作"界面"间的"推脱拉"和扯皮情况，发现一起，就立即剖析、解决一起，不能拖。同时把同类问题一并解决，并进而举一反三至其他问题；

（2）在监理内部的各种会议上和文件中，大力倡导员工、组之间"多管分外之事"。采取有效激励措施，鼓励和保护身边"多管事"的热心人，尽力改变"做事多，出问题就多，可能挨批评多，但薪金或好处却不一定多"的现象，以便逐渐使团队内部个别"见事躲"的冷漠人都变成"爱管事"的热心人；

（3）完善监理项目部整体问责制，借用外力和上级施压来促使各部室或监理项目部等小团队内部的思想统一，增强凝聚力，主动协作。唯持续如此，才能大大发扬团队协作精神，提高监理内部工作效率和应变能力。

2-196 遇到违规的施工方上下联手"对付"现场监理，怎么办？

答：（1）我们只有更深地了解和分析他们，尤其了解违规者相互间利益链条关系，分出"阶层"，进而分化瓦解这些"监控阻力"或"违规团伙"。

（2）应力争避免施工项目部的技术、质检人员与违规的劳务队伍联手，一起对付现场监理人员。因施工方的技术人员、安质检人员和总工等是技术岗位职务，他们负有安质管控的责任。我们监理人员和他们在安全质量管控上目标一致。他们如果够理智，就应当坚定地站到我们监控这一边，并且应站在抵抗违规的最前沿，做好他们"前沿"的分内工作。

（3）现状非常复杂，不容乐观。这就使得现场监理在确实搞好监理内部团结、力防违规的施工方人员挑拨离间的同时，也要做一些瓦解施工方"违规团伙"的工作，主动联合施工方人员中的一些责任心强、想干好工作的人，一起向现场不规范的行为施压，以确保现场可控、能控和在控，这很重要。

2-197 如何对待不作为的施工项目部负责人？

答：首先向监理项目部总监汇报，请求施压整治。总监也可以向业主或施工企业甚至安监站和质监站报告，请他们施压整治。但实际上，该项目负责人最怕的是其直接的上级领导。如果我们不怕"短期"得罪他，就可以采用婉转的或直接的方式向其直接上级领导通告现场实况，那么，现场问题的整改力度和纠正效果会更好。

因此有实证，该监控手段确实有效。不过需要因事制宜，讲究技巧。

2-198 监理项目部各级领导如何支持驻地监理工作？

答：首先，各现场监理人员应该独立地监控好自己管段内的施工。监理工程师、监理员是岗位职务，都有各自的职责。在现场无论谁说什么，让你怎么做，你要清楚，最后现场签字并承担主要监控责任的都是你；

其次，上级领导是会相信并支持现场监理工作的，前提是要干好本职工作；

由于在现场（驻地）监理总是要求施工队伍按设计图和规范施工，并严格按《验标》验收，但部分施工方总是想要（会）打折扣的，甚至你从刚离开现场就出现"偷工减料"，遇到这种情况，驻地监理每时每刻、每道工序和每个作业点都不得不直接面对。这种持续的"对抗"是持久战，也是消耗意志、智能、体能的消耗战。如果上级领导不相信和支持驻地监理，他们就不能进行这场持久的消耗战。

因此对于施工方人员向监理组或总监汇报你"是非"的情况，上级领导会认真核实真假。他不可当着施工方人员的面贬低驻地监理，要从维护监理整体威信出发慎重处理。

此外现在的现场监控形势和十年前的不可类比，现在的监理人员和三年前的也不可同样看待。各监理承包商应认真总结实行了十几年的"总监负责制"的经验和教训，进而改进和优化之。建议试行"总监管理下的分工负责制"或叫"总监负责下的岗位分工制"，以使"总监减负，主抓大事""责任下担，均衡分工"。同时，强化约束，增加制衡。加大监理承包商机关对各项目的管控督查力度，以规避现场监理项目的总监责任风险。

2-199 如何应对上级单位和部门的各种检查？

答： 电网工程的安全质量检查次数较多，如果平常监理项目部及其人员把各项内、外业工作做好，那么无论遇到什么样的检查我们都不会、也不用紧张和忙乱。根据规定和经验，现场监理人员应对各级的检查，应基本做到如下几点：

（1）在思想上，我们要正确理解上级的各种检查。这些检查是上级单位部门的职责所在。这诸多检查的目的和作用与我们监理"五控两管一协调一督促"的目标相同，它可以促使我们现场各项工作的改进，是应当欢迎的。我们也可借助于上级的每次检查，整治现场违规，力争使每一次检查起到应有的作用，以使自己的管段的质量和安全等方面始终处于可控状态。

在态度上，应重视上级的每一次检查，并应热情主动，积极配合。

（2）在行为上应及时或提前把监理的内业和外业工作自查自纠一遍。同时也借力施压，催促施工方消除现场的安质隐患，规范施工行为，做好环水保，完善内业资料等。

同时在检查时，我们在现场应严肃认真，不怠慢、嬉笑，严禁与施工方人员勾肩搭背，不故意隐瞒存在的问题。对现场查出的违规行为和问题不替施工方辩解，不得当场狡辩和顶撞。要主动承认存在的问题，并承诺督促施工方限期整改、回复闭合。

（3）对不同的上级检查，其各有着重点，我们在应对方面也应有所区别。

① 对监理企业内部的各种检查，项目部也应认真，确保每一次检查都起到纠正现场违规和提高现场管控水平的作用。而且作为驻地监理应自觉上报自己管段所存在的安质"顽症"，让自己以外的力量来向施工方施压，迫使自己管区的违规行为收敛。

② 对政府行政主管部门的检查，如安监站、质监站、环保部门或政府部门，我们更应高度重视，积极配合，借助其检查的力度，整治现场违规，规范施工，以使现场全面可控。

2-200 在安质监控中如何做到"抓大重小"？

答： 根据现场实践，一再证明"抓大放小"的提法，若用于"五控两管一协调一督促"

其中之"安全"和"质量"方面，实在不妥。尤其，在当今高度重视工程质量和安全施工的形势下，以监控施工质量和安全为"天职"的监理机构，更不应提倡之。

所以诸多实证说明，在质量和安全监控中，应大力提倡"抓大重小"，不宜再讲"抓大放小"。对于施工中的每个细节是无"大""小"之分的。"蚁穴虽小，可溃大坝。"确实是"小细节决定大成败"！而且监理在日常安质管控工作中，根本就没有所谓的"大事"可抓！我们把所有的重要工程、关键工序具体分解细化开来——都是"小事"。很显然，这些"小事"都直接影响到现场施工的"大事"。

所以"小的"累积到一定程度必然会质变成"大的"。如果容易做到的"小"事不做好，"大"的在做的过程中，必然会大打折扣，也是无法严格管控的。现场许多实例证明，我们监控人员在"小处"放松一步，实际施工时，已经相当于放松了两步、三步。到后来，欲收回这最初的"几步"，非花大功夫不可。为此我们应该提倡："重视'小的'不放宽，抓住'大的'不放松。"即"重小抓大"。

2-201 工程施工如何做到"事半功倍"？

答：现场监理的监控手段和要点是"注重预控、加强程控、严格验收，"因此超前预控最重要。预控得当、将事半功倍，如果施工过程中，发现问题，返工起来就比较困难。等到最后验收时，才发现问题再来处理就更困难。

既然一些问题可以预见其不良后果，为何不能超前谋定、未雨绸缪，在萌芽状态、在过程中就予以彻底消除，而非要等到事故出现再无端耗费大量声誉成本、人力成本、物力成本去补救呢？更何况有些事故一旦发生，根本就无法弥补，想后悔都来不及。

所以工程出现这样或那样的质量、安全事故，绝不是"运气不好"，也不是一时引发的，而是若干薄弱环节的叠加、若干不规范行为的凝集、若干时间过程的积累才会出现。假如你在进行质量安全监控的过程中，盯紧每一个环节，把好每一个关口，控好每一道工序，用合格的工序质量保证合格的工程质量，用工序的安全保证工程的安全，质量安全隐患在萌芽初期就得到有效遏制和纠正，事故就能消于无形。通过自己的强化程控，最后的验收时就可事后无悔了。

2-202 如何理解现场监理的安全监理责任？

答：国务院《建设工程安全生产管理条例》第57条对监理承包商在安全生产中的违法行为的法律责任做了相应的规定。且建设部印发的《关于落实建设工程安全生产监理责任的若干意见》[建市（2006）248号]中，依据《条例》的规定，对安全生产监理责任也做了详细阐释，要求工程监理项目部：

（1）该审查的一定要审查—核签盖章，手续齐全；

（2）该检查的一定要检查—巡视检查，留下书面、影像资料，及时归档保存；

（3）该停工的一定要停工—严重隐患，及时下发暂停令，并确认签收；

（4）该报告的一定要报告—出了事故，第一时间、毫不犹豫按照程序报告。同时，监理项目部立即启动现场应急预案。同时要求监理向"业主及当地建设主管部门"或"工程项目的行业主管部门"报告。《若干意见》明确，监理项目部履行了规定的职责，施工项目部未执行监理指令继续施工或发生安全事故的，应依法追究"监理单位以外的"其他相关单位和人员的法律责任。即监理单位履行了法定的职责，若再发生安全施工事故，要依法追究其他单位的责任，而不再追究监理企业的法律责任；因此现场监理人员必须认真学习和理解该《条例》和《若干意见》，尽到各自的安全职责。

2-203　现场主要道路及场地硬化检查内容有哪些？

答：（1）施工现场主要道路必须进行硬化处理，土层夯实后面层材料可用混凝土、沥青或细石；

（2）材料堆放区、大模板存放区等场地必须平整夯实，面层材料可用混凝土或细石；现场排水畅通，保证施工现场无积水；

（3）施工现场道路及进出口周边100m以内的道路不得有泥土和建筑垃圾。

2-204　电网工程对监理有哪些要求？

答：《电力建设安全工作规程》第3.0.1条：工程监理承包商的各级领导、工程技术人员和施工管理人员必须熟悉并严格遵守本部分，并经考试合格后上岗。

2-205　如何管理不称职人员？

答：建设管理单位督促监理、设计、施工等项目参建企业严格履行相关合同中有关安全文明施工责任。对违反合同约定，造成不良后果的，依法追究相关责任。对工程项目安全管理工作不称职的施工项目经理、安全管理人员或安全监理人员，要求相关单位予以撤换。

业主项目部对工程项目安全管理工作不称职的施工项目经理、安全管理人员或安全监理人员，提出撤换要求。

2-206　监理的现状有哪些？

答：当前大部分现场监理项目部人员情况：

（1）东西南北老中青，想法做法各不同；临时搭伴两春冬，刚刚磨合又西东。技术阶层难沟通，凝聚力差老毛病；小利小节看太重，争吵斗气伤感情。

（2）行业旧习本难除，短期行为又加重；常遇问题都纠结，不当做法需修正。

（3）现场监理人员更替、更换较快，内部的矛盾和冲突是大量存在的，甚至过激的冲突也时有发生。

（4）对于太超前的监控理念，因"理想化"远离现场实际，员工接受不情愿，实施起来就有阻力；而滞后的监控理念，虽然顺手而习惯，但照顾了部分团队人员的惰性，不利于大多数员工的进步，不利于管控好现场施工。

因此现场监理项目部的监控理念，至少应适宜或稍微超前考虑，进而，持续关注现实的成熟的监控方法，并及时总结、正确引导，方有利于现场工作的顺利完成。

第3部分

施工管理工作应知应会

设计是龙头，施工是基础，管理是核心，设备、调试是关键。国网北京公司的每一项达标工程既是干出来的，也是管出来的。所以北京电力经济技术研究院业主团队本着"踏实管理一个工程，留下一个精致作品"的理念，通过对电网工程施工相关内容的了解、各类学习及工程实践，实施现场管理，做到知识再学习，现场再管理的良性循环。业主团队要努力达到"您知我知、您不知我也知，您优我更优"的境界，加大工程管理力度。在施工现场能够及时发现问题，并提出可行性建议，协助施工项目部愉快地、有效益地建设精品工程。

3-1 我国对工程施工安全有哪些要求？

答：（1）《建设工程安全生产管理条例（2014年版）》规定：施工单位的项目负责人应当由取得相应执业资格的人员担任，对建设工程项目的安全施工负责，落实安全生产责任制度、安全生产规章制度和操作规程，确保安全生产费用的有效使用，并根据工程的特点组织制定安全施工措施，消除安全事故隐患，及时、如实报告生产安全事故；应当在施工组织设计中编制安全技术措施和施工现场临时用电方案，对下列达到一定规模的危险性较大的分部分项工程编制专项施工方案，并附具安全验算结果，经施工单位技术负责人、总监理工程师签字后实施，由专职安全生产管理人员进行现场监督：

① 基坑支护与降水工程。

② 土方开挖工程。

③ 模板工程。

④ 起重吊装工程。

⑤ 脚手架工程。

⑥ 拆除、爆破工程。

⑦ 国务院建设行政主管部或者其他有关部门规定的其他危险性较大的工程。对前款所列工程中涉及深基坑、地下暗挖工程、高大模板工程的专项施工方案，施工单位还应当组织专家进行论证、审查。

（2）建设工程施工前，施工单位负责项目管理的技术人员应当对有关安全施工的技术要求向施工作业班组、作业人员作出详细说明，并由双方签字确认。

（3）施工单位应当在施工现场入口处、施工起重机械、临时用电设施、脚手架、出入通道口、楼梯口、电梯井口、孔洞口、桥梁口、隧道口、基坑边沿、爆破物及有害危险气体和液体存放处等危险部位，设置明显的安全警示标志。安全警示标志必须符合国家标准。

（4）注册执业人员未执行法律、法规和工程建设强制性标准的，责令停止执业3个月以上1年以下；情节严重的，吊销执业资格证书，5年内不予注册；造成重大安全事故的，终身不予注册；构成犯罪的，依照刑法有关规定追究刑事责任。

3-2 违反《建设工程安全生产管理条例》的规定有哪些处罚措施？

答：施工单位有下列行为之一的，责令限期改正；逾期未改正的，责令停业整顿，依照《中华人民共和国安全生产法》的有关规定处以罚款；造成重大安全事故，构成犯罪的，对直接责任人员，依照刑法有关规定追究刑事责任。

（1）未设立安全生产管理机构、配备专职安全生产管理人员或者分部分项工程施工时无专职安全生产管理人员现场监督的；

（2）施工单位的主要负责人、项目负责人、专职安全生产管理人员、作业人员或者特种作业人员，未经安全教育培训或者经考核不合格即从事相关工作的；

（3）未在施工现场的危险部位设置明显的安全警示标志，或者未按照国家有关规定在施工现场设置消防通道、消防水源、配备消防设施和灭火器材的；

（4）未向作业人员提供安全防护用具和安全防护服装的；

（5）未按照规定在施工起重机械和整体提升脚手架、模板等自升式架设设施验收合格后登记的；

（6）使用国家明令淘汰、禁止使用的危及施工安全的工艺、设备、材料的。

3-3　我国对注册建造师执业有哪些要求？

答： 2008 年度是《注册建造师执业管理办法（试行）》第 5、12 条规定：

（1）大中型工程施工项目负责人（本书简称经理）必须由本专业注册建造师（简称注建师）担任。一级注建师可担任大、中、小型工程施工项目负责人，二级注建师可以承担中、小型工程施工项目负责人。

（2）其担任施工项目经理期间原则上不得更换。发生注册建造师执业管理办法第 11 条情形时，应当办理书面交接手续后更换施工项目负责人。

（3）担任建设工程施工项目经理的注建师应当按《注册建造师施工管理签章文件目录通知》（建市〔2008〕42 号）和配套表格要求，在建设工程施工管理相关文件上签字并加盖执业印章，签章文件作为工程竣工备案的依据。

（4）担任建设工程施工项目经理的注册建造师对其签署的工程管理文件承担相应责任。注册建造师签章完整的工程施工管理文件方为有效；在执业过程中，应当及时、独立完成建设工程施工管理文件签章，无正当理由不得拒绝在文件上签字并加盖执业印章；并不得同时担任两个及以上建设工程施工项目负责人。

3-4　我国规定注建师不应有哪些违法违章行为？

答： （1）不按设计图纸施工；

（2）使用不合格建筑材料；

（3）使用不合格设备、建筑构配件；

（4）违反工程质量、安全、环保和用工方面的规定；

（5）在执业过程中，索贿、行贿、受贿或者谋取合同约定费用外的其他不法利益；

（6）签署弄虚作假或在不合格文件上签章的；

（7）以他人名义或允许他人以自己的名义从事执业活动；

（8）同时在两个或者两个以上企业受聘并执业；

（9）超出执业范围和聘用企业业务范围从事执业活动；

（10）未变更注册单位，而在另一家企业从事执业活动；

（11）所负责工程未办理竣工验收或移交手续前，变更注册到另一企业；

（12）伪造、涂改、倒卖、出租、出借或以其他形式非法转让资格证书、注册证书和执业印章；不履行注册建造师义务和法律、法规、规章禁止的其他行为。

3-5 施工承包商电网工程安全管理目标是什么？

答：即不发生6个事件和2个事故，具体如下：

（1）不发生六级及以上人身事件。

（2）不发生因工程建设引起的六级及以上电网及设备事件。

（3）不发生六级及以上施工机械设备事件。

（4）不发生火灾事故。

（5）不发生环境污染事件。

（6）不发生负主要责任的一般交通事故。

（7）不发生基建信息安全事件。

（8）不发生对公司造成影响的安全稳定事件。

3-6 电网工程安全质量目标是什么？

答：（1）消除工程建设安全质量事故；

（2）投产工程安全质量全部达到国标或规范要求，实现"零缺陷"投运；

（3）自2011年起消除较大及以上工程安全质量事故。

3-7 现场施工项目部组建需要哪些材料？

答：施工项目部组建和管理人员任职资格符合国家电网公司相关要求；主要人员与投标承诺一致。任命文件、资格证书、投标文件。项目部管理人员与资格报审表一致，项目经理或副经理、项目总工等主要管理人员与投标承诺一致，人员配备数量满足要求，项目经理任职资格符合要求，不得同时承担2个及以上在施项目管理岗位，其他主要管理人员任职资格及兼职情况符合要求。

3-8 电网工程对主要施工管理者资格有哪些要求？

答：（1）项目经理需持有中级及以上职称或技师及以上资格，取得国家工程建设类似相应专业注册建造师资格证书，持有政府建设厅颁发的三类人员安全生产考核上岗证和国网系统的安全培训合格证。220kV及以下项目具有从事2年以上变电站工程施工管理经历。

（2）项目副经理项目需中级及以上职称或技师及以上资格，持有国网系统颁发的安全培训合格证书。220kV及以下项目具有从事2年以上变电工程施工管理经验。

（3）项目总工持有国网系统颁发的安全培训合格证书。220kV及以上项目，具有中级及以上技术职称并且具有从事3个以上同类型变电站工程施工技术管理经历。

（4）项目部安监员持有建设厅颁发的三类人员安全考核上岗证和国网系统的安全培训合格证，具有从事 2 年以上变电工程施工安全管理经历。

（5）项目部质检员持有电力质量监督部门颁发相应的质量培训合格证书，具有两年以上变电站工程管理经验。

3-9 施工项目部现场需要哪些企业及个人证书？

答：（1）有效的企业营业执照、工程施工资质，安全生产许可证及能源局的电力承装资质、项目经理本工程的企业任命文件；

（2）项目经理的注册上岗证、技术职称证、建设厅颁发的三类人员安全生产考核上岗证；总工的技术职称及近 2 年参加国网系统的安全/质量培训证书；安全管理者的建设厅颁发的三类人员安全生产考核上岗证、近 2 年参加国网系统的安全/质量培训证书；质检管理者的电力质量监督部门颁发相应的质量培训合格证书、近 2 年参加国网系统的安全/质量培训证书。

3-10 施工项目经理安全职责有哪些？

答：（1）全面负责施工项目部安全、绿色、环保等施工管理工作，是本项目部第一责任人。

（2）贯彻执行安全法律/规、规程/范和上级颁发的规章制度。

（3）组织召开相关安全工作会议；组织确定本项目部的安全管理目标，制定保证目标实现的具体措施，在确保安全的前提下组织施工；组织编制项目安全管理各类策划文件，不组织实施；负责组织对分包商进场条件进行检查，对分包队伍实行全过程的安全管理。

（4）定期组织开展安全检查，对发现的问题组织整改落实，实现闭环管理。

（5）负责组织对重要工序、危险作业和特殊作业项目开工前的安全文明施工条件进行检查并签证确认。负责制定绿色施工管理制定，对承建项目的绿色施工负责。

3-11 施工项目总工程师安全职责有哪些？

答：（1）贯彻执行安全法律/规、规程/范和上级颁发的规章制度；

（2）负责项目施工技术管理工作，组织编写专项施工方案、专项安全技术措施，组织安全技术交底、组织项目部安全教育培训工作；

（3）参与或配合项目安全事故的调查处理工作。

3-12 现场专/兼职安全员安全职责有哪些？

答：（1）协助项目经理做好安全文明施工管理，落实安全文明施工管理要求，并监督指导施工现场实施；

（2）贯彻执行安全法律/规、规程/范和上级颁发的规章制度；

（3）负责施工人员的安全教育和上岗培训；

（4）协助项目总工程师审核一般方案的安全技术措施，参加安全交底，检查；

（5）施工过程中安全技术措施落实情况；

（6）负责编制安全防护用品和安全工器具的需求计划，建立安全管理台账；

（7）检查作业场所的安全文明施工状况，督促问题整改，做好安全工作总结。

3-13 施工项目部现场安全管理台账有哪些？

答：（1）安全法律、法规、标准、制度等有效文件清单；

（2）安全管理文件收发、学习记录；

（3）安全教育、培训、考试记录；

（4）安全例会及安全活动记录；

（5）安全检查记录及整改单；

（6）安全施工作业票及安全技术措施交底记录；

（7）特种作业人员及专、兼职安全人员登记档案；

（8）重要临时设施验收记录；

（9）特种设备安全检验合格证；

（10）登高作业人员体检表；

（11）分包商资质资料；

（12）分包合同及安全协议；

（13）安全工器具台账及检查试验记录；

（14）安全用品台账及领用记录；

（15）安全生产费用使用审核记录；

（16）现场应急处置方案及演练记录；

（17）安全奖惩登记台账；

（18）施工机械管理台账。

3-14 电网工程对工期有哪些要求？

答：（1）严格执行《国网输变电工程工期与进度管理办法》，必须保证相应工序的施工时间。在项目因前期或不可控因素受阻拖期时，要对投产日期进行相应调整；

（2）缩短工期的工程，必须制定保障安全质量和工艺的措施并落实相关费用，履行审批手续并及时变更相关合同后方可实施（220kV 及以上工程需国网基建部审批）。

3-15 电网工程对设计工代表有哪些要求？

答：加强施工阶段的设计管理与协调，330～1100kV 工程设计代表常住现场，提高设计承包商现场服务水平。

3-16 电网工程对设计交底有哪些要求？

答：提高施工图设计管理水平，施工图设计阶段全面落实强制性标准条文、工程创优与工艺标准等质量要求，设计承包商全面加强施工图设计、内审和设计交底工作。

3-17　施工承包商交底责任是什么？

答：（1）技术交底工作由施工承包商各级生产负责人组织，各级技术负责人交底。重大和关键施工项目必要时可请上级技术负责人参加，或由上一级技术负责人交底。各级技术负责人和技术管理部门应督促检查技术交底工作进行情况；

（2）现场施工人员应按工程交底要求施工，不得擅自变更施工方法和质量标准。施工技术人员、技术和安质部门发现施工人员不按交底要求施工可能造成不良后果时应立即劝止，劝止无效则有权停止其施工。必须更改时，应先经交底人同意并签字后方可实施；

（3）施工中发生质量、设备或人身安全事件/故时，事件/故原因如属于交底错误由交底人负责；属于违反交底要求者由施工负责任人和施工人员负责；无证上岗或越岗参与施工者除本人应负责任外，班组长和班组专职工程师亦应负责。

3-18　什么是电网工程公司级（工程总体）技术交底？

答：按照国家电网公司电建施工技术导则的工程总体交底要求。在施工合同签订后，由工程承包商的总工程师，组织有关技术管理部门依据项目管理实施规划大纲、工程设计文件、设备说明书、施工合同和本公司的经营目标及有关决策等资料拟定技术交底提纲，对项目部各级领导和技术负责人员及相关质量、技术管理部门人员进行交底。其内容主要是公司的战略决策、对本项目工程的总体设想和要求、技术管理的总体规划和对本项目工程的特殊要求，一般包括：

（1）本工程的安全质量目标和具体实施及决策；及工程设计规模和各施工承包范围划分及相关的安排和要求；

（2）项目管理实施规划主要内荣；工程承包合同主要内容和要求；

（3）企业对本项目主要、关键的安排，要求。相关技术供应、技术检验、推广五新（新技术、新工艺、新材料、新设备、新流程）、技术总结等安排和要求；

（4）降低成本目标和原则措施；以及其他施工注意事项。

3-19　什么是项目部级（项目工程总体）技术交底？

答：在项目工程开工前，项目总工组织有关技术管理部门对职能部门、工地技术负责人、主要施工负责人和分包单位有关人员进行交底。其主要内容是向项目工程的整体战略性安排，一般包括：

（1）本项目工程规模和承包范围及其主要内容，项目工程内部施工范围划分；项目工程特点和设计意图；

（2）总平面布置和力能供应；主要施工程序、交叉配合和主要施工方案；综合进度和各专业配合要求；质量目标和保证措施；

（3）安全文明施工，环保、水利土保的主要目标和保证措施；

（4）技术和物资供应要求；技术检验安排；采用"五新"计划；降低成本目标和主要措施；施工技术总结内容安排及其他施工注意事项。

3-20 **什么是工地级技术交底（专业交底）？**

答： 在本工地施工项目开工前，工地专责工程师应根据项目管理规划专业设计、工程设计文件、设备说明书和上级交底内容等资料拟定技术交底大纲，对本专业范围的生产负责人、技术管理人员、施工班组长及施工骨干人员进行技术交底。交底内容是本专业范围内施工和技术管理的整体性安排，一般包括：

（1）本工地施工范围及其主要内容和各班组施工范围划分。

（2）本项目和本工地的施工项目特点，以及设计意图。

（3）施工进度要求和相关施工项目的配合计划及工程项目和专业的施工质量目标和保证措施。有针对性地做好安全文明施工，环保、水土保规定和保证措施。

（4）是重大施工方案（特殊爆破工程、特殊和大体积混凝土浇灌、重型和大件设备、构件五新技术的推广）内容、风险及要求。

3-21 **什么是班组（分专业）技术交底？**

答： 在施工项目作业前，由专职技术人员根据施工图纸、设备说明书、已批准的项目管理实施规划专业设计和作业指导书及上级交底相关内容等资料拟定技术交底提纲，并对班组施工人员进行交底。交底内容主要是施工项目的内容和质量标准及保证质量的措施，一般内容包括以下内容：

（1）施工项目的内容和工程量，施工图纸解释；工程质量标准和特殊要求，保证质量的措施；检验、试验和质量检查验收评定依据。

（2）施工步骤、操作方法和采用新技术的操作要领；安全文明施工，环保、水土保要求的保证措施。

（3）技术和物资供应情况；施工工期的要求和实现工期的措施、施工记录的内容和要求。

（4）降低成本措施，其他施工注意事项。

同时在进行各级技术交底时，都应请建设、设计、制造、监理和运行等单位相关人员参加，并认真讨论，消化交底内容。必要时对内容作补充修改。涉及已经批准的方案、措施的变动工作，应按有关程序及时报审批。

3-22 **工程技术交底有哪些内容和要求？**

答： （1）工程项目管理实施规划、施工组织设计交底、专项方案交底、分项交底、设计变更交底和"五新技术"交底。

（2）各项交底应有文字记录并有交底双方人员的签字。一般情况下：

① 重点和大型工程施组交底由公司总工向项目管理人员交底，其他一般工程由项目技术负责人向项目管理人员交底；

② 专项方案由项目专业技术负责人向专业工长交底；

③ 分项交底由各工长在各专业施工前，应将相关的技术交底写好，下发给各施工队，并让施工队签字认可，交资料员存档一份；

④"五新技术"交底由项目技术负责人组织编制，并向相关人员交底。

（3）技术交底时，各级主管技术领导可根据工程、建筑及结构特点、技术要求、施工工艺以及有关安全、节能环保、文明施工等要求。向参与施工的有关人员（管理人员、技术人员、检查人员以至工人班组）交底，使有关人员了解、掌握工程情况及关键部位做到心中有数，便于正确组织和指导施工。技术交底应与贯彻规范、标准结合进行。标准设计的工程可制定统一书面交底书，并应结合具体情况予以补充。

3-23 工程施工交底目的和要求有哪些？

答：（1）按照国家电网公司电建施工技术导则的要求，施工安全、技术交底的目的是使工程管理人员了解项目工程的概况、技术方针、安全质量目标、计划安排和采取的各种重大措施；使施工人员了解其施工项目的工程概况、内容和特点、施工目的，明确施工过程、施工办法、质量标准、安全措施、环保措施、节约措施的工期要求等，做到心中有数。

（2）施工技术交底是施工工序中的首要环节，未经技术交底不得施工；且技术交底必须有交底记录，交底人和被交底人必须要履行全员签字手续。

（3）具有针对性和指导性。根据施工项目的提点、环境条件、季节变化等情况确定具体办法和方式。交底应注重实效。

（4）重大危险项目，如吊车拆卸、高塔组立、带电跨越等，在施工期内，宜逐日交底。

3-24 现场安全交底内容是什么？

答：工作目标、内容/地点、风险内容、设备/材料规格型号、工序流程、质量标准、验收规程、安全/风控措施、安监人以及做到"任务、时间、费用和责任人"四落实等内容。

3-25 什么是施工图会检管理？

答：（1）按照国家电网公司电建施工技术导则的要求：施工图纸是国网基建工程施工和验收的主要依据之一。为使现场项目部全体施工人员充分领会设计意图、熟悉设计内容、正确施工，确保施工质量，必须在开工前进行图纸会检。对于施工中的差错和不合理部分，应尽快解决，保证工程顺利进行。

（2）会检应由施工企业各级技术负责人组织，一般按从班组到项目部，由专业到综合的顺序逐步进行。也可视工程规模和承包方式调整会检步骤。会检分为三个步骤：

① 由班组专职工程师/技术员主持专业会检。班组施工人员参加，并可邀请设计代表参加，对本班组施工项目或单位工程的施工图纸进行熟悉，并进行检查和记录。会检提出的问题由主持人负责整理后报工地专责工程师。

② 由工地专责工程师主持系统会检。工地全体技术人员及班组长参加，并可邀请工程设计、建设、监理等单位相关人员和项目部技术、质量管理部门参加。对本工程施工范围内的主要系统施工图纸和相关专业间结合部的有关问题进行会检。

③ 由项目总工程师主持综合会检。项目部的各级技术负责人和技术管理部门人员参加。邀请建设、设计、监理、运行等单位相关人员参加。对本项目工程的主要系统施工图

纸、施工各专业间结合部的有关问题进行会检。

3-26　施工图纸会检的重点是什么？

答：（1）施工图纸与设备、原材料的技术要求是否一致。

（2）施工的主要技术方案与设计是否相适应，图纸表达深度能否满足施工需要。施工图之间和总分图之间、总分尺寸之间有无矛盾。

（3）构件划分和加工要求是否符合施工能力；扩建工程的新老系统之间的衔接是否吻合，施工过渡是否可能。除按图面检查外，还应按现场实际情况校核。

（4）各专业之间设计是否协调。如设备外形尺寸与基础设计尺寸、土建和电器对建/构筑物预留孔洞及埋件的设计是否吻合，设备与系统连接部位、管线连接部位、管线之间、电气、热控和机务之间相关设计等是否吻合。

（5）工程设计采用"五新（新技术、新工艺、新材料、新设备、新流程）"，在施工技术、机具和物资供应上有无困难，能否满足生产运行对安全、经济的要求和检修作业的合理需求。

（6）设备布置及构件尺寸能否满足其运输及吊装要求。设计能否满足设备和系统的启动调试要求。

（7）材料表中给出的数量和材质以及尺寸与图面表示是否相符；在图纸会检前，主持单位应事先通知参加人员熟悉图纸，准备意见，并进行必要的核对工作。

3-27　工程图纸会审及设计交底应注意什么？

答：工程开工前必须由项目经理组织以技术负责人为首的管理人员图纸会审，将图纸的可疑问题分别记录，由技术负责人归纳，及早约定甲方、监理、设计单位进行全方位设计交底，施工单位负责将设计交底内容按专业汇总、整理形成图纸会审及设计交底记录，有关各方签字确认。

3-28　工程图纸会审有哪些要求？

答：施工项目部收到图纸后，应组织学习、会审。学习图纸会审是一项严肃细致的工作，要审查设计图纸是否符合国家和上级的技术政策和有关规定，是否满足建筑物使用功能的要求。通过学习、图纸会审，使施工人员熟悉设计图纸的内容和要求，结合设计交底，明确设计意图，发现设计图纸有错误之处，应在施工前予以解决，保证工程的顺利进行。

（1）图纸会审要按工程的规模分级组织进行且经过熟悉、汇总、统一、会审四个步骤如下：

① 熟悉：各级技术人员（包括技术主管和部门人员、施工员、翻样员、预算员、检查员等）接到图纸后。要认真熟悉图纸，结合各工种情况，重点分析实施的可能性和现实性。

② 汇总：由技术部门或技术员收集有关人员提出的问题，按部位、专业进行汇总，系统整理，列出项目。

③ 统一：施工企业内部应由技术领导组织有关人员讨论研究提出的问题的类别，能实

施的项目提出建议和想法，整理出统一意见。

④ 会审：将总分包分别审查后的意见，由企业主管领导组织会审。将土建、专业、分包（打桩、构件吊装、电梯、通信等）之间的关系和相互制约的问题提出综合方案和建议。

（2）图纸会审应注意问题如下：

① 设计图纸必须是工程设计承包商正式签署的图纸。不是正式设计承包商的图纸或设计单位没有正式签署的图纸不得施工；

② 设计图纸和说明，要核对基础/建筑图、结构图和暖卫、电气设备图等是否齐全；

③ 结构、建筑、设备图纸本身和相互之间有无错误和矛盾。如各部位尺寸、轴线位置、标高、预留孔洞、预埋件、大样图和作法说明有无错误和矛盾；

④ 熟识地质勘探资料，注意地基处理和基础设计、建筑物与地下构筑物、管线之间的关系有没有问题；

⑤ 设计中要求的新技术、新工艺、新材料和特殊工程、复杂结构的技术要求能否做到；

⑥ 设计是否合理，施工时有无足够的稳定性，对安全施工有没有影响。

3-29　填写施工日志有哪些要求?

答: 施工日志应以单位工程为记载，从工程开工至工程竣工止，由经理或总工按专业指定专人负责逐日记载，保证内容真实、连续和完整。

3-30　地方政府对现场施工有哪些要求?

答: 北京市人民政府 2013 年的第 247 号令规定：施工现场的安全管理制度应当坚持安全第一、预防为主、综合治理的方针。建设单位，施工/监理企业应当建立健全安全生产责任制，加强施工现场安全管理，消除事故隐患，防止伤亡和其他事故发生，并督促施工项目部落实安全防护和绿色施工措施。

同时施工现场的安全管理有施工单位负责。建设工程实行总承包和分包的，由总承包单位负责对施工现场统一管理，分包单位负责分包范围内的施工现场管理。建设单位直接发包的专业工程，专业承包单位的现场管理，建设单位，专业承包单位和总承包单位应当签订施工现场管理协议，明确各方职责。因总承包单位违章指挥造成事故的，有总承包单位负责；分包单位或者专业承包单位不服从总承包单位管理造成事故的，有分包单位或者专业承包单位承担主要责任。

3-31　施工项目部总工需负责/组织编制哪些文件?

答: （1）组织编制项目管理实施规划，分别用单独章节描述安全技术措施、绿色施工措施和施工现场临时用电方案，经施工企业技术、质量、安全等职能部门审核，施工企业总工程师审批，报监理项目部审查，业主项目部批准后组织实施。

（2）组织编制安全文明施工实施细则、工程施工强制性条文执行计划等安全策划文件（经企业相关职能部门审核，分管领导审批，报监理项目部审查，业主项目部批准后组织实施)。

（3）按我国有关规定，对达到一定规模的危险性较大的分部分项工程。

（4）组织编制专项施工方案（含安全技术措施），并附安全验算结果，经施工企业技术、质量、安全等职能部门审核，施工企业总工审批，经项目总监师签字后，由施工项目部总工交底，专职安全管理人员现场监督实施。

（5）对深基坑、高大模板及脚手架、重要的拆除爆破等超过一定规模的危险性较大的分部分项工程的专项施工方案（含安全技术措施），施工企业还应按国家有关规定组织专家进行论证、审查，并根据论证报告修改完善专项施工方案，经施工企业总工、项目总监师、业主项目经理签字后，由施工项目部总工交底，专职安全监督管理人员现场监督实施。

（6）对重要临时设施、重要施工工序、特殊作业、危险作业项目，施工项目部总工组织编制专项安全技术措施，经施工企业技术、质量/安全部门和机械管理部门（必须时）审核，施工企业总工程师审批，报监理项目部审查，业主项目部备案，由施工项目部总工交底后实施。

（7）项目施工必须有作业指导书。作业指导书由施工项目部技术员编制，经施工项目部安全、质量管理人员和项目总工审核，报施工企业总工或副总批准，由施工项目部技术员交底后实施。作业指导书中的安全技术措施部分必须有独立的章节。

3-32 项目总工在现场需要审核什么文件？

答：项目总工审核由施工项目部技术员编制的作业指导书（需经施工项目部安全/质量管理人员审核，总工审核后报企业总工程师或副总批准，然后由施工项目部技术员交底后实施。作业指导书中的安全技术措施部分必须有独立的章节）。

3-33 施工承包商总工需要批的现场文件有哪些？

答：（1）施工项目部的项目管理实施规划；

（2）安全文明施工实施细则、工程施工强制性条文执行计划等安全策划文件；对达到一定规模的危险性较大的分部/项工程的施工方案（含安全技术措施并附安全验算结果）；

（3）对深基坑、高大模板及脚手架、重要的拆除爆破等超过一定规模的危险性较大的分部分项工程的专项施工方案（含安全技术措施）；

（4）对重要临时设施、重要施工工序、特殊作业、危险作业项目的专项安全技术措施；

（5）由施工项目部技术员编制，经施工项目部安全/质量管理人员和项目总工程师审核的作业指导书。

3-34 施工项目实施规划的流程有哪些？

答：（1）项目管理实施策划由项目经理主持编制，其他侧换文件、特殊/专项施工方案由项目总工编制。

（2）项目策划文件、特殊/专项施工方案由施工单位有关部门审核，单位总工批准；其中安全策划文件由企业分管领导批准；超过一定规模的危险性较大分部分项工程施工方案需组织专家论证。

（3）一般施工方案由项目技术员编制，经施工项目部安全、质量管理人员和项目总工审批，报施工企业技术负责人批准。

（4）一般施工方案经专业监理工程师审核，总监理工程师批准。

（5）特殊/专项施工方案报监理项目部审核。

（6）特殊/专项施工方案报业主项目部批准。

（7）批准的一般施工方案由项目总工负责向项目全体人员进行交底签字。

（8）批准的项目管理实施规划、特殊/专项施工方案由企业技术负责人和相关部门人员向施工项目部交底并签字。

（9）施工项目部接受公司级交底后由项目总工负责向项目全体人员进行交底并签字。

（10）所有施工方案完成项目部级交底后，由技术人员向有关施工人员进行交底并签字。

（11）施工人员按照施工方案要求实施作业，由监理项目和业主项目实施监督。

（12）如果在监理项目部和业主项目部审批过程中发现方案不符合要求时，必须由编制方重新修改并在次履行审批程序。

3-35 需施工队长签发的安全施工作业票内容有哪些？

答： 电网工程中危险性较大的分部/项工程是：

（1）基坑支护、降水，土方开挖工程：开挖深度超过 2.99m 或虽未超过 3m 但地质条件和周边环境复杂的基坑/槽支护、降水工程。开挖深度超过 2.99m 的基坑/槽的土方开挖工程。

（2）模板工程及支撑体系：

① 各类工具式模板工程：包括大模板、滑模、爬模、飞模等工程；

② 混凝土模板支撑工程：搭设高度 4.99m 及以上；搭设跨度 10m 及以上；施工总荷载 $10kN/m^2$ 及以上；集中线荷载 15kN/m 及以上；高度大于支撑水平投影宽度且相对独立无联系构件的混凝土模板支撑工程；

③ 承重支撑体系：用于钢结构安装等满堂支撑体系；

（3）起重吊装及安装拆卸工程：

① 采用非常规起重设备、方法，且单件起吊重量在 10kN 及以上的起重吊装工程；

② 采用常规起重机械进行安装，负荷达到相应幅度额定负荷 90% 且低于 95% 的起重作业工程；

③ 起重机械设备自身的安装、拆卸。

（4）脚手架工程：

① 搭设高度 23.99m 及以上的落地式钢管脚手架工程；

② 附着式整体和分片提升脚手架工程；

③ 悬挑式脚手架工程；

④ 吊篮脚手架工程；

⑤ 自制卸料平台、移动操作平台工程；

⑥ 新型及异型脚手架工程。

（5）拆除、爆破工程以及其他工程：

① 建筑物、构筑物拆除工程；

② 采用爆破拆除的工程。

（6）运输重量在 2t 及以下、牵引力在 10kN 以下的轻型索道运输作业工程；

（7）采用新技术、新工艺、新材料、新装备、新流程及尚无相关技术标准的危险性较大的分部分项工程。

3-36　需项目经理签发的安全施工作业票内容有哪些？

答：《国网基建安全管规定》附件 6，7 所列的作业项目和其他作业外；变电站工程涉及人工挖孔桩，桩基施工，强夯施工，土方工程多种施工机械交叉施工，特殊结构厂房施工，施工用电接火，挡土墙施工，脚手架搭设及拆除，主体结构的模板安装/支模及混凝土浇筑，梁、板、柱及屋面钢筋绑扎，室内外装饰涉及到高处作业项目，屋面防水施工，构架组立，构架横梁及架顶避雷针就位安装，独立避雷针起吊就位安装，高抗附件安装，高处压接导线，隧道焊接等施工作业。

3-37　变电工程安全施工作业票有哪些目次？

答：（1）人工挖孔桩安全施工作业票；

（2）桩基施工安全施工作业票；

（3）强夯施工安全施工作业票；

（4）多种施工机械交叉作业土方工程安全施工作业票；

（5）特殊结构厂房安全施工作业票；

（6）施工用电接火安全施工作业票；

（7）挡土墙施工安全施工作业票；

（8）脚手架搭设及拆除安全施工作业票；

（9）主题结构的模板安装/支模及混凝土浇筑安全施工作业票；

（10）梁、板、柱及屋面钢筋绑扎安全施工作业票；

（11）室内外装饰/高处作业安全施工作业票；

（12）屋面防水施工安全施工作业票；

（13）构架组立安全施工作业票；

（14）构架横梁及架顶避雷针就位安装安全施工作业票；

（15）独立避雷针起吊就位安装安全施工作业票；

（16）高出附件安装安全施工作业票；

（17）高处压接导线安全施工作业票；

（18）隧道焊接安全施工作业票；

（19）水上作业安全施工作业票；

（20）金属容器内作业安全施工作业票；

（21）临近带电体作业安全施工作业票；

（22）临时用电安全施工作业票；

（23）金属焊接、切割安全施工作业票；

（24）变压器安装安全施工作业票；

（25）组合电器安装安全施工作业票；

（26）交流耐压试验安全施工作业票；

（27）变压器局放试验安全施工作业票；

（28）整组传动试验安全施工作业票。

3-38　施工项目部需上报哪些管理资料？

答：（1）施工项目部管理人员资格报审表；

（2）项目管理实施规划报审表；

（3）强制性条文执行计划报审表；

（4）施工进度计划报审表；

（5）施工进度调整计划报审表；

（6）施工月报；

（7）工程开工报审表；

（8）单位/分部工程开工报审表；

（9）工程复工申请表；

（10）作联系单；

（11）会议纪要（含签到表）；

（12）文件收发记录表；

（13）通用报审表；

（14）监理通知回复单；

（15）工程总结；

（16）输变电工程施工分包队伍考核评价表；

（17）分包计划申请表；

（18）施工分包申请表。

3-39　现场施工有哪些安全管理资料？

答：（1）电力建设工程分包安全协议范本；

（2）施工安全管理及风险控制方案报审表；

（3）主要施工机械/工器具/安全防护用品/具报审表；

（4）大中型施工机械进场/出场申报表；

（5）安全文明施工设施配置计划报审表；

（6）安全文明施工设施进场验收单；

（7）安全管理台账目次。

3-40　现场施工有哪些质量管理资料？

答：（1）质量通病防治措施报审表；

（2）施工质量验收及评定范围划分报审表；

（3）工程控制网测量报审表；

（4）计量器具台账；

（5）主要测量计量器具/试验设备检验报审表；

（6）试验/检测单位资质报审表；

（7）乙供主要材料及构配件供货商资质报审表；

（8）乙供工程材料/构配件/设备进场报审表；

（9）产品检验记录；

（10）甲方主要设备开箱申请表；

（11）材料试验委托单；

（12）工程材料/构配件/设备缺陷通知单；

（13）设备（材料/构配件）缺陷处理报验表；

（14）特殊工种/特殊作业人员报审表；

（15）试品/试件试验报告报验表；

（16）同条件混凝土养护温度记录；

（17）混凝土试块抗压强度汇总表；

（18）混凝土试块抗压强度汇总及评定表；

（19）跟踪管理记录；

（20）输变电工程施工强制性条文执行记录表；

（21）工程质量通病防治工作总结；

（22）过程质量检查表；

（23）工程质量问题处理单；

（24）工程安全/质量事故报告表；

（25）工程安全/质量事故处理方案报审表；

（26）工程安全/质量事故处理结果报验表；

（27）工程质量问题台账；

（28）调试报告报审表；

（29）公司级专检申请表；

（30）监理初检申请表。

3-41　技术管理有哪些资料？

答：（1）图纸预检记录；

（2）一般施工方案/措施报审表；

（3）特殊/专项施工技术方案/措施报审表；

（4）图纸收发登记表；

(5) 设计变更收发登记表；

(6) 交底记录；

(7) 设计变更执行报验单；

(8) 技术标准问题及标准间差异汇总表。

3-42　造价管理有哪些资料？

答：(1) 资金使用计划报审表；

(2) 工程预付款报审表；

(3) 工程进度款报审表；

(4) 设计变更联系单；

(5) 工程设计变更审批单；

(6) 工程重大设计变更审批单；

(7) 工程现场签证审批单；

(8) 工程重大签证审批单；

(9) 索赔申请书；

(10) 工程竣工结算书。

3-43　工程项目管理实施规划应包含什么措施？

答：施工项目部应当建立施工现场安全生产、环境保护等管理制度，在施工现场公示，并应当制定应急预案，定期组织应急演练。且施工项目部的《项目管理实施规划》中应含绿色施工现场管理措施。

3-44　依照绿色施工规程现场需编制哪些措施施工？

答：(1) 建设工程开工前，建设单位应当按照标准在施工现场周边设置围挡，施工项目部应当对围挡进行维护。市政基础设施工程因特殊情况不能进行围挡的，应当设置警示标志，并在工程威胁部位采取防护措施。

(2) 施工项目部应当对施工现场主要道路和末班存放、料具码放等场地进行硬化，其他场地应当进行覆盖或者绿化；土方应当集中堆放并采取覆盖或者固化等措施。建设单位应当对暂时不开发的空地进行绿化。

(3) 施工项目部应做好施工现场洒水降尘工作，拆除工程进行拆除作业时应当同时进行洒水降尘。

(4)《项目管理实施规划》中未包括安全生产或者绿色施工现场管理措施的，由建管部门责令改正，处 1000～5000 元以下的罚款。

3-45　电网工程分包安全管理有哪些内容？

答：(1) 现场项目部配合本企业选择合格分包商名录中的分包商；当选择不在名录中的分包商时，配合本单位按照合格分包商名录发布流程进行资格审查、上报，经省级公司复核通过后方可使用。

（2）将分包施工合同及分包安全协议报监理和业主备案，按照合同及分包安全协议要求开展管理工作。对分包商从事危险作业的人员，可以在分包合同中约定意外伤害保险费用支付和办理的责任方。

（3）对分包商进行入场检查和验证，建立分包商进场人员名册，填写分包人员动态信息一览表。建立分包人员退场机制，对技能素质不满足要求、作业水平较低、多次违章或不服从管理的分包人员，及时清退出场。

（4）建立分包商各类人员登记制度，不定期检查现场分包施工人员相符型。填写分包人员动态信息一览表，报业主项目部；同时建立劳务分包人员的安全教育培训，意外伤害保险、体检及员工花名册，及时填写建立人员体检登记台账。

（5）填写施工人员体检登记台账，建立劳务分包人员安全教育培训、意外伤害保险、体检等信息的劳务作业人员名册。

（6）负责为分包商作业人员办理带有本人单位、姓名、工种、照片等相关信息的"胸卡证"，并在上岗时佩戴，"胸卡证"严禁转借他人使用。

（7）督促专业分包商按照合同约定配备足够的起重机械、设备，督促其为分包人员配备合格工器具及安全防护用品，按规定对起重、电气、安全三类工器具进行登记、编号、检测、试验和标识管理，建立管理台账，做到物账对应。

（8）要求分包商自带起重机械设备、施工机械、工器具等在进行施工现场前必须自检合格，向施工项目部提交检验合格证明和自检材料，施工项目部检查合格后报监理项目部审核。

（9）建立分包机械管理台账，督促分包商对自带机械按照规定要求进行维护保养、检查，填写维护保养记录卡，账卡对应，确保施工机械整洁、完好、满足施工要求。

（10）监督专业分包商所承担的施工项目编制的施工作业指导书（施工方案）或者专项施工方案（专项安全技术措施）等施工安全方案，大型独立施工项目应编制施工组织设计，对于危险性较大的专业分包施工作业，施工项目部应事先进行安全技术交底。

（11）组织审查专业分包商的项目管理实施规划、作业指导书、施工安全方案或措施，并报监理项目部审批，施工中监督分包商严格实施；对于超过一定规模的危险性较大的分部分项工程，施工承包商应按规定与施工方案组织专家论证。

（12）开工前组织或督促专业分包商组织对参与施工的分包作业人员进行全员安全技术交底，形成书面交底记录，参与交底人员签字。

（13）派员全过程监督专业分包工程项目施工的关键工序、隐蔽工程、危险性大、专业性强等施工作业。

3-46 电网工程安全应急管理有哪些内容？

答：（1）在项目应急工作组统一领导下，组建现场应急救援队伍，配合应急救援物资和工器具；

（2）在办公区、施工区、生活区、材料站/仓库等场所的醒目处，应设立施工现场应急联络牌，并张贴宣传应急急救知识类图文；

（3）根据现场需要和项目应急工作组安排，参与编制各类现场应急处置方案；参加项目应急工作组组织的应急救援知识培训和现场应急演练，填写现场应急处置方案演练记录；

（4）在项目应急工作组接到应急信息后，立即响应参加救援工作。

3-47　施工《项目管理实施规则》有哪些质保措施？

答：必须保证工程质量的具体措施是：

（1）必须细化施工方案和技术交底制度；

（2）材料、设备、构配件进场检验及储存管理制度；

（3）施工试验检测管理制度；

（4）检验批、分项/部、单位工程质量自检、申报、签认制度；

（5）隐蔽工程及关键部位质量预检、复检和验收制度等；

注：上述制度应由施工企业总工审核后，报送监理项目部总监批准后，进行执行。

3-48　施工项目部安全管理有哪些内容？

答：（1）组织进行全员安全培训，经考试合格上岗；对新人入场施工人员进行安全教育。

（2）组织全体施工人员进行安全技术交底。

（3）进行施工安全风险识别评估及预控措施。

（4）贯彻落实安全文明施工标准化要求，实现文明施工、绿色施工、环保施工。

（5）组织和配合现场安全检查工作，对检查中发现的各类安全隐患及时整改闭环。

（6）填写分包计划申请表及施工分包申请表，报审分包商资质、安全协议及人员资格，对分包人员进行培训、考试、建立台账、考勤以及安全防护用品配备、安全交底、分包作业监督等。

（7）组建现场应急救援队伍，配备应急救援物资和工器具，参加应急救援知识培训和现场应急演练。

3-49　施工项目部重点工作与关键管控节点是什么？

答：（1）施工项目部的项目管理策划为：组织编制工程项目管理实施规划（含绿色施工技术措施/专项施工方案）、施工安全管理及风险控制方案、质量验收及评定范围划分表、质量通病防治措施等项目策划文件及报审。组织编写并报审施工进度计划、施工强条等计划性文件及报审。

（2）工程（单位/分部）标准化开工：完成站址定位和"四通一平一围"（水、电、路、通信要接通；施工现场要平整、围墙施工）并完成控制网测量及报审表。对施工图进行预检，参加设计交底、施工图汇检及落实施工图预检记录。落实标准化开工条件，编工程开工报审表、单位工程开工报审表、分部工程开工报审表报请开工。

（3）施工控制与协调：对土建施工、电气安装、设备调试阶段工程的重点环节、关键工序进行施工控制。含施工记录、验收评定记录等。健全施工安全固有风险识别、评估、预控清册，施工作业风险现场复测单，三级及以上施工安全固有风险识别、评估和预控清册，施工安全风险动态识别、评估及预控措施台账等。做好重点环节、工序三级自检工作，落实强条及通病防治要求，严格控制工序质量，健全强条执行记录、质量过程检查表等过程控制资料。

（4）开展现场安质等检查活动并闭环整改，建立安全、质量过程检查及闭环整改资料。

（5）工程验收及质量监督：严格执行三级自检制度，做好工程质量验收记录及质量问题管理台账，配合监理初检、中间验收、竣工预验收、启动验收和启动式运行工作并整改消缺。健全隐蔽验收签证记录、工程验评记录及质量问题管理台账、监理初检申请、班组自检记录、项目部复检记录及公司及专检报告。在工程竣工预验收阶段，参加建设管理单位组织的标准工艺应用评价并完善相关资料。配合质量监督部门的监督检查并完成整改闭环管理；配合消防、环保、水保等管理部门进行专项验收并建立质监汇报材料等。

3-50 施工安全策划管理内容是什么？

答：（1）建立健全安全管理机构：建立健全安全管理网络。工程开工前，建立健全安全保证和安全监督网络，确保各级各类管理人员到岗到位，确保专职安全员及各施工队、班组、作业点、材料站/仓库等处的专兼职安全员到岗到位。建立健全环境保护责任，辨识因工程建设对环境造成的危害因素，制定相应的防范和治理措施，并针对重大环境影响因素制定环境保护管理方案并严格执行。

（2）搭建安全施工保证措施平台：开工前，按照业主项目部编制的工程项目安全管理总体策划，并结合工程项目实际情况，项目总工组织编制项目施工安全管理及风险控制方案报审表，履行编审程序，报监理项目部审查，业主项目部批准后组织实施。同时上传施工基建管理信息系统。开工前，填写施工项目主要施工机械/工器具/安全用具清单及资料和大中型施工机械进出场计划，报监理项目部审查。分阶段编制工程安全文明施工设施配置计划申报单。报监理项目部审查，业主项目部批准后执行。安全文名施工设施进场时，填写安全文明施工设施进场验收单，报监理和业主项目部审查验收。

参与业主组织的项目作业风险交底，组织全体施工人员进行安全交底；对新入场施工人员进行安全教育，经考试合格上岗，向施工项目部全体人员进行安全交底。组织项目部施工人员按期进行身体健康检查；落实安全文明施工费，专款专用；对劳保及安全防护用品/具采购、保管、发放、使用进行监督管理；组织施工机械和工器具安全检验；在施工项目管理全过程中组织落实各项安全措施；按照变电工程施工安全强条计划表执行，并填写变电工程施工安全强条执行记录表。

（3）确保各项安全制度落实：开工前组织项目第一次安全大检查、第一次安全例会。安全例会应在检查之后举行，对前期策划准备阶段的安全工作进行总结分析，完善安全开工条件。落实项目安委会决议，配合完成项目安委会、业主/监理项目部等有关单位举行的各种安全会议和活动。落实各类安全文件，做好信息交流工作。

3-51 现场应该对哪些重要工序、作业内容作为重点给予管控？

答：（1）《国家电网公司基建安全管理规定》中附件6、7所列作业项目；

（2）涉及基础工程中的人工挖孔桩，桩基施工，强夯施工，土方工程多种施工机械交叉施工，特殊结构厂房施工，施工用地接火，挡土墙施工，脚手架搭设及拆除，主体结构的模板安装/支模及混凝土浇筑，梁、板、柱及屋面钢筋绑扎，室内外装饰涉及高处作业项目，屋面防水施工；

（3）设施中的构架组立，构架横梁及架顶避雷针就位安装，独立避雷针起吊就位安装，主变压器吊装、高抗附件安装，高处压接导线，隧道焊接等施工作业。

3-52 电网安全文明施工管理有哪些内容？

答：（1）施工项目部按国家规定正确使用安全文明施工费，分阶段编制安全文明施工标准化设施报审计划，明确安全设施、安全防护用品和文明施工设施种类、数量、使用区域，报监理审核业主批准。

（2）按要求做到安全制度执行标准化，安全设施标准化、个人防护用品标准化、现场布置标准化、作业行为规范化和环境影像最小化。

（3）施工现场应尽力保持地表原貌，减少水土流失。避免造成深坑或新的冲沟，防治发生环境影响事件。沙石、水泥等施工材料应采用彩条布铺垫，做到"工完、料尽、场地清"，现场设置废料垃圾分类回收箱。混凝土搅拌和灌注桩施工应设置沉淀池，有组织收集泥浆等废水，废水不得直接排入农田、池塘。对易产生扬尘污染的无聊实施遮盖、封闭等措施，减少灰尘对大气的污染。

（4）按要求做到安全制度执行标准化，安全设施标准化、个人防护用品标准化、现场布置标准化、作业行为规范化和环境影像最小化。

（5）施工现场应尽力保持地表原貌，减少水土流失。避免造成深坑或新的冲沟，防治发生环境影响事件。沙石、水泥等施工材料应采用彩条布铺垫，做到"工完、料尽、场地清"，现场设置废料垃圾分类回收箱；混凝土搅拌和灌注桩施工应设置沉淀池，有组织收集泥浆等废水，废水不得直接排入农田、池塘。对易产生扬尘污染的无聊实施遮盖、封闭等措施，减少灰尘对大气的污染。

（6）建立环境及水土保持管理体系、专责人员工作职责、工作内容及措施，组织对施工人员进行环境及水土保持法律法规和控制措施的培训、交底，并检查相关记录；在工程施工强条计划中编制环境保护和水土保持相关内容，按照施工强条记录表中环境保护和水土保持相关条文执行。在工程施工过程中应及时收集、整理施工过程安全与环境方面资料。

（7）按照审批后的安全文明施工设施配置计划申报单选配使用安全施工设施、安全防护用品和文明施工设施，进行设施和用品和采购、制作或提交施工企业统一配送。安全标准化设施进场前，应经过性能检查、实验。施工项目部应将进场的标准化设施报监理项目部和业主项目部审查验收。

（8）应结合实际情况，按标准化要求为工程现场配置相应的安全设施，为施工人员配备合格的个人防护用品，并做好日常检查、保养等管理工作。按标准化要求布置办公区、生活区和作业现场，教育、培训、检查、考核施工人员按规范要求开展工作，落实环境保护和水土保护措施，文明施工、绿色施工。

（9）按照国网《关于利用数码照片资料加强输变电工程安全质量过程控制的通知》进行安全数码照片管理。并在每月项目部安全检查过程中，组织检查工程施工安全管理风险及风险控制方案在现场的实施情况。

（10）施工过程中，施工班组应每天对安全施工标准化设施的使用情况和施工人员作业行为进行检查，施工项目部每月至少组织一次抽查，提出改进措施，保持安全文明常态化。

（11）全面落实环境保护和水土保持控制措施，填写环境保护和水土保持施工记录文件。

（12）发生环境污染事件后，立即采取措施，可靠处理；当发现施工中存在环境污染事故隐患时，应暂停施工；在环境污染事故发生后，应立即向监理项目部和项目法人报告。同时按照事故处理方案立即采取措施，防止事故变大。

3-53 电网工程现场安全需要检查什么内容？

答：（1）项目经理每月至少组织一次安全大检查。

（2）配合业主项目部等相关单位开展春、秋季安全检查和各类专项安全检查，对检查中发现的安全隐患和安全文明施工、环境管理问题按期整改，闭环管理。对因故不能立即整改的问题，应采取临时措施，并制定整改措施计划报上级批准，分阶段实施。

（3）根据管理需要和现场施工实际情况实时开展随机检查和专项检查，及时发现并解决安全管理中存在的问题。

（4）各类检查事先编制检查提纲或检查表，明确检查重点，检查表可参考《国家电网公司输变电工程安全文明施工标准化管理办法》中的"电网建设工程项目安全管理评价标准表"。对安全检查中发现的安全隐患、安全文明施工和现场安全通病，下达安全检查整改通知单，责任单位（分包商）、部门或施工对班组负责整改，整改后填写安全检查整改报告及复检单监督检查并确认隐患闭环整改情况，通报检查及整改结果。

（5）制定工程安全隐患排查治理工作计划，规范开展安全隐患治理工作，保证隐患得到有效治理；定期检查现场安全状况，对存在问题进行闭环整改，并对相关人员、部门予以通报、处罚。

（6）各类检查中留存的数码照片等影像资料，包括安全管理亮点、安全隐患、违章及整改后的照片等。

（7）在每月召开的安全工作例会上，针对项目施工过程中和安全检查中发现的安全隐患和问题进行安全管理专题分析和总结，掌握现场安全施工动态，制定针对性措施，保证现场安全受控。

3-54 电网施工的安全风险控制有哪些内容？

答：（1）开工前，组织本项目部所有员工学习《国家电网公司输变电工程施工安全风险识别评估及预控措施管理办法》，确保施工项目部管理人员、施工人员熟悉施工安全风险管理流程及相关工作。

（2）参加业主组织的现场初勘。确定本项目各工序固有风险，编制本项目施工安全固有风险识别、评估及预控措施清册，报监理审核。根据施工进度，对三级及以上作业风险逐一进行复测并填写施工作业风险现场复测单。

（3）建立本项目三级级以上施工安全固有风险识别、评估和预控措施清册，将本项目的三级及以上施工安全固有风险识别、评估和预控措施清册、施工前对固有三级及以上作业风险进行复测，并填写作业风险现场复测单，经本单位审核后报监理项目部审查并报业主批准。

（4）作业前，根据动态因素，从人、机、环境、管理四个影响因素的实际情况计算确定作业动态风险等级，建立施工安全风险动态识别、评估和预控措施台账，并根据动态风险等级采取相应措施。

（5）二级及以下固有风险工序作业前，施工项目部要复核各工序动态因素风险值，仍属二级风险等级，按照常态安全管理组织施工，填写安全施工作业 A 票并由施工队长签发。

（6）三级及以上固有风险作业必须填写安全施工作业 B 票。同时按照作业步骤填写 B 票中的作业风险控制卡有关项目，并由施工项目经理签发，工作负责人逐项确认落实。对一项作业中的有多个工序风险等级的，风险等级按其中最高的等级进行控制管理。

（7）作业负责人要在实际作业前组织对作业人员进行全员安全风险交底并与作业票同时进行，并在作业票交底记录上全员签字。

（8）施工项目部应张挂施工风险管控动态公示牌，并根据实际情况及时更新，确保各级人员对作业风险心中人数。为突出区别风险等级，将 3、4、5 级风险等级分别以黄、橙、红色标及风险等级数字标注。

（9）三级风险的施工作业，施工班组负责人、安全员现场监护，施工项目部专职安全员现场检查控制措施落实情况；四级风险的施工作业，本单位负责本专业的专职副总工程师或分公司经理现场检查，相关技术、施工、安质等职能部门派专人监督，施工项目经理、专职安全员现场监督；五级风险的施工作业，本单位分管领导及相关人员到现场，制定降低风险等级的措施并监督实施。三级及以上风险作业按作业步骤对风险控制卡进行逐项确认后，方可按步骤开展作业。

（10）三级及以上风险作业实施期间，要通过基建管理信息系统开展动态实时监控，风险监控工作包括作业实际开始时间、控制措施落实情况核查、作业进程、作业实际结束时间、风险作业控制结果。

（11）施工重要临时设施完成后，项目部应组织相关人员对重要临时设施进行检查，检查合格后，报监理核查，填写重要设施安全检查签证记录，检查合格后方可使用。

🔍 3-55　隐蔽工程验收有哪些内容？

答：（1）隐蔽工程的范围：地基处理；地基验槽；钢筋工程；地下混凝土结构工程；地下防水、防腐工程；屋面工程；屋面基层处理；欲埋管线、软件工程等。隐蔽工程一般属于监理控制的 H 点。应按 H 点的有关规定处理。隐蔽工程验收签字完毕方可隐蔽。如施工单位未通知验收而自行隐蔽，将视具体情况决定检查方法，费用由施工项目部承担。

（2）技术复核——接受监理项目部不定期对项目部技术交底记录检查。必要时参加施工单位公司（项目部）级技术交底。检查施工单位是否按施工前已审定通过的创优实施细则、施工技术措施和施工项目部的作业指导书进行技术交底。监理现场检查操作人员是否按技术交底内容进行操作。例如：复查测量放线记录；打桩质量体系程序文件和作业指导书。

3-56 什么是变电站六个单位工程的内容？

答：（1）主要生产建筑单位工程：包括主控楼或换流站阀厅等。划分为地基和基础工程、主体工程、地面和楼面工程、门窗工程、装饰工程、屋面工程、水暖卫生工程、通信、空调工程和照明工程等9类分部工程。

（2）辅助生产建筑单位工程：包括配电装置、供水系统建/构筑物、修配间、油处理室/池、备品配件库、汽车库等。

（3）生活福利建筑单位工程：包括值班休息室、食堂、澡堂、传达室等。

（4）户外构支架单位工程：包括户外构支架基础、构支架制作（指在施工现场制作）、构支架组立等。户外构支架单位工程视其规模，可划分为2个或3个单位工程。如交流工程中的500kV户外构支架单位工程、220kV户外构支架单位工程、35kV户外构支架单位工程。直流工程中的500kV变流场户外构支架单位工程、正负500kV直流场户外构支架单位工程和35kV户外构支架单位工程。它的分部可划为地基工程、设备基础及支架、架构、独立避雷针等4类工程。

（5）所区性建筑单位工程：包括所内道路、电缆沟、户外给排水、户外照明、围墙及大门等。并分：电缆沟、广场、道路、围墙、挡土墙、所区给排水、户外照明等7类分部工程。

（6）四通一平一围单位工程：包括水、电、路、通信四通和场地平整、围墙建立等。

3-57 变电土建工程质量控制验评包括几个阶段？

答：按主控楼进度划分为三个阶段。

（1）第一阶段：基础基本完工、主体工程之前。其他建筑物基础、构、支架基础、主变压器基础、围墙基础在条件成熟时可以同时参加验评。

（2）第二阶段：主题工程完工、装饰工程前。其他建筑物主体工程、构、支架组立、围墙本体工程可以同时参加验评。

（3）第三阶段：装饰工程完成、变电站投运前。其他建筑物装饰工程、给排水工程、道路、围墙、大门等一切未经验评的分项工程可同时参加验评。

3-58 变电分项工程申报验评有哪些条件？

答：申报前，该分项工程已经施工单位三级质检、评级；该分项工程已经完工，无明显的缺陷；该分项工程所属的资料已齐备。

3-59 变电工程验评方案有哪些编制内容?

答: 验评项目的申报由施工项目部提出,验评方案由监理项目部拟定。内容包括:

(1) 整体工程的单位工程、分部工程、分项工程数。

(2) 参加验评的单位工程、分部工程、分项工程数。

(3) 各分项工程中抽样数目。

(4) 抽检的内容和抽检的办法。

(5) 检测的分工与日程安排。

(6) 明确质量验评组中的单位、分部、分项工程核定签字人。

3-60 变电工程质量评级有哪些核定内容?

答: (1) 分项目工程申报后,经审核不具备验评条件时,取消验评资格。

(2) 分项工程施工项目部单位核定。

(3) 分部工程由监理项目部核定。

(4) 单位工程由质检监督中心站核定。

3-61 变电工程质量评级有哪些办法?

答: (1) 分项工程按评定标准评级。

(2) 分部工程按分项工程优良品率评级。

(3) 单位工程按分部工程优良品率及观感评分综合评级。

(4) 土建工程总体评级按单位工程优良品率评级。

3-62 电气安装工程有哪些验评资料?

答: 主变压器吊芯、吊罩检查记录,电器安装记录(含一、二调试记录),电气绝缘测试(含高试、化学油、水、气试验)记录,仪表效验记录,直流电源系统充、放电记录,接地电阻测试记录。厂家资料包括出厂证明、试验报告、说明书、设备图纸。

3-63 变电土建质量划分为哪些工程?

答: 变电/换流站的土建工程质量验收划分为单位/子单位工程、分部/子分部工程、分项工程和检验批。

3-64 变电站划分为哪些单位工程?

答: 根据《电气装置安装工程质量检验及评定规程》规定,变电站工程包括主变压器系统设备安装、主控机直流设备安装、×××kV及配电装置安装、无功补偿装置安装、全站电缆施工、全站防雷及接地装置安装、全站电气照明装置安装、通信系统设备安装 10 个单位工程。

3-65　变电土建隐蔽工程有哪些清单？

答：（1）桩基等地基处理工程；

（2）地基验槽：基槽底设计标高，地质土层及符合情况、轴线尺寸情况、附图等；

（3）地下混凝土结构工程，回填时混凝土强度等级及试验单编号、施工缝留设及处理，混凝土表面质量及缺陷处理；

（4）地下防水、防腐工程，防腐要求施工方式、基层、面层、细部等质量情况等；

（5）钢筋工程：钢筋级别、型号、接头方式、保护层及问题处理等；

（6）埋件、埋管、螺栓：规格、数量、位置等，必要时附图；

（7）混凝土工程结构施工缝：处理方法及附图；

（8）屋面工程：隔气层、找平层、保温层及防水层的施工方法，厚度、特殊部位处理等；

（9）避雷装置：材质规格、结构形式、连接情况、防腐处理等；

（10）幕墙及金属门窗避雷装置：材质规格、结构形式、连接情况、防腐处理等；

（11）智能系统、装饰装修隐蔽项目等。

3-66　变电站工程质量评优需要哪些条件？

答：开展施工和调试质量的检验及评定，且工程质量总评为优良，应满足：

（1）变电土建分项工程合格率100％，分部工程合格率100％，单位工程优良率100％，观感得分率≥90％。

（2）变电安装分项工程合格率100％，分部工程合格率100％，单位工程优良率100％。

3-67　变电电气隐蔽工程有哪些清单？

答：（1）变压器器身检查；

（2）电抗器器身检查；

（3）主变压器冷却器密封试验；

（4）变压器真空注油及密封试验；

（5）电抗器真空注油及密封试验；

（6）站用高压配电装置母线检查；

（7）站用低压配电装置母线隐蔽前检查；

（8）直埋电缆（隐蔽前）检查；

（9）屋内、外接地装置隐蔽前检查；

（10）避雷针及接地引下线检查。

3-68　工程达标投产考核需要上报哪些资料？

答：达标投产批复申请表1份（附件5）；达标投产考核情况汇总表（附件7）。

3-69 工程评优质需要上报和现场备检哪些资料？

答：（1）满足优质工程评定条件项目汇总表，纸质及电子版各1份（附件4）；

（2）优质工程评分排序表，纸质及电子版各1份；

（3）优质工程评定申请表，电子版1份（附件6）；

（4）工程项目合法性文件（立项、可研批复、项目核准文件等）；

（5）工程建设管理单位的创优规划、主要参建单位（设计、施工、监理）的创优细则；

（6）工程建设（设计、施工、监理等）合同；

（7）施工单位各阶段验收资料，监理单位各阶段初检报告、工程竣工质量评估报告、建设单位启动验收证书等；

（8）各阶段工程质量监督检查报告；

（9）运行单位对工程投运后运行情况的评价意见；

（10）建设管理、设计、施工、监理等单位的工程总结；

（11）施工过程质量控制数码照片；

（12）介绍工程创优管理及工程实体质量的PPT材料（长度10min左右）；

（13）公司考核评定项目的省公司级单位复检报告，省公司级单位评定项目的建设管理单位自检报告。

3-70 如何布置变电/换流站施工区？

答：（1）实行封闭管理，采用安全围栏进行围护、隔离、封闭，有条件的应先期修筑围墙。开工初期应首先完成站区环形道路的基层路面硬化工作。道路两旁应设置公示栏、标语等宣传类设施。应搭建临时大门，控制人员车辆进出。

（2）工具间、库房等应为轻钢龙骨活动房、砖石砌体房或集装箱式房屋。临时工棚及机具防雨棚等应为装配式结构，上铺瓦楞板。

（3）材料、工具、设备应按定置区域堆/摆放，设置材料、工具标识牌、设备状态牌和机械操作规程牌。

（4）作业区应进行围护、隔离，设置施工现场风险管控公示牌等内容。

（5）施工现场应配备急救箱/包及消防器材，在适宜区域设置饮水点、吸烟室。

3-71 变电站钢结构分部验收需哪些资料？

答：钢结构分部工程验收应时应提供的文件和记录有：

（1）钢结构工程竣工图纸及相关的设计文件；

（2）施工现场质量管理检查记录；

（3）有关安全及功能的检验和见证检测项目检查记录；

（4）有关观感质量检查项目检查记录等。

3-72 什么工作内容需要项目部派员全过程监督？

答： 对专业分包工程的，关键工序、隐蔽工程、危险性大、专业性强等施工作业必须由施工承包商派员全过程监督。

3-73 工程项目经理及班组长抓进度的时如何抓质量？

答： 工程参建项目负责人和工程项目责任人在抓施工生产进度的同时必须抓工程质量管理。要求做到：

（1）要严格执行工程质量验收标准对进场的建筑材料设备和施工过程进行检查，并形成检查记录。

（2）施工检查记录应由施工工长（班组长）组织自检并签字认可，报质量检查员检查合格签字认可，再报项目部专业技术质量负责人复检合格签字后，方可报送监理项目部，监理工程师进行检查、验收并签字确认。

（3）对于重要分项/部工程，以及单位（子单位）工程竣工验收前必须由施工项目部技术质量负责人组织单位技术质量部门人员进行现场检查，并形成检查记录签字认可，合格后方可报送项目总监进行检查、验收并签字认可。

3-74 哪些劳务分包工作内容需项目部派员全过程监督？

答： 劳务分包人员在参与三级及以上危险性大、专业性强的风险作业时，施工承包商应指派本单位责任心强、技术熟练、经验丰富的人员担任现场施工班组负责人、技术员和安全员，对作业组织、工器具配置、现场布置和人员操作进行统一组织指挥和有效监督。

同时禁止劳务分包人员在没有现场项目部组织、指挥及带领的情况下独立承担拆除工程、土石方爆破、设备材料吊装、高处作业、临近带电体作业，大型基坑支护与降水工程、围堰工程、隧道工程、沉井工程、大型模板工程与脚手架（跨越架）搭设、大体积混凝土浇筑、钢结构吊装、铁塔组立、导线展放等施工作业或国家有关部门规定的、建设管理单位明确的其他危险性大、专业性强的施工作业。

3-75 哪些现象属于违法/规分包？

答： （1）施工承包商未在施工现场设立施工项目部和派驻相应人员对分包工程的施工活动实施有效管理。

（2）施工承包商将工程分包给不具备相应资质的施工企业或者个人，并将合同文件中明确不得分包的专业工程进行分包。

（3）施工承包商未与分包商依法签订分包合同或者分包合同未遵循承包合同的各项原则，不满足承包合同中相应要求。分包合同未报建设管理单位或业主项目部备案。

（4）分包商以他人名义承揽分包工程。专业分包商将分包工程再次进行专业分包，劳务分包商再次进行分包。

（5）法律、法规规定的其他违法分包行为。

3-76 电网工程项目安全文明施工费有哪些使用范围？

答：完善、改造和维护安全防护设施设备支出（不含"三同时"要求初期投入的安全设施），包括：

（1）钢管扣件组装式安全围栏、门形组装式安全围栏、绝缘围栏、安全隔离网、提示遮栏、安全通道等安全隔离设施购置、租赁、运转费用；

（2）钢制盖板等施工孔洞防护设施购置、租赁、运转费用；

（3）直埋电缆方位标志、过路电缆保护套管、漏电保护器、应急照明，在满足正常使用外，用于提高安全防护等级的施工用电配电箱、便携式电源卷线盘等设施购置、租赁、运转费用；

（4）易燃、易爆液体或气体（油料、氧气瓶、乙炔气瓶、六氟化硫气瓶等）危险品专用仓库建设费用，防碰撞、倾倒设施购置、租赁、运转费用；

（5）高处作业平台临边防护、绝缘梯子等防护设施购置、租赁、运转、检测、维护保养费用；

（6）灭火器、沙箱、水桶、斧、锹等消防器材（含架箱）购置、租赁、运转、检测、维护保养费用；

（7）绝缘安全网和绝缘绳购置、租赁、运转、检测、维护保养费用；

（8）验电器、绝缘棒、工作接地线和保安接地线等预防雷击和近电作业防护设施购置、租赁、运转、检测、维护保养费用；

（9）有害气体室内或地下工程装设的强制通风装置或有害气体监测装置购置、租赁、运转、检测、维护保养费用；

（10）施工机械上的各种保护及保险装置购置、检测、维护保养费用，小型起重工器具检测、维护、保养费用，配合施工方案、作业指导书安全控制措施采用的临时设施采购、租赁、运转费用；

（11）为施工作业配备的防风、防腐、防尘、防水浸、防雷击等设施、设备购置、运转费用，防治边帮滑坡的设施及与之相关的配合费用；

（12）配备、维护、保养应急救援器材、设备、物资支出和应急演练支出，包括应急救援设备器材、急救药品购置、租赁、运转、维护费用，施工现场防暑降温费用。

3-77 安全文明施工费使用范围有哪些？

答：（1）开展重大危险源和事故隐患评估、监控和整改费。

（2）安全生产检查、评价（不包括新建、改建、扩建项目立项阶段的安全评价）、咨询和标准化建设支出，包括：

① 安全警示标志牌、限速指示牌、设施设备状态标示牌、操作规程牌、施工现场风险管控公示牌、应急救援路线公示牌等为满足施工安全文明施工标准化建设所投入设施购置、租赁、运转费用；

② 提醒警示和人员的考勤等进出施工现场管理设施物品采购、租赁费用，施工现场依托数字通信网传输的单兵移动视频监控器材购置、租赁、运转费用；

③ 施工人员食堂用于卫生防疫设施购置费用，高海拔地区防高原病、疫区防传染等配套设施、措施及运转费用；

④ 工程施工高峰期，委托第三方对安全管理工作进行阶段性评价费用，参加国家优质工程评选项目的竣工安全性评价等专项评价费用；

⑤ 施工企业及项目部组织开展安全生产检查、咨询、评比、安全施工方案专家论证、配合职业健康体系认证所发生的相关费用。

（3）配备和更新现场作业人员（含劳务分包人员）安全防护用品支出，包括安全帽、安全带、全方位防冲击安全带、攀登自锁器、速差自控器、二道防护绳、水平安全绳、绝缘手套、防护手套、防护眼镜、防毒面具、防护面具、防尘口罩、防静电服（屏蔽服）、雨衣、救生衣、绝缘鞋、雨靴、保安照明等或手电、防寒类等个人防护用品购置、租赁及保养、更换费用。

（4）安全生产宣传、教育、培训支出，包括安全宣传类标牌制作、租赁、运转费用，安全生产有关的书籍（法律/规、标准、规范等）购置费用。

（5）安全设施及特种设备检测检验支出，包括安全环境检测检验费用，对电力安全工器具和安全设施进行检测、试验所用的设备、仪器、仪表等。

3-78　施工承包商三级有哪些自检内容？

答：（1）施工班组自检应在检验批（单元工程）完成时，由施工班组独立完成。

（2）经班组自检合格后，由施工项目部完成项目部复检工作。项目部复检不得与班组自检合并组织。

（3）公司级专检由工程承包商工程质量管理部门根据工程进度开展，以过程随机检查和阶段性检查的方式进行，以确保覆盖面。阶段性公司级专检完成后，编制公司级专检报告（附件4）。

（4）公司级专检阶段划分按照《国家电网公司基建质量管理规定》中间验收的方式划分。

（5）劳务分包工程的班组自检由施工总包单位组织开展；专业分包工程班组自检自行开展，项目部复检及公司级专检由总包和分包单位共同开展，共同签字。

3-79　输变电工程验收管理有哪些流程资料？

答：（1）"四通一平"工程验收交接签证书；
（2）隐蔽工程主要项目清单；
（3）公司级专检报告；
（4）中间验收报告；
（5）输变电工程各阶段验收检查比例的规定；
（6）竣工预验收方案；

（7）竣工预验收报告；

（8）启动验收方案；

（9）启动验收报告；

（10）启动验收证书附件。

3-80 电网工程项目流动红旗竞赛需准备哪些资料？

答：（1）参赛项目推荐表；

（2）项目核准批复文件；

（3）初步设计批复文件；

（4）初步设计评审意见；

（5）业主项目部组织机构成立文件；

（6）设计中标通知书；

（7）施工中标通知书；

（8）监理中标通知书；

（9）上级下达的项目投资暨开工计划；

（10）通用设计、通用设备应用清单；

（11）建设管理纲要；

（12）业主、施工/监理项目部创优策划文件及审批流程记录；

（13）工程监理规划及审批流程记录；

（14）项目管理实施规划及审批流程记录；

（15）特殊施工技术方案/措施；

（16）业主项目部安全管理总体策划；

（17）监理项目部工程安全监理工作方案；

（18）施工项目工程安全管理及风险控制方案；

（19）施工安全固有风险识别、评估、预控清册及动态评估记录；

（20）安全管理评价报告；

（21）分包申请及批复文件；

（22）分包合同、分包安全协议；

（23）安全检查活动开展及闭环整改记录；

（24）项目现场应急处置方案及演练记录；

（25）业主项目部工程质量通病防治任务书；

（26）工程设计单位质量通病防治设计措施，强制性条文执行计划；

（27）施工/监理项目部质量通病防治措施，强制性条文执行计划；

（28）业主项目部标准工艺实施要求；

（29）施工/监理项目部"标准工艺"实施策划；

（30）施工企业阶段性三级验收报告；

（31）监理阶段性验收初检报告；

（32）质量中间检查验收报告；

（33）安全质量管理过程数码照片。

3-81　施工项目部应收集/留存哪些起重机械管理资料？

答：（1）有关起重机械法规、标准和上级有关文件等。如国家行政法规（特种设备安全监察条例、起重机械安全监察规定、特种设备作业人员监督管理办法、建筑起重机械监督管理规定等）、技术法规（所用起重机械、钢丝绳等技术规程标准等）、上级文件（国家电网公司及本企业有关机械安全施工文件和安全评价标准等）。

（2）本项目部机械管理体系网络图、机械安全岗位责任制、起重机械安全管理制度。

（3）进场起重机械/机具明细或台账，整机或机具检查验收表、待安装机械零部件检查表、整改验收单，安装告知书、检验报告书和安全检验合格证复印件等。

（4）进场起重机械作业人员登记台账和资格证件复印件；安拆队伍的资质证件复印件。

（5）已批准的起重机械安拆作业指导书，并附有负荷试验报告和交底签字记录；地基、轨道、附着验收记录、过程检验记录和企业自检报告书等；机械其他方案和措施（如机械改造、变换工况、双机台吊、超负荷作业等）；重要维修改造方案；特殊检验报告（焊缝探伤、应力测试、校核计算等）；机械防风、防雷电、防撞措施等，应附有交底签字记录。

（6）巡检、旁站监督、专项检查、月检查、安全评价等检查记录表、整改通知单、验收单、月检小结、通报和对各起重机械使用单位的机械安全管理考核记录，以及上级检查报告和整改完成记录等。

（7）机械事故和机械未遂事故调查处理报告。

（8）机械事故应专项应急预案及演练计划、记录和评价报告、改进意见；现场停机维修、封存手续等。

（9）施工项目部应留存租赁机械明细、租赁合同协议。

3-82　质量检验验收含哪些内容？

答：输变电工程质量检验验收有6项内容。主要是材料和设备检验，隐蔽工程检查签证，施工单位三级自检，监理初检，工程中间验收，工程竣工验收。

3-83　由谁主持工程中间验收？

答：由项目法人组织，监理项目部主持。

3-84　如何确定观感质量和人员资格？

答：工程的观感质量应由验收人员通过现场检查，并应共同确认；同时参加工程施工质量验收的各方人员及见证取样人员应具备规定的资格。

3-85　受力钢筋焊接接头如何设置？

答：受力钢筋焊接接头设置宜相互错开。再连接区段长度为 35d，且不小于 500mm 范围内，接头面积百分率应符合国家规范 GB 50204。

3-86 安装压型金属板允许偏差是多少？

答：墙板波纹线的垂直度 H/800，且不应大于 25.0mm。

3-87 对接地或接零有哪些要求？

答：接地（PE）或接零（PEN）支线必须单独与接地（PE）或接零（PEN）干线相连接，不得串联连接。

3-88 屏柜哪些地方不超过 **2** 个接地线鼻？

答：电缆较多的屏柜接地母线的长度及其接地螺孔宜适当增加，以保证一个接地螺栓上安装不超过 2 个接地线鼻的要求。

3-89 设备本体安装应注意什么？

答：设备本体连接电缆防护符合规范户外安装不外露，电缆保护管、桥架、草和固定固牢，接地可靠、工艺美观，沿变压器本体敷设的电缆及感温线整体美观，无压痕及死弯，固定固牢、可靠。

3-90 变电站接地装置应注意什么？

答：站内的接地装置应与线路的避雷线相连，且又便于分开的连接点；建筑物避雷带引下线应设置断线卡。

3-91 断路器、支架安装时应注意什么？

答：断路器安装，支架安装牢固、地脚螺栓有防松措施、露出长度一致，本体及操作机构固定固牢、工艺美观、螺栓紧固无锈蚀；断路器安装时的固定应牢固可靠，支架或底架与基础的垫片不宜超过 3 片，其总厚度不宜大于 10mm，各片间应焊接牢固。

3-92 变电站何时进行安全管评？

答：（1）110kV 及以上新建变电工程在土建及构架安装初期、电气安装中期分别组织开展安全文明施工标准化管理评价工作。

（2）110kV 及以上变电改扩建工程，在电气安装中期，组织开展安全文明施工标准化管理评价工作。

（3）当一个变电工程配套的多条输电线路工程项目同属一个项目部管理时，可作为一个项目组织开展安全文明施工标准化管理评价工作。

3-93 开挖土方时应注意什么？

答：土方开挖的顺序、方法必须与设计工况相一致，并遵循"开槽支撑，先撑后挖，分层开挖，严禁超挖"的原则。

3-94　脚手架何种情况使用墨绿色/黄色验收牌？

答：由于脚手架标牌分为脚手架搭设标牌和脚手架验收合格牌两种；所以脚手架验收合格牌位墨绿色，脚手架搭设牌为黄色。

3-95　现场施工所用的水泥如何抽检？

答：水泥必须按同一生产厂家、同一等级、同一品种、同一批号且连续进场的水泥为一批次进行报验，且袋装不超过 100t 为一批，每批抽样至少一次；混凝土灌注桩工程中混凝土强度试件取样要求：每浇筑 $50m^3$ 必须有一组试件，小于 $50m^3$ 的桩，每根必须有一组试件。

3-96　事故油池施工应注意什么？

答：主变压器、高抗事故油池的边缘无裂缝，油池底部设栅格，鹅卵石铺设满足厚度不小于 250mm，粒径为 50～80mm。

3-97　对现场施工照明有哪些要求？

答：（1）施工作业区采用集中广式照明，局部照明采用移动立杆式灯架，灯具一般采用防雨式。严禁使用碘钨灯。

（2）室外 220V 灯具距地面不得低于 3m，室内 220V 灯具距地面不得低于 2.5m，并不得任意挪动。灯具高度低于此标准时应设置保护罩。

（3）集中广式照明适用于施工现场集中广式照明，灯具一般采用防雨式，底部采用焊接或高度螺栓连接，确保稳固可靠。

3-98　对有害气体需做哪些防护设施？

答：（1）在存在有害气体的室内或容器内工作，深基坑、地下隧道和洞室等，应装设和使用强制通风装置，配备必要的气体监测装置。人员进入前进行检测，并正确佩戴和使用防毒、防尘面具。

（2）地下穿越作业应设置爬梯，通风、排水、照明、消防设施应与作业进展同步布设。施工用电应采用铠装线缆，或采用普通线缆架空布设。

3-99　什么是电力电缆隧道？

答：根据《电力电缆隧道设计》介绍，指一能容纳电缆数量较多，有供安装和巡视的通道、全封闭的地下构筑物。

3-100　什么是围岩？

答：指隧道工程中影响范围内的岩土体。

🔍 3-101　什么是衬砌？

答：为控制和防止围岩的变形或坍落，确保围岩的稳定，或为处理涌/漏水，或为隧道的内空整齐、美观等目的，将隧道的周边围岩被覆起来的结构体。

🔍 3-102　什么是盾构法？

答：使用盾构机械在保持开挖面稳定的同时完成排土及隧道衬砌作业，进行地下掘进修建隧道的一种施工方法。

🔍 3-103　什么是管片？

答：组成盾构隧道衬砌结构的基本单元，抵抗盾构隧道外力的结构构件。是一种在工厂制作的板状钢筋混凝土、钢、铸铁或多种材料复合的预制构件。

🔍 3-104　什么是顶管法？

答：利用液压顶进工作站，从顶进工作井将铺设的管道顶入，从而在顶管机之后直接铺设管道的非开挖地下管理施工技术。

🔍 3-105　什么是工作井？

答：结合人员通行、电缆敷设及安装通风设备等设置的隧道进出通道口。

🔍 3-106　什么是中继井？

答：用于敷设电缆及人员进出隧道，结合隧道施工要求而修建的结构。

🔍 3-107　盾构隧道的工作有哪些？

答：根据《电力电缆隧道设计》介绍，主要是：一般工作、荷载、衬砌结构的计算、衬砌结构、竖井结构及辅助工程。其盾构施工进度每一环约等于 1.2m。

🔍 3-108　电缆隧道工程对防水有哪些要求？

答：（1）电缆隧道的防水利等级应不低于 GB 50108《地下工程防水技术规范》要求的 2 级。

（2）电缆隧道二次衬砌的施工缝、变形缝、后浇带等应采取可靠的防水措施（墙体水平施工缝不应留在最大处或底板与侧墙的交接处，应留在高出底板表面不小于 300mm 的墙体上，拱/板墙结合的水平施工缝宜留在拱/板墙接缝线以下 150～300mm 处，墙体有预留孔洞时，施工缝距孔洞边缘不小于 300mm）。

（3）盾构隧道管片接缝应设置一道密封垫沟槽。管片接缝密封垫应满足在设计水压下，在计算的接缝最大张开量和估算的错位量不渗漏的技术要求。

（4）盾构隧道防水材料的规格、技术性能和螺孔、嵌缝槽管等部位的防水措施在满足设计要求的同时，还应满足 GB 50108《地下工程防水技术规范》要求。

3-109 电缆线路有哪些安全内容？

答：按《电力建设安全工作规定》的一般要求内容主要有：

（1）在无盖板的电缆沟、沟槽、孔洞，以及放置在人行道或车道上的电缆盘，应设遮拦和相应的交通警示标志，夜间设警示灯。

（2）开启电缆井盖、电缆沟盖板及电缆隧道人孔盖时，应使用专用工具。开启后应设置标准路栏，并派人看守。施工人员撤离电缆井或隧道后，应立即将井盖盖好。电缆井内工作时，禁止只打开一只井盖。电缆井、电缆沟及电缆隧道中有施工人员时，不得移动或拆除进出口的爬梯。

（3）电缆隧道应有充足的照明，并有防火、防水、通风措施。进入电缆井、电缆隧道前，应先通风排除浊气，并用一起检测，合格后方可进入。

3-110 电缆施工有哪些安全内容？

答：（1）电缆施工前，各施工人员应先熟悉图纸，摸清运行电缆位置及地下管线分布情况。挖土中发现管道、电缆及其他埋设物应及时报告，不得擅自处理。

（2）开挖土方应根据现场的土质确定电缆沟、坑口的开挖坡度，放置基坑坍塌；采取有效地排水措施。不得将土和其他物件堆在支撑上，不得在支撑上行走或站立。沟槽开挖深度达到 1.5m 及以上时，应采取防止土层塌方措施。每日或雨后复工前，应检查土壁及支撑稳定情况。

3-111 电缆敷设有哪些安全内容？

答：（1）根据《电力建设安全工作规定》规定，在敷设电缆前，现场作业负责人应检查所使用的工具是否完好。在作业中，应设专人指挥，并保持通信畅通，

（2）电缆防线应放置牢固平稳，钢轴的强度和长度应于电缆盘重量和宽度相匹配，敷设电缆的机具应检查并调试正常，电缆盘应有可靠的制动措施。

（3）在带电区域内敷设电缆，应与运行人员取得联系，应有可靠的安全措施并设监护人。

（4）架空电缆、竖井工作作业现场应设置围栏，对外悬挂警示标志。工具材料上下传递所用绳索应牢靠，吊物下方不得有人逗留。使用三脚架时，钢丝绳不得磨蹭其他井下设施。用输送机器敷设电缆时，所有敷设设备应固定牢固。

（5）使用桥架敷设电缆前，桥架应检验验收合格，高空架宜使用钢质材料，并设置围栏，铺设操作平台。高空敷设电缆时，若无展放通道，应沿桥架搭设专用脚手架，并在桥架下方采取隔离防护措施。若桥下方有工业管道等设备，应经设备方确认许可。

（6）电缆展放敷设过程中，转弯处应设专人监护。转弯和进洞口前，应放慢牵引速度，调整电缆的展放形态，发生异常情况时，应立即停止牵引，经处理后方可继续工作。电缆

通过孔洞或楼板是，两侧应设监护人，入口处应采取措施防止电缆被卡，不得伸手被带入孔中。

（7）电缆头制作是应加强通风，施工人员宜配合防毒面罩。使用路子是应采取防火措施；制作环氧树脂电缆头和调配环氧树脂工作过程中，应在通风良好处进行并应采取有效的防毒、防火措施。

（8）新旧电缆对接，锯电缆前应与图纸核对是否相符，并使用专用仪器确认电缆无电后，用接地的带绝缘柄的铁钎钉入电缆芯后，方可工作。扶柄人应戴绝缘手套、站在绝缘垫上，并采取方灼伤措施。

（9）人工展放电缆、穿孔或传导管时，施工者手握电缆的位置应与孔口保持适当的距离。

3-112 现场管理中易出现哪些不规范现象、违章现象和反思问题？

答：（1）施工项目部不能够认真履行基建程序，在未取得建设工程规划许可书、施工许可证和办理安质监督手续的情况下擅自开工。

（2）施工承包商对现场项目部管理松懈，转/分包，肢解现象严重；安全制度形同虚设，安质生产责任落实不到位；相关文件不能够及时传达到现场项目部；被抽查的工程现场不能够提供施工图审查的相关资料和完整的原材料出厂合格证明书及复试报告。

（3）施工项目部的安全教培和班前活动流于形式，应急预案、专项施工方案针对性不强，可操作性差。

（4）现场地基与基础部分验收记录签字盖章不齐全；工程实体质量、安全违反工程建设法规、强制性条文；质量通病的问题、隐患依然存在或未得到有效治理。

（5）安全防护用品合格率低，使用不符合要求的安全网/帽；"四口、五临边"防护不到位。

（6）深基坑支护、高大模板等重大危险性工程/作业无专项设计/施工方案。

（7）现场的施工机具未经过企业检查登记；起重机械缺少各类限位、保险装置；进行检查、检测及备案资料不齐全。

（8）结构工程存在质量通病，混凝土外观质量差，露筋、胀模、孔洞现象严重。

（9）现场存在脚手架存在与墙体拉结点偏少、剪刀撑不连续、无水平防护、立杆无底座（无垫板）、高度低于作业层、实际搭设与施工方案不符合。

（10）脚手架及混凝土浇筑时违规作业，管理者违章指挥，作业人违章作业严重。

（11）作业现场施工组织不合理、安全防护措施不到位，农民工的安全教培不落实。

（12）存在基坑开挖边坡坡度偏小，弃土堆放离基坑边缘近；基坑相邻围墙支护不符合规范要求。有围墙存在倒塌的隐患。

（13）混凝土工程存在模板支撑间距过大、横向支撑偏少且无剪刀撑现象，特别是临边普遍防护不到位。

（14）小规格钢筋（$\phi 8$、10、12、14）直径偏差较大，超出规范允许的偏差范围；自拌混凝土材料计量控制不准，混凝土跑浆、漏浆、蜂窝麻面、接槎粗糙。

（15）存在混凝土过梁搁置长度不够，混凝土构件截面不能满足设计要求，且有断裂现象。还有框架柱、构造柱Ⅰ、Ⅱ钢筋混用。不按照规定留置同条件试件，对试件的龄期控制不严；现场测温记录不规范。

（16）砖砌体灰缝厚度及上下错缝控制较差，留槎粗糙，墙体拉结筋设置数量/长度不符合要求。

（17）施工资料、技术资料收集整理不及时，填写不规范。特别是原材料质量合格证明及复试报告代表的批量、数量与实际施工不符合。

（18）现场存在塔吊未经相关部门验收（或拿到合格证）、检测就投用，且安装、拆卸方案及安拆人员资格与要求差距大。

（19）现场普遍存在材料堆放不整齐，未标名称、品种，排水不畅；临时用电搭设配电系统错误，乱接乱拉现象严重。

（20）人员进入变电站现场（含电缆沟道、盾构开挖）不但戴安全帽、佩戴不规范、当凳子坐，特殊作业人无有效上岗证、高空作业不系安全带或使用不规范。

（21）未进行/参加安全技术交底作业，未作业指导书作业或擅自更改施工方案、措施。有三违现象的违章人不听从安监人劝告，无理取闹、故意刁难安监人。

（22）班组管理负责人不组织班前会或会议内容欠缺针对性，或无内容、无措施、无危险点分析、无记录，对三违现象不制止或默许；不按规定布置安全文明氛围。

3-113　什么是电建施工生产全过程安全管理？

答： 电网建设施工/生产全过程安全管理是指在规划、设计、制造、施工、安装、调试、抢修等各个阶段中都必须从人员、设备、规章制度、技术标准等方面加强全面的安全管理，贯彻"安全第一、预防为主、综合治理"的方针，落实安全生产责任制。

3-114　什么是国网系统企业形象？

答： 是反映国网系统企业整体素质的视觉和听觉效应，是该企业提供给社会和消费者的使用价值和审美价值的客观效果和主观感受，通过厂区形象、产品形象、经营形象、员工形象表现出来。

3-115　什么是施工项目部的安全技术措施计划和安全施工措施？

答：（1）施工项目部主管生产的领导和总工程师组织，以经营计划部和安监部为主，相关部门参加进行编制年度或单位工程安全技术措施计划，逐级上报由公司正职审批后执行。

（2）安全技术措施计划编制的范围，应符合国家颁发的《技术措施计划的项目总名称表》，包括以改善劳动条件，防止工伤事故，预防职业病和职业中毒为目的的一切安全技术措施和设施，以及安全宣传教育、安全技术开发研制、试验所需的器材、设备、资料等。

（3）安全技术措施计划经费的来源，应按照国家和上级有关规定执行，确保安全技术措施计划所需经费的开支。

（4）安全措施补助费，由工程项目法人或总包单位根据实际情况制定方案，经上级主管单位安监部门审查同意后合理分配到电建施工单位，由安监部门掌握，计划、财务等部门配合，专款专用。

（5）安全技术措施计划，经企业领导审批后，应与施工计划同时下达，同等考核。各职能部门和专业工地，应在分管范围内组织实施，安监部门负责监督。

3-116 什么是施工项目部的安全施工措施？

答：（1）工程项目的一切施工活动必须要有书面的作业指导书（输变电工程的一切施工还必须要有安全施工作业票），作业指导书中必须要有专题安全措施，并在施工前对参加施工的所有人员进行交底、签字认可。无措施和未交底，严禁施工。

（2）一般项目的安全施工措施须经工地专责工程师审查批准，由班组技术员交底后实施。

（3）重要临时设施、重要施工工序、特殊作业、季节性施工多工种交叉等施工项目的安全施工措施须经施工技术、安监等部门审查，总工程师批准，由班组技术员或工程专责工程师交底后执行。

（4）重大的起重、运输作业、特殊高处作业及带电作业等危险作业项目的安全施工措施方案，须经施工技术、机械管理部门和安监部门审查，经总工程师批准，由工程专责工程师交底并办理安全施工作业票（不含输变电工程）后执行。输变电工程安全施工作业票，由施工负责人填写，经施工队、班组技术/安全员审查，由施工队长、班组长签发后执行。

（5）施工技术部门和安监部门应根据单位工程及分项工程名称编制作业指导书项目审批表和安全施工措施编审程序表，经企业总工程师批准后执行。

（6）施工技术人员编制的作业指导书及安全施工措施，应符合以下要求。

① 针对项目施工的特点指出危险点和重要控制环节与对策。

② 明确作业方法、流程及操作要领。

③ 根据人员和机械/机具配备，提出保证安全的措施。

④ 针对工业卫生、环境条件，提出安全防护和文明施工标准。

⑤ 提出出现危险及紧急情况时的针对性预防及应急措施。

（7）安全交底过程中，编制人员、施工人员均应参加，并按程序交底、记录、签证、认可。作业过程需变更措施和方案，必须经措施审批人同意，并有书面签证。

（8）对无措施或未经交底即施工和不认真执行措施或擅自更改措施的行为，一经检查发现，应对责任人进行严肃查处。

（9）对于相同施工项目的重复施工，技术人员应重新根据人员、机械/具、环境等条件，完善措施，重新报批，重新交底。

3-117 建筑工程质量验收有哪些要求？

答：（1）检验批应由专业监理师组织施工项目部专业质量检查员、专业工长等进行验收；

（2）分项工程应由在专业监理师组织施工项目部专业技术负责人等进行验收。

3-118　分部工程质量验收有哪些要求？

答：（1）工程由项目总监师组织施工项目部负责人、技术负责人等进行验收；

（2）工程勘察、设计承包商项目负责人和施工承包商的技术、质量部门负责人应参加地基与基础分部工程的验收；

（3）工程设计承包商项目负责人和施工承包商的技术、质量部门负责人应参加主体结构、节能分部工程的验收。

3-119　分包的单位工程质量验收有哪些要求？

答：工程中的分包工程完工后，分包商应对所承包的工程项目进行自检，并应按《建筑工程施工质量验收统一标准》程序进行验收。验收时，总包单位应派人参加。分包单位应将所分包工程的质量控制资料整理完整后，移交给总包单位。

3-120　什么是单位工程质量验收？

答：（1）单位工程完工后，施工项目部应组织有关人员进行自检。由总监师组织各专业监理师对工程质量进行竣工预验收。存在施工质量问题时，应由其及时整改。整改完毕后，由施工企业向建设单位提交工程竣工报告，申请工程竣工验收。

（2）建设单位收到工程竣工报告后，应由业主项目经理组织监理、施工、设计、勘察等单位项目负责人进行单位工程验收。

3-121　施工现场质量管理有哪些检查记录？

答：（1）项目质量管理体系；

（2）现场质量责任制；

（3）主要专业工种操作岗位证书；

（4）分包商管理制度；

（5）图纸会审记录；

（6）地质勘察资料；

（7）施工技术标准及规范；

（8）工程项目管理实施规划、施工方案编制及审批；

（9）物资采购管理制度、施工设施和机械设备管理制度、检测检验管理制度；

（10）工程质量检查验收制度、计量设备配备情况。

3-122　什么是八项质量管理原则？

答：（1）以顾客为关注焦点；

（2）领导作用；

（3）全员参与；

（4）过程方法；

（5）管理的系统方法；

（6）持续改进；

（7）基于事实的决策方法；

（8）与供方互利的关系。

3-123　什么是有限空间？

答：有限空间是指封闭或部分封闭，进出口较为狭窄有限，未被设计为固定工作场所，自然通风不良，易造成有毒有害、易燃易爆物质积聚或氧含量不足的空间。

3-124　什么是有限空间作业？

答：就是指电网建设作业人员进入有限空间实施的作业活动。包括在有限空间场所进行的设备安装、巡视、检查/修等工作。

3-125　电力生产有限空间场所内有哪些内容？

答：主要有电缆隧道、电缆/通信、管井、污水井、暖气沟等。

3-126　进入有限空间作业前应做好哪些工作？

答：（1）定期对有限空间设施管理人员开展安全教育培训，并建立培训档案；

（2）培训内容应包括：有限空间存在的危险特性和安全作业的要求；进入有限空间的程序；检测仪器、个人防护用品等设备的正确使用；事故应急救援措施与应急救援预案等；

（3）保证有限空间作业安全投入，为作业人员配备符合国标要求的通风设备、检测设备、照明设备、通信设备、应急救援设备和个人防护用品，明确保管专责人员和工作职责。建立台账和日常维护记录，按规定进行检验、维护，保证良好、可靠。

3-127　进入（电网工程）有限空间作业需要注意什么？

答：（1）制定进入有限空间作业的月度工作计划，在工作实施前六个工作日通知有限空间设施运维管理单位；并将有限空间作业月度和临时计划上报本单位安监部备案。

（2）基建人员进入有限空间作业前必须填写两份《申请单》，履行内部审批、现场许可手续。申请人由作业负责人担任或由有限空间作业单位的管理人员担任，业主经理签发。

（3）作业者职责是遵守有限空间作业安全操作规程，正确使用有限空间作业安全设施与个人防护用品；应接受作业负责人在作业前的安全交底、危险点告知等内容，并履行签字确认手续；应与监护者进行有效的操作作业、报警、撤离等信息沟通。

（4）监护者职责是应接受有限空间作业安全生产培训，并取得特种作业操作证；应接受作业负责人在作业前的安全交底、危险点告知等内容，并履行签字确认手续；全过程掌握作业者作业期间情况，保证在有限空间外持续监护，能够与作业者进行有效的操作作业、报警、撤离等信息沟通；在紧急情况时向作业者发出撤离警告，必要时立即呼叫应急救援服务，并在有限空间外实施紧急救援工作；防止未经授权的人员进入。

（5）作业负责人职责是了解整个作业过程中存在的危险、危害因素；确认作业环境、作业程序、防护设施、作业人员符合要求后，授权批准作业；应在作业前对实施作业的全体人员进行安全交底，告知作业内容、作业方案、主要危险有害因素、作业安全要求及应急处置方案等、内容，并履行签字确认手续；及时掌握作业过程中可能发生的条件变化，当有限空间作业条件不符合安全要求时，终止作业。

（6）作业者应手持照明设备电压应不大于 24V，在积水，结露的地下有限空间作业，手持照明电压应不大于 12V。同时应佩戴全身式安全带/绳，安全绳应固定在可靠的挂点上，连接牢固。严禁随意蹬踩电缆或电缆托架、托板等附属、设备。

3-128 什么情况下不得进入有限空间作业？

答： 凡进入电缆隧道、电缆/通信管井、污水井、暖气沟以及其他可能存在有缺氧、易燃、易爆、有毒气体等有限空间场所进行安装、检修、巡视、检查等；有限空间作业单位应实施作业审批、许可手续，未经审批、许可手续，任何人不得进入有限空间作业。

3-129 作业人进入三/二级环境中作业时应携带哪些测试仪表？

答：（1）作业人员应携带便携式气体检测报警设备连续监测作业面气体浓度；进入二级环境中作业，作业人员应携带便携式气体检测报警设备连续监测作业面气体浓度，同时监护人员应对地下有限空间内气体进行连续监测并做好记录，监护检测至少每 15min 记录一个瞬时值。

（2）有限空间评估检测和准入检测均为三级环境时，作业过程中应至少保持自然通风，但作业前的自然通风时间不应低于 30min。开启的门窗、通风口、出入口、人孔、盖板、作业区及上下游井盖等不应封闭，并做好安全警示及周边拦护，电缆井、隧道井盖开启后，应有人看守。作业过程中应进行连续机械通风，严禁用纯氧进行通风换气。

3-130 电网工程动火作业需注意什么？

答： 由于动火作业是指在禁火区进行焊接与切割作业及在易燃易爆场所用喷灯、电钻、砂轮机可能产生火焰、火花和炽热面的临时作业。为此注意以下几个方面：

（1）在现场作业牵扯动火工作的，必须提前办理动火工作票，动火作业人员必须持有《动火作业证》，并设动火监护人，作业点附近应配备足够适用的消防器材；

（2）动火作业前，作业人应学习过《电力建设安全工作规程》，因此按照电建安规必须对现场进行认真检查，排除隐患，尤其应清除动火现场及周围易燃物品、压力容器等，并采取有效的安全防火措施；

（3）如动火作业点临近运行电缆时，应做好防护隔离措施，电缆接头附近应使用阻燃布隔离，防止发生意外事件。同时在火花、熔融源的场所使用具有隔热防磨套安全带/绳。

3-131 在电缆隧道作业时应注意什么内容?

答:(1)在隧道施工中,遇地质、地下障碍、施工等原因导致结构沉降或轴线改变时,采用注浆措施。

(2)安装电缆接头前,组织人员踏勘现场,根据不同电缆接头附件厂家的工艺规程,编制符合工程要求的作业指导书。

(3)在充油电缆接头附件及油压力箱的存放工作,严禁烟火并配备必要的消防器材。

(4)电缆终端安装高度较高时,应按规定搭设脚手架,严格落实高处作业相关安全措施。施工区域下方设置安全围栏或其他保护措施,禁止无关人员在工作地点下面通行或逗留。

(5)在工井内进行电缆中间接头安装或作业时,禁止只打开一只井盖(单眼井除外),井口应设置"井圈",设专人监护。并应将压力容器摆放在井口位置,严禁放置在工井内。隧道内进行电缆中间接头安装时,应将压力容器尽量远离明火作业区域,并做好相关安全措施和安全监督工作;同时注意井盖开启后在工作人员全部撤离后,应立即盖好井盖,以免行人摔跌或不慎跌入井内。

(6)进入工井、隧道前,应使用通风设备排除有毒有害和易燃气体,用气体测试报警仪进行检测,并做好记录,检测过程应确保人员安全。工井、隧道内有人工作时,通风设备必须保持运转,保持空气流通。在人员全部撤离后,通风设备方可停止运转。

3-132 对验电器的工作电压有哪些要求?

答:国网《电力安全工作规程》规定,验电器的工作电压应与被测压设备电压相同,不可大于被被测压设备电压。

3-133 施工中哪些工序、部位需监理到场?

答:变电站的安装工程中的重要设备基础、主体混凝土浇筑,主变和高压电抗器就位,GIS组装与试验,耐压及局放试验,高压电缆头制作与耐压试验,大件吊装等危险性的作业、部位进行旁站;以及穿墙、穿墙板防水套安装,重要脚手架,大型机具的安装、拆除,危石及乙坍塌地方的处理,邻近带电体施工时等的旁站。

3-134 监理/项目部人员现场需做的五到位是什么?

答:各项目部人员过问必须到位、监督必须到位、检查必须到位、指导必须到位、责任必须到位。同时目前安全控制目标是:减少或消除人的不安全地行为;减少或消除物(设备、材料)的不安全状态地目标;改善施工环境和保护自然环境的目的。

3-135 企业文化的三大结构要素是什么?

答:三大结构要素是物质文化、制度文化、精神文化。

3-136 **施工《项目管理实施规则》质保措施有哪些？**

答： 必须保证工程质量的具体措施是：

（1）必须细化施工方案和技术交底制度；

（2）材料、设备、构配件进场检验及储存管理制度；

（3）施工试验检测管理制度；

（4）检验批、分项/部、单位工程质量自检、申报、签认制度；

（5）隐蔽工程及关键部位质量预检、复检和验收制度等。

注：上述制度应由施工企业总工审核后，报送监理项目部总监批准后，进行执行。

3-137 **施工项目部安全工作的"两化"、对工程安全管理人员的"四有"以及三个项目部的安全理念、要求是什么？**

答：（1）大力推进安全管理标准化，大力推进现场管理精益化。

（2）有一种锲而不舍的精神，有一股豪气冲天的力量，有一个永生不灭的信念，有一种胜券在握的结果。

（3）施工安全是我们的共同心愿。因此在工程建设过程中，要坚决贯彻"安全第一、预防为主、综合治理"的安全工作方针和以人为本、生命至上的理念，认真履行各自的安全工作职责。同时"以安全为基础，质量为中心，和谐为动力，精品为目标，争创一流工程服务"为目的。

（4）认真进行安全教育培训，切实做好施工安全方案的编制、审核、交底和实施工作；认真做好工程安全风险识别、评估和控制工作，对项目安全风险实行全过程动态管理；认真执行《电力建设安全工作规》《国家电网公司基建安全管理规定》。

（5）高度重视安全监督检查工作，全面实现《基建安全管理规定》要求的施工安全目标，即八个"不发生"的工程项目安全目标。

3-138 **如何更好地确保现场工程管理工作？**

答： 结合当前的实际，要准确把握变电站工程安全质量管理工作的特点和难点。在建设阶段，建管中心是落实项目法人方面安全质量管理责任的责任主体，而不是协助、配合责任或者次要责任方，对这一问题的认识，业主要进一步提高。施工/监理项目部要结合电网工程安全质量管理的特殊性，加强学习、落实电建安规和通用制度，认真熟悉图纸，坚持按图施工。并充分考虑施工难度大、客观风险高的特点，以及工程标段多、队伍多、人员多、交叉作业多等现象，考虑非本单位参建队伍多（及分包队伍）的实际情况，狠抓分包管理和同进同出，要更多地利用好合同管理、市场经济手段。落实好自己的安全主体责任。在上级公司和北京电力经研院的正确领导下，牢记自己的责任，持续提升工程建设质量。切实落实国家电网公司有关全面提高各电压等级工程建设质量重点工作要求，加强施工过程中严格执行标准工艺施工和质量管控及各级验收管理，加强变电工程装配式施工，继续重视和做好三级检查和监理的监理预验收工作，及时按工程标准完成优质工程考核项目的自查和抽查工作，加强国家级及优质工程创建，确保承建工程全部达到优质工程标准，完成线路及设备带电投运目标和实现工程的安全管理目标。

3-139 基建工程交叉互查有哪些内容？

答：鉴于电网工程每年会开展省级公司、国家电网公司进行的基建工程安全质量交叉互查工作，这是检验工程各参建项目部管理水平成效的平台，希望大家要给予重视。他检查的主要重点工作有哪些？

（1）工程分包管理中的分包准入管理的真实性、分包合同的有效性、内容的规范性、费用支付的合法性、分包比例（不能超过合同总价的50%）及人员培训和"同进同出"的落实情况，人员管理、技术交底工作的开展情况；

（2）施工高峰期的工程风险控制管理、施工技术方案编制交底、不安全案例教育等安全工作的开展情况；

（3）排查项目的防灾避险、施工用电、起重机械、高空/近电作业、组塔作业、交通运输、脚手架搭拆、跨越架搭拆等方面的隐患；

（4）质量方面的工程"三级自检"、设备试验/调试、数码照片工作开展情况；及设备安装作业条件、GIS安装质量控制要求的落实情况。并将抽查混凝土施工工艺、接地装置、电缆敷设和二次接线和标准工艺实施等实体质量工艺情况。

3-140 工程承包商的资质检查有哪些内容？

答：国网基建部《开展电网工程项目许可制度执行及分包大检查通知》提出：

（1）检查施工承包单位和分包单位是否具备相应的施工资质证书及承装（修、试）许可证书，是否在资质、许可范围内从事施工作业活动；

（2）分包队伍资质（许可）证真实性。通过检查项目是否全面应用公司合格分包商名录、分包合同授权、核实分包单位现场主要管理人员身份等方法，核查相关企业是否存在出租、出借资质、许可证，施工单位、和个人是否挂靠许可证投标或承揽工程的情况；

（3）分包依法合规管理情况。检查分包队伍选择是否规范、分包合同条款和结算是否规范、分包结算和相应的财务账务管理是否规范、分包管理流程是否规范等情况；

（4）分包现场管控情况。检查分包人员进出场、分包人员信息、分包安全培训和学习、安全技术交底、作业票签发、分包特殊工种人员证件等管理情况，抽查和了解现场分包"同进同出"的实际形式和落实情况。

3-141 工程价款支付有什么规定？

答：工程价款支付应严格执行合同约定。工程预付款比例原则上不低于合同金额的10%，不高于合同金额的30%；工程进度款根据确定的工程计量结果，承包人向发包人提出支付工程进度款申请，并按约定抵扣相应的预付款，进度款总额不得高于合同金额的85%。

3-142 现场如何监督安全等费用？

答：自2015年元旦起，新开工的变电土建、变电电气；架空线路；电力隧道、电力电缆等输变电工程。在开工前 5 日内，建设管理单位应将批准后的安全文明施工费使用计划、现场安全防护设施统一配送计划报送公司建设部巡检组备案（扫描件）；每月 23 日前，各施工项目部应将各工程的安全防护设施采购及配置情况（含报审表、物品使用/发放记录、发票扫描件、现场照片及电子版文字说明，均做成电子文档）纸质材料和电子文档送现场监理及业主经理审核后，报送建管单位，由其将电子文档在每月 24 日前报公司建设部巡检组。

3-143 施工项目部现场需要提交哪些安全管理材料？

答： 依照《输变电工程施工合同》专用合同条款，应提交下表：

序号	文件内容	提交时间	备注
1	承装（修、试）电力设施许可证复印件	开工日前 7 天	
2	安全管理组织机构及安全责任人情况	开工日前 7 天	
3	工程安全管理台账和施工安全风险管理及风险控制方案	开工日前 7 天	
4	工程文明施工方案	开工日前 7 天	
5	经承包人主管领导审批的特殊施工安全技术措施	开工日前 7 天	
6	施工安全及交通安全情况通报及事故报告	事故后 2h	

3-144 如何管理分包者？

答： 施工项目部应加强分包作业人员的动态管控，建立动态的分包人员名册，监理/施工项目部要动态核查进场分包商主要人员人证相符等情况，实施闭环管理。变电工程施工现场应实行封闭式管理，分包人员出入施工区域可通过考勤设备刷卡考勤。

线路工程施工现场应采取射频识别、移动定位、远程视频或图像监控等手段每日对分包人员出勤情况进行记录存档，全面掌握施工现场分包人员基本情况、出勤情况、进出现场时间等信息，准确把握分包作业人员的作业状态，防止分包作业脱离管控范围。

3-145 分包培训有哪些内容？

答： 为规范分包队伍的教育培训工作，施工承包商应对每一位进场分包人员进行培训考核，不合格者不得进场。对不同工种的分包人员提供统一的培训大纲和教材，开展安全施工常识、工器具使用、安全质量通病防治、施工技术与方法、事故应急处置等方面的培训并进行考试和考核，提高分包商作业人员安全质量意识和技能水平。

3-146 夏季施工检查有哪些要点？

答：（1）加强防灾避险和应急处置工作。现场参建项目部是否建立完善灾害预警及应急响应机制，能否及时掌握气候变化信息，保持信息畅通，定期开展灾害隐患排查；加强对暴雨、山洪、泥石流、台风等灾害的预警工作。检查完善应急处置方案，现场配备的防汛应急物资是否足够、有效。有无现场组织开展应急演练，全员避险意识的相关材料。

（2）加强施工机具管理。夏季施工高峰，现场的施工机具处于连续高强度使用状态，施工单位、项目部要加强对施工机械和工器具的使用、维护、保养检查记录。重点检查起重、租赁机械的合同、安全协议和运行状况，高大模板支护系统脚手架等载人平台的搭设和维护。严禁施工机械、安全设施"带病"运行。严禁无资质单位或个人租赁设备。

（3）严格落实劳务分包"同进同出"要求。施工承包商和项目部要加强分包队伍的管控力度，加强施工计划、措施方案执行管理。施工承包商自有人员必须与劳务分包人员"同进同出"作业现场，监理、业主项目部要加强分包监督管理，严禁发生劳务分包队伍独立作业等失控行为，检查"同进同出"落实材料。

3-147 夏季施工检查有哪些范围及重点？

答：（1）各参建项目部要将检查范围及落实重点放在现场及软件管理方面。责任落实方面，是否组织工程项目开展排查治理、每项作业是否有施工方案、安全措施，方案措施是否按规定执行审批手续，执行过程中管理人员是否按要求到岗到位。

（2）制定内容方面，是否覆盖所有施工作业，特殊施工作业是否有专项方案，专项方案是否组织会审或专家论证，是否结合工程实际有针对性地编制，是否具有指导性和可操作性。

（3）落实执行方面，是否进行全员交底，现场人员是否严格对照方案落实相关要求，施工机具是否合格、好用，现场安全防护设施、安保用品是否足够、合格，施工项目部人员是否能掌控现场，并开展监督检查等。

（4）学习《国家电网公司基建安全管理规定》、防汛等及相关安全规范、文件的记录，相关活动开展后的材料是否齐全（含防汛防灾、防盗窃、防恐怖措施及活动开展），分包商资质及相关人员证书等是否齐全、有效；现场施工者及安全文明施工要求是否符合国网要求。

3-148 施工方案安全措施有哪些自查及整改内容？

答：（1）施工方案安全措施自查及整改情况，施工方案、作业指导书中安全控制措施与实际作业是否有针对性并具体可行。

（2）本项目施工方案及作业指导书总数，是否适用于所有同类作业。不同作业环境、不同施工方法是否有专门安全控制措施。

（3）施工方案、作业指导书是否早于作业前编制审批完成；危险性较大和超过一定规模的分部分项工程的专项施工方案是否有必要的计算书。

（4）特殊施工作业有无专项方案；专项施工方案会审记录是否完整，是否进行了动态修订。是否组织参建人员掌握方案有无学习讨论记录。

（5）作业前交底记录是否完整，签字是否包含了所有相关人员。

（6）现场是否逐条落实了施工方案、作业指导书中安全措施要求。

（7）配置的安全防护设施是否足够、好用，作业人员是否正确使用了安全防护设施。

（8）本项目自查问题数量，监理、业主核查整改完成数量，未整改问题原因及工作计划有哪些。

3-149 施工项目部主要管理者使用施工费有哪些责任？

答：（1）施工项目经理组织编制安全文明施工费使用计划和实施需要，经施工企业审批后，报监理项目部审核、业主项目部批准，在施工过程中组织实施到位。

（2）组织安全文明施工标准化设施分阶段申报、分阶段验收，对安全文明施工费专款专用负主要管理责任，对工程项目保证安全文明施工费足额使用、专款专用负主要管理责任。

（3）施工项目总工程师编制安全文明施工费使用计划和实施需要，对工程项目安全文明施工费使用计划和实施需要，正确、完整性负责。

（4）项目部安全员参与编制安全文明施工费使用计划和实施需要，分阶段报审进场安全文明施工标准化设施。负责安全文明施工标准化设施日常检查、维护、保管工作。

建立安全文明施工费使用管理台账，对安全文明施工费使用情况进行汇总，并做到台账与工程建设同步。对工程项目安全文明施工费日常使用情况具体工作负责。

第4部分

案　　例

[案例 4-1]

1. 事故经过

2002 年 12 月 8 日，在某电建公司承包的 C 块Ⅲ标工程工地上，根据项目经理王某的安排，架子班进行 20 号楼井架搭设作业。上午 10 时左右，该工程 20 号楼的井架在搭设到 27m 高度时，井架整体突然向东南方倾倒，并搁置在 20 号楼二层楼面上，造成 3 名井架搭设工人坠落，及 20 号楼二层楼面上作业的一名钢筋工被压。事故发生后，现场负责人立即组织职工急送受伤人员到医院急救，其中井架搭设工人吴某、蓝某、钢筋工倪某三人经抢救无效亡故，另一人重伤。

2. 事故原因

（1）直接原因：严重违反国家、行业规范规定。安装搭设井架时井架地梁与基础无任何连接；未按国家行业规范规定的数量设置有效、合理的缆风绳（事故发生时缆风绳设置的方向与风向约成 90 度，倾翻瞬间未能起到有效作用），缆风钢丝绳直径仅为 6.5mm（国家、行业规范要求缆风钢丝绳最小直径为 9.3mm）；在 7 级阵风风荷载的作用下使井架整体向一侧倾倒。

（2）违章作业，违章指挥。事故发生的当天，该地区有 7～9 级的大风（当地气象台提供气象资料）。承包单位架子班长杨某、现场带班聂某在没有井架搭设作业技术方案情况下，仍安排无建筑登高架设特种作业操作资格证书的几名工人进行攀登和悬空高处作业；项目经理王某在井架搭设前未进行专项安全交底，且在得知搭设班组因气候原因停止作业时，在未采取有效措施的情况下，仍坚持要求作业人员继续搭设井架。

（3）间接原因：施工现场项目部安全管理混乱，存在严重安全隐患。

1）工程项目经理王某安排无建筑登高架设特种作业操作资格证书的人员进行井架搭设；没有组织人员编制井架的搭拆方案；没有对施工作业人员进行各类安全教育和有针对性的专项技术交底；没有配备工地安全员，使得工程安全管理混乱，并且对公司安质部门责令的停工整改要求不落实、不整改，最终导致工地安全管理失控。

2）架子班长杨某自身没有建筑登高架设特种作业操作资格证书，并且安排无证人员搭设井架；没有对有关人员进行安全教育，班组管理失控。

3）项目部技术负责人范某，未按有关规定编制井架搭设技术方案，未有效实施技术监督。

（4）施工承包商安全管理失控，企业内部安全监管不力

1）公司生产副经理兼工程部经理王某对该工程施工组织设计审核不严，没有提出需要编制井架搭拆的技术方案要求；对作业人员无证上岗等情况检查不力；对现场安全隐患严重、整改不落实的情况督查、监管不力。

2）公司质安部负责人徐某对该工程无井架搭设技术方案、作业人员无证上岗等情况检查不力；对现场隐患严重、整改不落实的情况督查、监管不严。

3）公司安监员赵某对该工程井架搭设无方案、作业人员无证上岗等情况检查不力；对现场隐患严重、整改不落实的情况督查、监管不严。

4）公司负责生产的副经理黄某对公司质安部门、工程部门管理不严，对该工程安全生产失控的情况监管不力。

（5）企业领导安全意识不强，安全监管不力

1）公司经理孟某对公司安全生产监督管理不严。

2）公司法人代表孟某安全意识淡薄，对王某做该工程项目经理的资格审核不严，并且对公司安全生产监管不力。

（6）监理承包商技术审核失控，现场监控不力

1）项目总监师陈某对该工程项目管理实施规划审核不严，没有提出需编制井架搭拆技术方案的要求，未履行监理职责。

2）现场总监代表董某对当天大风情况下（7~9级的西北风），工人还进行攀登和悬空高处作业，没有及时地发现和制止，又未对搭设人员的特殊工种上岗证进行核查，监控不严。

（7）建设单位现场安全管理不严。未全面履行施工现场安全管理责任，又未委托监理单位实施现场安全监理。施工现场安全管理失控，在没有井架搭设技术方案、没有安全专项交底、无建筑登高架设特种作业操作资格证书的人员，安装搭设井架时，未按国家行业规范要求将地梁与基础连接牢固；未按国家行业规范规定的数量设置有效、合理的缆风绳（事故发生时缆风绳设置的方向正好与风向约成90°，倾倒瞬间未能起到有效作用），缆风钢丝绳直径仅为6.5mm（国家、行业规范要求缆风钢丝绳最小直径为9.3mm）。因此，在7级阵风风荷载的作用下，使井架整体向一侧倾倒，是造成本次事故的主要原因。

3. 整改措施

（1）施工承包商采取的整改措施：

1）公司应会同监理项目部立即对工程进行全面安全检查。对查出的问题和隐患依据定人、定时、定措施、定责任的原则，落实整改。对其余将要搭设的井架，公司立即组织有关专业人员制定详细搭设、拆除的方案，并报监理单位审批，配备足够的有上岗证书的专业拆卸人员，安排好现场监管人员。

2）公司立即组织施工人员的安全教育，重点围绕这次重大事故的惨痛教训，举一反三地开展"四不放过"教育，使全体职工通过本次血的教训，明确各级人员的安全责任，提高工人的安全意识，杜绝违章指挥、违章作业。

3）施工项目部需配备持证上岗的安全员，加强工程项目各级安全生产岗位责任制的落实，对不安全因素加强监控，对查出的隐患及时、彻底地整改，对安全教育、交底、工作狠抓落实，确保施工全过程安全监管、检查工作落到实处。

4）安排有项目经理资质证书的人员担任工程项目经理职务。进一步完善企业内部安全生产各项规章制度，理顺井架、塔吊等机械设备管理制度，明确各管理部门的职责和责任制。对工程项目的安全生产要严格管理，狠抓落实。加强对专职安全人员的培训工作，各工种施工人员必须做到持证操作，特种作业人员必须经过专业培训持证上岗，对特殊工种人员进行重新检查和登记，保证各工种配足配齐。

（2）工程监理承包商采取的整改措施：

1）监理承包商应对工程进行全面的检查，对查出的安全问题以书面形式汇报给建设单位，并督促施工项目部整改，加强现场的巡查工作。认真汲取事故教训，严格审核施工现

场有关技术方案，严格核查特种作业人员的操作资格证书，监管到位。对以后将要搭设的井架要求施工单位详细编制搭拆技术方案，并仔细审核有关拆卸人员的特殊工种操作证书和技术方案等，做好安装、拆卸时的现场旁站监管工作，杜绝重复事故的发生。

2）进一步健全和完善监理项目部对工程全过程全方位的监理控制体系，落实责任制，责任到人。对工程监理过程中发现的问题，及时提出、落实整改，并做好记录。加强巡视、旁站及平行检查，全面履行监理职责。

（3）建设单位采取的整改措施：

应认真汲取事故教训，举一反三地开展"四不放过"教育。应委托监理项目部对工程项目实施安全监理，明确施工现场安全责任单位，履行建设单位安全管理职责。

[案例 4-2]

1. 事故经过

2002 年 6 月 14 日 8 时 30 分左右，某建筑公司工程处在某 500kV 输电线路 E 段 Ⅱ 回 N4 铁塔组装施工时，用于临时连接铁塔两上曲臂的棕绳突然断开，两上曲臂向外倾翻，导致在左右上曲臂上作业的六人中一人在倾翻中头部受重撞当场亡故，两人附地后送医院抢救无效亡故，另有两人受伤。

2. 事故原因

因某建筑公司施工人员违反技术方案，用棕绳代替方案中规定的钢丝绳连接上曲臂，并且拒绝现场安全监督员的制止，是事故发生的主要原因，有关人员应承担主要责任，发包单位有关人员对违章现象没有采取强制措施进行制止，也是重要原因。

3. 事故教训

（1）分包工作管理不严，存在以包代管现象，必须高度重视分包管理；

（2）现场管理不规范，监理工作不到位，应加强监理管理。

[案例 4-3]

1. 事故经过

1999 年 3 月 5 日 10 时，某电力建筑工地一台正在吊运钢管的塔式起重机，突然发出了沉闷的响声，人们举目望去，只见往日笔直的塔机歪了，塔机上部向建筑物倾斜，塔机的吊钩上还吊着一捆钢管，在半空中摇荡，塔机发生事故。

发生事故的塔机是 QTZ5012 自升式塔式起重机，该塔机起重臂装了 46m 长，塔身已升至 90m 高，装有 6 道附着装置，最高一道附着装置距起重臂杆绞点 22m。发生事故的现象是：在这一道附着装置上，三根附着杆中的一根附着杆的调节丝杆被扭弯，调节丝杆上连接耳板也被扭弯，但这二点都没有断，造成塔身被拉向建筑物，使得这一道附着框梁上方的塔身严重歪斜，塔顶部偏离垂线达 0.90m 之多。当时塔机的作业任务是吊运脚手架的钢管，将建筑物楼顶面的钢管吊运至 12 层的裙房楼面上，起吊点在起重机臂杆 12m 处，卸料点在起重机臂杆 38m 处，起吊的钢管重量估算在 2.5t。塔机倾斜后，塔机的吊钩上还吊着一捆钢管，悬空在 12 层的裙房楼面上方。

2. 事故原因

（1）该塔机的起重特性表明，在吊 2.5t 物料时的幅度控制在 26m 之内，要吊至 38m 处是严重超载的。若超载，塔机的起重力矩限位器应该起保护作用，经检查，起重力矩限位器是完好的，在超出限定力矩范围时，能切断吊钩向上、小车变幅向外的电源，保证不超载。经检查，塔机的小车制动器失效。正常时，当力矩限位器切断小车向上的电源，小车制动器制动，小车就会停下；

（2）起重臂的方向正好在与塔身标准节成 45°角，是塔机受力最不利的方向，弯矩产生的载荷主要作用在一根附着杆上，超载形成的巨大压力使此附着杆应力急剧增大，超过屈服应力 δs，最后，选择了最薄弱的危险断面，在附着杆的调节丝杆上发生了上塑变弯曲，造成了事故；

（3）塔机操作司机判断能力不强，违章超载；

（4）塔机指挥人员不到岗，不能控制起吊重量和幅度；

（5）塔机缺陷，变幅小车制动器失效；

（6）塔机缺陷，附着杆调节丝杆、耳板强度不够。

3. 整改措施

（1）塔机转场加强检修，保证各运动机构、各部件的完好，机械不得带病运转；

（2）严格塔机等大型施工机械安装后的验收制度；

（3）坚持机械定期安全检查制度，发现故障及时解决；

（4）严格管理，加强安全教育，提高操作人员的安全意识，严格执行塔机安全操作规程。

[案例 4-4]

1. 事故经过

2001 年 8 月 20 日，某建筑公司土建主承包、某土方公司分包的某地铁车站工程工地上，正在进行深基坑土方挖掘施工作业。下午 18 时 30 分，土方分包项目经理陈某将 11 名普工交予领班褚某，19 时左右，褚某向 11 名工人交待了生产任务，11 人下基坑开始在 14 轴至 15 轴处平台上施工（褚某某未下去，电工贺某某后上基坑未下去）。大约 20 时，16 轴处土方突然发生滑坡，当即有 2 人被土方所掩埋，另有 2 人理至腰部以上，其他 6 人迅速脱离至基坑上。现场项目部接到报告后，立即组织抢险营救。20 时 10 分，16 轴至 18 轴处，发生第二次大面积土方滑坡。滑坡土方由 18 轴开始冲至 12 轴，将另外 2 人也掩埋，并冲断了基坑内钢支撑 16 根。事故发生后，虽经施工项目部极力抢救，但被土方掩埋的四人终因窒息时间过长而失去生命。

2. 事故原因

（1）该工程所处地基软弱，开挖范围内基本上均为淤泥质土，其中淤泥质黏土平均厚度达 9.65m，土体抗剪强度低，灵敏度高达 5.9，这种饱和软土受扰动后，极易发生触变现象。且施工期间遭遇百年一遇特大暴雨影响，造成长达 171m 基坑纵向留坡困难。而在执行小破处置方案时未严格执行有关规定，造成小坡坡度过陡，是造成本次事故的直接原因；

（2）目前，在狭长形地铁车站深基坑施工中，对纵向挖土和边坡留置的动态控制过程，尚无比较成熟的量化控制标准。设计、施工单位对复杂地质地层情况和类似基坑情况估计不足，对地铁施工的风险意识不强和施工经验不足，尤其对采用纵向开挖横向支撑的施工方法，纵向留坡与支撑安装到位之间合理匹配的重要性认识不足。该工程分包土方施工项目部技术管理力量薄弱，在基坑施工中采取分层开挖横向支撑及时安装到位的同时，对处置纵向小坡的留设方法和措施不力。某工程咨询公司监理项目部和上海五建土建施工项目部对基坑施工中的动态管理不严，是造成本次事故的重要原因，也是造成本次事故的间接原因；

（3）地基软弱，开挖范围内淤泥质黏土平均厚度厚，土体抗剪强度低，灵敏度高，受扰动后已极易发生触变。施工期间遭百年一遇特大暴雨，造成长达 171m 基坑纵向留坡困难。未严格执行有关规定，造成小坡坡度过陡，是造成本次事故的主要原因。

3．土方施工单位的整改措施

1）在公司范围内，进一步健全完善各部门安全生产管理制度，开展一次安全生产制度执行情况的大检查，在内容上重点突出各生产安全责任制到人、权限和奖惩分明。

2）建立完善纵向到底、横向到边的安全生产网络。公司要增设施工安全主管岗位，选配懂建筑施工的，具有工程师职称和项目经理资质的专业技术人员担任。

3）加强技术和施工管理人员的培训。通过规范的培训和进修，获取施工员、项目经理等各种施工管理上岗资格。并加大引进专业技术人才的力度。

4）严格每月一次的安全生产领导小组例会制度，部门和员工的考核、评优、续约、奖励等均严格实行安全生产一票否决制。

5）突出安全交底的必要性和技术性。技术部门必须将编制的质量计划（施工方案）向施工负责人进行书面安全技术交底，分包队伍进场，施工负责人必须根据本工程特点，向分包单位进场进行书面安全总交底。对每个职工进行工种安全技术操作规程交底及企业安全规章制度交底，并进行书面确认签字手续，分包单位在上岗前必须对施工人员进行安全交底，并在上岗记录上填写清楚，使安全交底纵向到底横向到边，加强总包对分包队伍的施工安全、施工技术交底的监督。

6）加强对分包队伍的管理，把好分包商资质关，使分包资质与所分包的项目匹配。施工人员须经安全教育培训后持有效证件方可上岗。特别加强对专业分包队伍的安全管理。

7）加强管理人员对安全技术标准的学习，加强安全教育培训工作，对在岗人员通过自办、外送形式来提高管理岗位人员的安全技术知识，突出对项目经理、施工员及技术员的安全培训教育。提高全员安全防范意识，摆正安全生产与经济效益的关系。

4．设计承包商的整改措施

对围护结构设计进行了复核和事故原因的分析研讨，通过事故，设计人员深切感到基坑工程安全责任重大，设计单位在配合施工过程中，除技术交底、施工组织审查等技术性会议中对基坑工程技术要求进行认真交底、对基坑安全进行强调外，可利用工程例会、下现场等场合，对安全问题进行反复强调，提高施工等有关方对深基坑工程风险的认识。必要时采取书面形式发联系单给建设、施工、监理、监测等有关单位，以期引起重视，避免灾害事故的发生。设计单位应利用事故案例反复、持续地在广大设计人员中开展剖析与教育，提高对深基坑工程安全问题的认识，从设计与施工配合方面把设计单位的工作做得更好。

5. 建设单位的整改措施

（1）实行专项整治检查，加强监控力度。公司组织力量，由三位副经理带队分成三组对在建的地铁车站工程、高架工程、轻轨工程的施工现象进行为期 4 天的安全专项整治检查，通过检查初步扭转了部分施工单位现场管理不力、有章不循的不良倾向，严格了总包对分包队伍的管理，消除了不少安全隐患。公司并且对在检查中发现的个别监理单位的实际工作与投标时及合同承诺不符，监理人员对现场监控严重不到位的监理单位终止其监理任务，清退出场。

（2）进行专业技术培训，认识工程风险。地铁工程建设的安全风险很大，如何正确地认识，才能行之有效地避免风险杜绝事故。为此公司利用两个双休日，举办深基坑业务培训班，由技术权威专题讲解地下车站的安全风险、职责要求，深基坑开挖、支撑、放基坡、垫层、围护、加固、降水、险情征兆、抢险措施等内容。通过专业学习使各级管理人员正确地认识工程的安全风险，掌握有关的知识，为杜绝类似事故的发生打下了扎实的基础。

（3）落实整改措施，消除安全隐患。公司职能部门对安全专项检查中暴露出的不足，进行锁项回访验证，针对这些不足，逐条进行销项验证，消除不安全因素，确保了施工现场的安全。

（4）充实管理力量，完善监控机制。为加强对施工现场的管理力度，公司充实了各项管理力量，各项管部都设立了专职安全管理人员。地铁车站项管部还专门成立了总监组，加强对施工现场的日常巡查，还对施工单位和监理单位提出相应的安全管理要求，完善工程建设的监控机制，为工程建设的顺利进展提供有力的保证。

（5）运用激励机制，开展百日竞赛。为更好地推动工程建设的安全生产，公司开展"安全生产百日无事故竞赛"活动，运用激励机制调动施工单位的安全生产积极性。

[案例 4-5]

1. 事情经过

西北某输变电公司在官亭 750kV 变电站Ⅱ期扩建工程中，于 2008 年 8 月 25 日按计划停电准备进行Ⅰ母安装，16 时吊装 GISⅠ母跨越母线筒。吊车车头对南向，车身垂直背对母线，紧靠大板基础边缘，吊件位于吊车头左前方，吊件底部离地 200mm 时停止起吊，观察吊车支腿、调整吊件平衡，经检查吊件平稳，吊点合适，随后吊臂逆时针旋转至吊车左后方时，收绳提高，准备跨过原Ⅰ期 C 相 75126 刀闸至 75102 刀闸间母线筒时，左后支腿突然下沉，车身开始缓慢倾斜，司机急忙向 GIS 外侧顺时针方向抬臂转向，已来不及，吊车向左倾倒，吊件上部落在检修平台后滑落至原Ⅰ期 C 相 75126 刀闸至 75102 刀闸母线筒处（新东北设备），造成该母筒有一处划痕，最大深度约 3mm。吊臂倾倒后压在吊件筒上，造成平高厂设备表面有两处凹陷 [（12×12）cm²、（10×10）cm²）] 需返厂处理。整个过程未造成人员伤害。

2. 事故原因

雨季对土层的浸泡、地基松软、支腿支垫不合理，造成吊车侧翻事故，暴露现场监理安全管理工作存在的问题：

（1）现场应急预案汇报制度未启动，汇报不及时，事故发生后 2.5h 没有向总监汇报，造成监理企业层面没能及时掌握事故现场动态。没有及时启动现场应急程序，没有向相关领导汇报，使得项目部制定的应急程序形同虚设、流于形式，公司与现场信息沟通渠道不畅，给监理工作造成了被动。

（2）监理现场风险管理不到位，对危险源分析的不够透彻，自然风险因素的风险识别不到位，季节性雨水对土层的浸泡造成的承载力下降估计不到，没有对现场土层开展细致的调查工作，仅依据前期施工经验，对表面碎石覆盖和运行地基的承载表象迷惑，忽视了地基承载力对起重作业的重要作用。

（3）对施工项目部编制的施工方案的审查针对性不强，技术细节、对吊车的支撑方式等关键细节没有明确要求，也没有提出相关监理意见，对施工方案的审查把关不严，虽然对施工机械和特种作业人员资质进行了严格审查，但对在生产区域施工作业的隔离、特殊季节性施工，起重作业对地基的要求、对运行设备的防护等方面，在方案审查时，未能考虑周全并及时提出。对危险点、危险源的分析和控制不够，没有考虑到雨季对地基可能造成的影响，缺乏对运行设备的保护意识，在现场监督时未能及时提出。

（4）现场监理对已制定的监理细则中的起重安全控制、应急预案等工作制度的执行力度不强，安全控制管理不到位，监理项目部制定了应急响应等工作制度，电气监理细则中对 GIS 吊装的安全控制列出了相关 11 条措施，虽然制定的不够全面，但如果严格执行，对事故的避免发生肯定能起到一定作用。但存在方案编制水平不高现象、编制的不符合实际（目前电力行业没有发放资质），表明监理项目部自总监到监理员对起重人员要求、技术、知识、掌握了解的不够（现场起重力学计算、承载力分析等），没有加强对其他相关的专业的学习了解，同时也暴露出现场监理工作在起重安全控制方面的薄弱环节。

（5）通过以上暴露出的问题，反映出项目总监对监理项目部管理缺乏全面的掌控能力，事故发生时，现场只有一名电气副总监、一名电气监理、一名土建监理，GIS 专职旁站监理员回监理部给建设单位传真文件（会使用项目部设备），安全监理师回城办理工程档案事宜，现场有多处土建、电气工作面，暴露出现场监理工作在人员管理、工作合理分配上管理不力。虽然一名电气监理员在起吊前到现场进行了检查，但因缺乏相关起重知识，未能发现问题。

3. 事故整改措施

事故发生后，监理项目部一是组织召开了事故分析会，每人对事故都进行了剖析发言，并写了书面反思材料，根据事故暴露出的问题及管理中存在的不足、从管理上暴露出的缺陷，进行深刻反思，举一反三。二是制定了跨接 GIS 监理方案，要求人员认真执行。监督施工项目部对跨接部分 GIS 加设了防护设施。三是总结经验教训，在今后的方案审查、监理方案制定、风险预控、危险源辨识、工作制度的执行等不足之处要下大力气改进。

（1）加强安全管理，使组织措施、技术措施、监督措施到位，全面履行现场安全监理管理职责，对危险源辨识进行深入、细致的分析，并加强风险预控措施管理，落实到位。

（2）现场对本次失误进行彻底整改，认真梳理、排查存在的安全隐患，在安全控制上下功夫，定措施、定方案，并对方案的针对性，安全性进行细致的认真审查。

（3）现场今年雨水天气较多，制定有针对性的起重、安装监督预控方案，要求施工项目部对支腿、吊车、起重器具、承载地基、被吊设备进行有效的规范性管理控制，提高安全保险系数，例如用大吨位吊车、支垫用长道木等具体措施，保证现场安全施工。对现场违章，以铁的制度、铁的面孔、铁的处理，杜绝安全事故的再次发生，举一反三，认真思考，吸取经验教训。全面履行监理安全/质量控制职责。

（4）在今后的改/扩建工作中，重视、加强对运行设备的保护控制（包括一次设备和二次设备），例如搭设保护层，保护被跨越的运行设备，在运行设备二次保护盘柜上工作，采用拆接线表，并由运行单位，施工/监理项目部共同签字认可后，方能实施，保证改接线的正确性。

（5）加强现场监理人员的安全教育，牢固树立安全生产的思想，防患于未然，保证完成监理任务。

[案例 4-6]

1. 事故经过

（1）2014 年 8 月 17 日 17 时北京建工路桥公司西北旺电力管道 2 标现场，发生 1 伤 1 亡事故。原因是该公司的邯郸嘉鑫建筑劳务分包公司机构施工队在 2 号井下进行混凝土输送泵吊装及安全通道搭设作业，在吊装时一辆 25t 汽车吊发生侧翻，将正在作业者董某砸伤，工友尹某从东角临时爬梯下井救人，时隔 3min，地面的汽车吊二次发生倾覆将尹某某挤压在防护栏杆上。现场人们及时求援 119、120，将伤员送至部队医院抢救。尹某抢救无效失去生命，董某为左手臂骨折、左侧肋骨骨折、颅脑瘀血在治疗。

（2）2015 年 5 月 3 日 16 时，±800kV 灵—绍工程安徽送变电公司承建皖 3 标段发生劳务分包单位组立抱杆倾倒事故，造成分包单位四川岳池电力建设总公司（民营企业，独立法人，具有电力工程施工总承包二级资质、电监会承装类二级资质）3 人死亡的人身事故。

2. 事故原因

（1）劳务分包施工队未经允许擅自进入计划外的工作现场，整个施工过程中未通知项目部和现场带班人员，未通知监理旁站，未按照施工方案要求开展作业。

（2）施工队组立抱杆时临时拉线未使用已安装完毕的地锚，违规采取在水田中钻桩锚固，在受力时倾倒，从施工的组织措施、技术措施、安全措施上都存在严重的错误。

（3）劳务分包单位对所属施工队伍管理不严、安全教育不到位，对施工过程的安全管理、安全管控不力，施工队负责人严重违章指挥，违反安全技术规程要求。安徽送变电公司未能及时掌握分包队伍状态，对施工队的进出场、施工队长等关键人员管理有疏漏。

3. 事故整改措施

（1）部分单位安全质量管理仍然存在薄弱环节，对基建安全重视程度不够。抱杆倾倒事故与抱杆倾倒事故许多方面非常相似，表明未能深刻吸取事故教训。究其原因是各单位对基建安全管理的重视程度不够。事故发生表明，基建安全管理仍存在侥幸心理，存在"表面、表层、表演"现象。部分施工单位未能真正做到警钟长鸣、引以为鉴。有的管理人员过分强调偶然因素，没有将事故与安全管理不到位联系起来。

（2）安全管理责任落实不到位。有些主要负责人和分管领导，缺乏对基建安全管理工作的深入调研，不掌握本单位基建安全整体情况和重大安全风险，对基层安全动态和现场存在失察、失责。一些单位忽视设计、施工、监理等具体工作中的安全责任落实，没有形成各负其责的工作局面。

（3）工程施工技术方案落实不到位，不重视安全技术管理；施工方案、安全技术措施编制审核不严格，套用现象普遍，现场安全施工作业票未能做到全员交底和签字，存在方案与实际工作"两层皮"的现象。

（4）安全监护职责落实不到位。国网一再强调领导和管理者到岗到位，明确业主、施工、监理、设计等各参建单位现场到岗履职，但事故暴露出施工企业安全监护、监理项目部安全控制、业主单位监督检查的工作缺失，没有做到施工现场组织健全和"令行禁止"、对分包单位的资质业绩审查表面化，忽视对实际进场队伍的控制管理；忽视对劳务分包队伍的培训交底、施工组织和安全监督，以包代管顽疾未得到彻底根治，对明显违反规定的现象制止、纠正不力。

[案例 4-7]

1. 事故经过

丙 110kV GIS 变电站在启动送电时，在进行第三次冲击时出现跳闸，经过检查分析后确认 GIS 气室内 SO_2 含量严重超标，打开故障气室后发现连接盆式绝缘子内侧部分被烧黑，绝缘子中心导体前端与盆式绝缘子上梅花触头连接处接头已被电弧烧熔，隔离开关动触头处内六角螺丝未紧固。

2. 事故原因

隔离开关动触头螺丝未紧固直接导致气室内导体接触不牢靠，因此会产生电弧；盆式绝缘子被电弧烧熔是因为在冲击送电时，盆式绝缘子附近出现悬浮微粒或污染物，改变了气室内部的空间电场分布，导致局部电场发生畸变，最终由悬浮微粒或污染物引导盆式绝缘子中心导体沿面对外壳放电致事故发生。

3. 事故整改措施

（1）在新 GIS 设备安装过程中，应加强设备安装的监督工作，特别是现场安装环境、内部导电回路连接、GIS 内部清洁、各气室密封面的处理等，确保密封良好，避免在 GIS 设备内部留下悬浮微粒或污染物。

（2）严格按照 GB 50150—2006《电气装置安装工程电气设备交接试验标准》及 DL/T 618—2011《气体绝缘金属封闭开关设备现场交接试验规程》规定开展各项试验内容，确保 GIS 设备在投运前无缺陷。

[案例 4-8]

1. 事故经过

丁省级公司新建的 220kV 变电站工程，在电气安装竣工验收时发现以下问题：建设单位下发了《工程质量通病防治任务书》，施工项目部编制了《工程质量通病防治措施》，但未见审查和批准签字，也未见《工程质量通病防治控制措施》。主体工程原计划为 6 个月，建设单位为提前送电要求在 3 个月内完成全部施工。检查原材料、半成品的第三方试验检测记录内容不齐全，有检验不合格产品进入工地使用。未见《工程质量通病防治工作评估报告》。

2. 事故整改措施

（1）建设单位应批准施工项目部提交的《工程质量通病防治措施》，不得随意压缩工程建设的合理工期；

（2）施工项目部必须做好原材料、半成品的第三方试验检测工作，未经复试或复试不合格的原材料、半成品等不得用于工程施工。工程完工后，应认真填写《工程质量通病防治工作总结》；

（3）监理项目部应审查施工项目部提交的《工程质量通病防治措施》，提出具体要求并编写《×工程质量通病防治控制措施》。

[案例 4-9]

1. 事故经过

110kV 变电站电气安装阶段，监理质量巡查时发现下列问题：

（1）接地线用螺栓分别连接至设备和主接地网；

（2）用仪器测量 GIS 设备法兰连接处两侧感应电位不同；

（3）GIS 设备外壳接地线焊接至接地隔离开关的接地引出线；

（4）变压器仅有一条 20mm 宽接地线螺栓连接至地网。

2. 事故整改措施

（1）接地线与主接地网应采用焊接，接地线与电气设备的连接可用螺栓连接或焊接，螺栓连接时应设放松螺帽或放松垫片；

（2）GIS 设备的外壳应按厂家规定接地；法兰片间应采用跨接线连接，并保证良好的电气通路；

（3）电气设备每个接地部分应以单独的接地线与电气设备连接，严禁在一个接地线下串接几个需要接地的部分；

（4）主要电气设备（主变压器、高压电抗器、避雷器、断路器、TV、TA 等）需采用双接地，应用两根与主接地网不同干线连接的接地引下线，每根均应符合热稳定校核要求。

[案例 4-10]

1. 事故经过

庚 110kV×变电站位于高新区，总占地面积 3127.22m²。规划建设 3 台 63MVA 有载调压变压器；110kV 出线 3 回，采用线变组接线；10kV 出线 36 回，采用单母线四分段接线；安装无功补偿电容器 $3×(4+6)$Mvar。新建配电装置楼一座，总建筑面积 2554.68m²，建筑高度 10.4m。配电装置楼为 2 层框架结构，其中地下一层、地上一层；耐火等级为一级；屋面防水等级二级；抗震设计烈度六级。工程进入电气工程安装阶段，配电楼发现部分墙体开裂，裂缝多为斜向裂缝，各楼层均有出现，并有呈外倾之势。2012 年 3 月 8 日，工程业主委托具有相关资质的检测单位进行沉降观测，发现建筑基础发生不均匀沉降，最大沉降差达 160mm 以上，楼体倾斜超标。

2. 事故整改措施

（1）该工程配电楼基础发生了不均匀沉降，最大沉降差达 160mm 以上，楼体倾斜超标，根据《国家电网公司质量事件调查处理暂行办法国家电网安监〔2012〕230 号》规定，"建筑物、构筑物的基础出现严重不均匀沉降，建筑物倾斜超标、主体结构强度不足"，该事件是五级工程建设质量事件。

（2）事件发生后现场施工有关人员应当立即向施工项目经理报告。项目经理接到报告后，应立即向本单位负责人报告。按五级质量事件上报程序件向上级单位的报告过程。立即按资产关系或管理关系逐级上报至国家电网公司；省级公司上报国家电网公司的同时，还应报告相关区域分部，在 24h 以内以书面形式上报该事件简况。

[案例 4-11]

1. 事件经过

新建一座 35kV 变电站工程的"标准工艺"应用情况，在业主项目部内的"创优策划"中提到"应全面应用国家电网公司标准工艺"，在监理和施工合同中未见要求；对施工单位进行"标准工艺"应用培训有记录；已组织了"标准工艺"验收。在施工项目部内未见有关"标准工艺"实施策划，有根据国网"工艺标准库"进行培训记录，有项目部自检记录和自评价表。由于工程处于竣工验收阶段，建设管理单位已对该项目进行评价，管理工作评价分（30）；应用率 90％，成品实施效果（23）。

2. 事件原因

（1）业主项目部应在工程建设创优规划中编制"标准工艺"实施策划专篇，明确"标准工艺"应用率的目标和要求，在监理和施工合同中也要明确"标准工艺"应用率的目标和要求。培训应覆盖设计、监理、施工承包商。施工图会检时，组织审查"标准工艺"设计。在工程检查、中间验收等环节，检查"标准工艺"实施情况。

（2）施工项目部应在工程创优施工实施细则中编制"标准工艺"实施策划专篇，落实业主项目部提出的"标准工艺"实施目标及要求，执行施工图工艺设计相关内容。

在施工方案、作业指导书等各类施工文件中，全面应用"工艺标准库"、积极采用"典型施工方法"，明确"标准工艺"实施流程和操作要点。按分部工程进行"标准工艺"实施情况自检，报监理项目部验收（评价得分＝30＋90％×20＋23＝71，等级为一般）。

[案例 4-12]

1. 事故经过

西北河西 2013 年 9 月 16 日 330kV 线路在停电检修完毕，由××送变电公司负责检修的××330kV 线路 233 号塔大号侧工地线漏拆，造成供电过程中发生三相短路跳闸事件。

2. 事故原因

业主项目部对专项施工管理不到位、监督、检查不到位，管理不细。对有较大风险的特殊施工作业现场，监督管控不到位，对施工/监理项目部现场方案执行情况、人员到位情况监督、检查不力，是此次事件的主要责任单位；监理项目部监管力度不够，现场安全巡查不到位，对关键工序和危险点检查把关缺乏强有力的管控措施，是此次事件的次要责任单位。

3. 事故处理措施

终上级公司裁定，此次事件为五级设备事件，对电力经研院于 2014 年年初兑现考量扣除×分。

🔍 [案例 4-13]

1. 事故原因

10 月 24 日某 330kV 变电站 330kV Ⅲ母第二个气室内 C 相导体销子漏装，在运行中造成母线从梅花锥脱落，间隙不够，导致盆式绝缘子对壳体放电造成短路事件。

2. 事故整改措施

经裁定为七级设备（质量）事件，监理中心负有主要管理责任，主管领导经研院被 2014 年初兑现考量扣除×分。

🔍 [案例 4-14]

1. 事故经过

11 月 29 日 330kV××Ⅰ回线路改接施工任务完成。11 月 30 日由于 Q 电力试验院完成线路参数测试工作结束后临时接地线未拆除，造成 12 月 5 日供电过程中发生 B 相短路跳闸事件。

2. 事故整改措施

经分析确定业主项目部对电研院线路参数测试工作管理不到位、监督、检查不到位，管理不细，是此次事件的主要责任单位；现场监理项目部监管力度不够，对电科院参数测试工作疏于严格要求，现场安全巡查不到位、监管不力，对危险点疏于检查把关，缺乏强有力的管控措施。最终经上级裁定此事件为五级设备事件，因相同事件重复发生，对该院加倍处罚，于 2014 年年初兑现事考量扣除 ZZ 分。且经研院对建设管理中心分管安全副主任、分管输电项目部主任、业主项目经理及项目总监分别给予经济考量。

🔍 [案例 4-15]

1. 事故经过

2015 年 9 月 28 日，国网新源白山发电厂二期电站电缆竖井转角处电缆因绝缘损伤，单相间歇性弧光接地引发火灾事故。

2. 事故整改措施

事故暴露出白山发电厂没有严格落实反事故措施要求，动力电缆与控制电缆混放，电缆防火隔离措施不完善，防火封堵不严实，消防设施管理不到位，安全大检查和缺陷隐患整治不力，规程规范培训不到位等问题。

[案例 4-16]

1. 事故经过

2012年8月25日，A电网工程N27进行支模板作业，因该基础是沙坑、土质疏松。工人L端着支撑木正在坑边行走，突然脚下的发生土陷，立刻连人带木一起滑下坑去，摔在刚刚支好的钢筋上，木头砸在其腿上，造成小腿骨折。

2. 事故原因

L未按《电力建设安规第2部分》规定，端着支重物在沙坑边行走，是导致事件的直接原因；且现场安全措施不到位、安全监护人未认真监护是事件的主要原因。

[案例 4-17]

1. 事故经过

2012年8月5日，B施工现场进行基建浇筑作业，平台已搭设完毕，但钢梁上有一块探头板。工人J走上钢梁，不小心站在探头板的一端，探头板瞬间竖立起来，连人带板一起掉下坑去，咋到钢筋上，造成其左脚扭伤及身上多处擦伤。

2. 事故原因

此次事故违反了《电力建设安全工程规程》"严禁设立探头板"之规定，施工人员违规作业，对此隐患现场安监员没有及时发现并予以改正。

[案例 4-18]

1. 事故经过

2011年4月20日，C工程在使用挖掘机进行开挖作业时，不慎将一正在自留地察看油菜长势的一花甲女性砸至生命垂危。

2. 事故原因

挖掘手作业不注意观察周围环境是造成事件的直接原因。且现场没有设放安全监护人，未能做好文明施工措施，施工现场非工作人员进入也是事件的主要原因。

[案例 4-19]

1. 事故经过

2007年12月7日，线路工程N156基础浇筑后生火养护，由于天气寒冷，负责养生的L将一燃煤铁制炉子放入帐篷内取暖。因劳累L很快就睡着了，因炉子引燃帐篷后致使L烧死，第2天早上才被换班同志发现。

2. 事故原因

一是违反相关规定将炉子放置于休息用的帐篷内；二是基础养生只派一人值班，无人监护、照顾和配合。

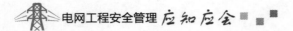

[案例 4-20]

1. 事故经过

D 工程采用汽车吊进行钢管塔分解组立时，吊车未按照作业方案就位，在起吊过程中，由于超重起吊，吊车一支腿支垫不稳固，导致吊车倾翻，吊臂折断。

2. 事故原因

吊车未按照就位，超重起吊，支腿支垫不稳固，是事件发生的直接原因。在吊车作业前，驾驶员及工作负责人责任心不强，存在侥幸心理，未对吊车站位、支腿支垫进行检查，是事件的次要原因。

附录　电网工程常用安全规范/文件清单（2016 年度）

1. 国家法规及相关部委文件

（1）中华人民共和国《环境保护法》. 22 号令. 2014 年修订（2002、1989 版）

（2）中华人民共和国《安全生产法》. 13 号令. 2014 年修订（70 号令、2002 版）

（3）国务院建设项目环境保护条例. 253 号令. 1998 版

（4）国务院建设工程质量管理条例. 279 号令. 2000 版

（5）国务院建设工程安全生产管理条例. 393 号令. 2003 版

（6）国务院生产安全事故报告和调查处理条例. 493 号令. 2007 版

（7）国务院电力安全事故应急处置和调查处理条例. 599 号令. 2011 版

（8）国务院进一步加强企业安全生产工作的通知. 国发〔2010〕23 号

（9）电工进网作业许可证管理办法（电监会 2005 年 15 号令）

（10）承装（修、试）电力设施许可证管理办法（电监会 2009 年 28 号令）

（11）深入开展电力安全生产标准化工作的指导意见（电监安全〔2011〕21 号文）

（12）承装（修、试）电力设施许可证监督管理实施办法（电监资质〔2012〕24 号文）

（13）电力工程建设项目安全生产标准化规范及达标评级标准. 试行（电监安全〔2012〕39 号文）

（14）财政部《高危行业企业安全生产费用财务管理暂行办法》（财企〔2006〕478 号文）

（15）财政部、安监总局《企业安全生产费用使用管理办法》财企〔2012〕16 号文

（16）电监会《关于开展电力工程建设中挂靠借用资质投标、违规出借资质问题专项清理实施方案》电监资质〔2012〕38 号

（17）电监会《关于开展电力工程建设领域预防施工起重机械脚手架等坍塌事故专项整治工作通知》安监函〔2012〕70 号

（18）电监会《关于集中开展电力建设防灾避险防止重大人身伤亡事故专项行动的通知》办安全〔2012〕74 号

（19）电监会《电力安全隐患监督管理暂行规定》电监安全〔2013〕5 号

（20）能源局印发《输变电工程质量监督检查大纲》的通知国能综安全〔2014〕45 号

（21）国家发改委《电力建设工程施工安全监督管理办法》第 28 号令 2015 年 10 月 1 日起施行

（22）GA 1089—2013 电力设施治安风险等级和安全防范要求

（23）电建工程质监总站《电力建设房屋工程质量通病防治工作规定》质监〔2004〕18 号

（24）电建工程质监总站《电力工程质量监督档案管理办法》质监〔2013〕139 号

2. 国家标准

(1) GB 2536—1990 变压器油

(2) GB 50446 盾构法隧道施工与验收规范

(3) GB 26859 电力安全工作规程．电力线路部分

(4) GB 26860 电力安全工作规程．变电站电气部分

(5) GB 50656 建筑施工企业安全生产管理规范

(6) GB 50300 建筑工程施工质量验收统一标准

(7) GB 50194 建设工程施工现场供用电安全规范

(8) GB 50233 110～750kV 架空电力线路工程及验收规范

(9) GB 50993 1000kV 输变电工程竣工验收规范

(10) GB/T 50139 建设工程监理规范（2014 年 3 月 1 日实施）

(11) GB/T 50326 建设工程项目管理规范

(12) GB/T 8905 六氟化硫电气设备中气体管理和检测导则

(13) GB/T 13869 用电安全导则

3. 电力标准

(1) DL/T 1007 架空输电线路带电安全导则及作业工具设备

(2) DL/T 5342 架空送电线路铁塔组立施工工艺导则

(3) DL/T 5343 架空送电线路张力架线施工工艺导则

(4) DL/T 1094 电力变压器用绝缘油选用指南

(5) DL/T 5434 电力建设工程监理规范

(6) DL/T 5111 水电水利工程施工监理规范

(7) DL 5279 输变电工程竣工验收规范

(8) DL 5190.1 电力建设施工技术规范 第 1 部分：土建结构工程

(9) DL 5190.9 电力建设施工技术规范 第 9 部分：水工结构工程

(10) DL 5009.2 电力建设安全工作规程 第 2 部分：电力线路

(11) DL 5009.3 电力建设安全工作规程 第 3 部分：变电站

(12) DL 5210.1 电力建设施工质量验收及评定规程 第 1 部分：土建结构工程

(13) DL 5027 电力设备典型消防规程

(14) DL/T 1363 电网建设项目文件归档与档案整理规范

(15) DL/T 5707 电力工程电缆防火封堵施工工艺导则

(16) CJJ 200 城市供热管网工程施工及验收规范

4. 电力企标及建筑规范

(1) Q/GDW 248 国网输变电工程建设标准强制性条文实施管理规程

(2) Q/GDW 274 国网变电工程落地式钢管脚手架搭设安全技术规范

(3) Q/GDW 434.1 国网公司安全设施编制第一部分：变电

(4) Q/GDW 434.2 国网公司安全设施编制第二部分：电力线路

(5) Q/GDW 1799.1 国网电力安全工作规程：变电部分

(6) Q/GDW 1799.2 国网电力安全工作规程：线路部分

（7）JGJ 162 建筑施工模板安全技术规范

（8）JGJ 180 建筑施工土石方工程安全技术规范

（9）JGJ 80 建筑施工高处作业安全技术规范

（10）JGJ 59 建筑施工安全检查标准

（11）JGJ 130 建筑施工扣件式钢管脚手架安全技术规范

（12）JGJ/T 104 建筑工程冬期施工规程

（13）JGJ 33 建筑机械使用安全技术规范

（14）JGJ 46 施工现场临时用电安全技术规范

（15）JGJ 146 建筑施工现场环境与卫生标准

5．国网公司基建文件

（1）电力建设工程施工技术管理导则．电网工〔2003〕153 号

（2）电力建设工程重大安全生产事故预防与应急处理暂行规定．电网工〔2004〕264 号

（3）安全工器具管理规定．试行国网安监〔2005〕516 号

（4）安全技术劳动保护 7 项重点措施．试行国网安监〔2006〕618 号

（5）应急预案编制规范国网安监〔2007〕98 号

（6）应急管理工作规定国网安监〔2007〕110 号

（7）安全风险管理体系实施指导意见国网安监〔2007〕206 号

（8）电力建设起重机械安全管理重点措施．试行国网基建〔2008〕696 号

（9）电力建设工程分包安全协议范本国网安监〔2008〕1057 号

（10）安全生产事故隐患排查治理管理办法国网安监〔2009〕575 号

（11）进一步提高工程建设安全质量和工艺水平的决定．国网基建〔2011〕1515 号

（12）安全生产反违章工作管理办法国网安监〔2011〕75 号

（13）作业风险管控工作规范．试行国网安监〔2011〕137 号

（14）风险管理工作基本规范．试行国网安监〔2011〕139 号

（15）输变电工程设计变更管理办法国网基建〔2011〕1755 号

（16）安全事故调查规程国网安监〔2011〕2024 号

（17）发布国网公司安全隐患范例（2013 年版）的通知．国网安质〔2013〕1181 号

（18）关于进一步规范电力建设工程安全生产费用提取与使用管理工作的通知．国网基建〔2013〕1286 号

（19）关于加强输变电工程其他费用管理意．国网基建〔2013〕1434 号

（20）关于进一步规范电网工程建设管理的若干意见．国网基建〔2014〕87 号

（21）安全隐患排查治理管理办法国网（安监/3）485—2013

（22）国家电网公司安全职责规范．国家电网安质〔2014〕1528 号

（23）印发《国家电网公司基建管理通则》等 27 项通用制度的通知国家电网企管〔2015〕221 号

（24）《国家电网公司输电线路跨越重要输电通道建设管理规范（试行）》《国家电网公司输电线路跨越重要输电通道设计内容深度规定（试行）》《国家电网公司输电线路跨越重

要输电通道施工安全技术措施（试行）》，国网基建〔2015〕756 号

6. 国家电网公司 2015 年 3 月 1 日实施的通用文件

(1) 国网（基建/2）112《国家电网公司基建质量管理规定》2015 年 3 月 1 日实施

(2) GW（JJ 建/3）114《国家电网公司输变电工程结算管理办法》

(3) GW（JJ/3）115《国家电网公司输变电工程初步设计评审管理办法》

(4) GW（JJ/3）116《国家电网公司输变电工程设计施工监理承包商资信及调试单位资格管理办法》

(5) GW（JJ/3）117《国家电网公司输变电工程设计质量管理办法》

(6) GW（JJ/2）173《国家电网公司基建安全管理规定》

(7) GW（JJ/2）174《国家电网公司基建技术管理规定》

(8) GW（JJ/3）176《国家电网公司输变电工程施工安全风险识别、评估及预控措施管理办法》

(9) GW（JJ/3）177《国家电网公司输变电工程优秀设计评选管理办法》

(10) GW（JJ/3）178《国家电网公司基建新技术研究及应用管理办法》

(11) GW（JJ/3）179《国家电网公司输变电工程进度计划管理办法》

(12) GW（JJ/3）181《国家电网公司输变电工程施工分包管理办法》

(13) GW（JJ/3）182《国家电网公司输变电优质工程评定管理办法》

(14) GW（JJ/3）185《国家电网公司输变电工程设计变更与现场签证管理办法》

(15) GW（JJ/3）186《国家电网公司输变电工程标准工艺管理办法》

(16) GW（JJ/3）187《国家电网公司输变电工程安全文明施工标准化管理办法》

(17) GW（JJ/3）189《国家电网公司输变电工程流动红旗竞赛管理办法》

(18) GW（JJ/3）190《国家电网公司输变电工程建设监理管理办法》

(19) GW（JJ/3）191《国家电网公司所属设计施工监理队伍专业管理办法》

(20) GW（JJ/1）092《国家电网公司基建管理通则》

(21) GW（JJ/2）111《国家电网公司基建项目管理规定》

(22) GW（JJ/2）113《国家电网公司基建队伍管理规定》

(23) GW（JJ/2）175《国家电网公司基建技经管理规定》

(24) GW（JJ/3）180《国家电网公司输变电工程业主项目部管理办法》

(25) GW（JJ/3）183《国家电网公司输变电工程通用设计通用设备管理办法》

(26) GW（JJ/3）184《国家电网公司输变电工程设计竞赛管理办法》

(27) GW（JJ/3）188《国家电网公司输变电工程验收管理办法》

(28) GW（JJ/2）406《国家电网公司安全工作规定》

(29) GW（AJ/3）480《国家电网公司安全工作奖惩规定》

(30) 国家电网公司《关于印发进一步规范和加强施工分包管理工作指导意见的通知》国家电网基建〔2015〕697 号

(31) 国家电网公司（电力建设起重机械安全监督管理办法）国网（安监/3）482—2014

(32) 国家电网公司电力安全工作工程（电网建设部分. 试行）国家电网安质〔2016〕

212 号

7. 国网基建/安质部相关文件

（1）《关于利用数码照片资料加强输变电工程安全质量过程控制的通知》（基建安全〔2007〕25 号）

（2）《输变电工程质量通病防治工作要求及技术措施》（基建安全〔2010〕19 号）

（3）《关于开展输变电工程施工现场安全通病防治工作的通知》（基建安全〔2010〕270 号）

（4）关于强化输变电工程施工过程质量控制数码采集与管理的工作要求（基建质量〔2010〕322 号）

（5）《基建部关于（加强输变电分包动态监管工作）的通知》（基建安质〔2013〕33 号）

（6）《基建部印发输变电工程施工安全管理及风险控制方案编制纲要（试行）》通知（基建安质〔2013〕42 号）

（7）《基建部关于（加强业主项目部标准化管理）的通知》（基建计划〔2013〕58 号）

（8）《安质部印发（工程建设安全监督检查工作规范. 试行）通知》（安质二〔2013〕197 号）

（9）《关于加强近期分包管理中有关问题整改的通知》（基建安质〔2013〕226 号）

（10）《新型施工安全管理重点措施的通知》（基建安质〔2013〕235 号）

（11）《基建部印发（施工分包管理十条规定）的通知》（基建安质〔2014〕01 号）

（12）《安质部印发（集体企业电力施工安全生产十条规定）》（安质三〔2014〕03 号）

（13）《基建部印发（国家电网公司电力电缆及通道工程施工安全技术措施）的通知》（基建安质〔2014〕11 号）

（14）关于进一步提高工程建设安全质量和工艺水平决定"回头看活动的通知"基建安质〔2014〕25 号

（15）《安质部（印发进一步加强电网建设工程新装设备质量管控工作）的通知》（安质质量〔2014〕36 号）

（16）基建部关于开展输变电工程标准工艺管理"回头看"活动的通知基建安质〔2015〕22 号

（17）基建部关于印发《国家电网公司优质工程评定"否决项"清单》的通知基建安质〔2015〕65 号

（18）基建部《输变电工程项目安全健康和质量管理程序文件（试行）》15 版 150618（1）

（19）输变电工程典型施工方法管理规定（基建〔2010〕165 号）